信阳林业有害生物绿色防控技术

信阳市森林病虫害防治检疫站　编

黄河水利出版社
·郑州·

内容提要

本书根据信阳市近些年来林业有害生物发生情况，选取了本地发生量大、危害较严重或分布范围广、具有潜在危害性的 100 种林业有害生物（虫害 62 种、病害 33 种、有害植物 5 种），详细介绍了它们的分布、寄主植物与危害特点、形态特征、生物学特性、发生情况、症状、病原、发病规律、防治措施。在防治措施中，根据新形势下林业有害生物防治工作的要求，突出绿色防控手段和高效低毒药剂的应用。此外，本书还介绍了农药的基础知识以及常见无公害药剂、常见防治药械的使用技术。

本书可作为森防技术人员、基层林业工作者、农业植物保护工作者以及广大林农的参考书。

图书在版编目（CIP）数据

信阳林业有害生物绿色防控技术 / 信阳市森林病虫害防治
检疫站编 . — 郑州：黄河水利出版社，2019.1
ISBN 978 – 7 – 5509 – 1399 – 8

Ⅰ . ①信… Ⅱ . ①信… Ⅲ . ①林业 – 病虫害防治 – 信阳 Ⅳ . ① S763

中国版本图书馆 CIP 数据核字（2018）第 263447 号

出 版 社：黄河水利出版社
　　　　　地址：河南省郑州市顺河路黄委会综合楼 14 层　　邮编：450003
发行单位：黄河水利出版社
　　　　　发行部电话：0371‑66026940、66020550、66028024、66022620（传真）
　　　　　E-mail：hhslcbs@126.com
承印单位：河南瑞之光印刷股份有限公司
开本：787 mm×1 092 mm 1/16
印张：18.25
字数：399 千字　　　　　　　　　　　　　　印数：1—1 000
版次：2019 年 1 月第 1 版　　　　　　　　　印次：2019 年 1 月第 1 次印刷

定价：65.00 元

《信阳林业有害生物绿色防控技术》
编写委员会

主　　任：肖国平

副 主 任：史敦在

委　　员：（以姓氏笔画为序）

　　　　　李　伟　李太友　张　健　张道瑞　胡庆国

　　　　　柳士银　党智华　彭大国　曾凡春

主　　编：马向阳　戴慧堂

副 主 编：孙耀清　杨　涛　万师斌

参编人员：（以姓氏笔画为序）

　　　　　王　刚　王建军　冯志敏　刘　强　李　玲

　　　　　李　锐　李志强　李新生　杨　衡　吴　国

　　　　　何贵友　余华洋　余作仁　汪付强　张玉虎

　　　　　侯　方　徐元恒　盛宏勇　虞　涛　熊　涛

　　　　　熊修勇

前　言

　　近年来，党和国家高度重视生态文明建设，党的十八大将生态文明建设纳入"五位一体"总体布局的战略位置，明确提出了今后一段时期我国生态文明建设的战略目标和具体要求。林业肩负着生态文明建设的重要使命，而林业有害生物灾害被称为"不冒烟的森林火灾"，严重制约林业发展和生态文明建设，因而林业有害生物防治工作对保护森林资源健康起着重要作用。

　　信阳位于河南省南部，大别山北麓，淮河上游，地处南北过渡带，气候属北亚热带向暖温带过渡区，气候温暖湿润，光照充足；动物区系为古洋界和古北界两大动物区系过渡带，生物资源丰富。信阳是河南省重要的林业大市，全市有林地面积约50.19万 hm²，森林覆盖率达39.67%。适宜的气候条件，丰富的动植物资源，决定了本区域林业有害生物种类多，据统计，信阳的林业有害生物达 2 000 余种，经常造成危害的有数十种。近年来，以杨扇舟蛾、杨小舟蛾为主的杨树食叶害虫等林业有害生物灾害高发频发，黄二星舟蛾、栗红蚧等偶发性林业有害生物个别年份局部暴发成灾，加之松材线虫、美国白蛾等外来林业有害生物的侵入，给当地森林资源和生态环境安全造成严重威胁。

　　在长期的林业有害生物防治生产实践中，信阳市森防机构有针对性地开展了系列科学研究、先进防治技术应用等工作，取得了一些研究成果和防治经验。本书旨在总结近些年来信阳市林业有害生物防治经验，也参考了近年来出版的同类文献，并结合新形势下林业有害生物防治工作的新要求，在林业有害生物灾害防控措施上，主要介绍绿色防控措施，以期减轻农药对环境的污染和对人、养殖业、天敌等的负面影响。

　　本书由信阳市森林病虫害防治检疫站组织有关技术人员编写，内容共分四章，第一章对绿色防控知识进行简要介绍，第二章对信阳常见林业有害生物形态特征以及防控技术进行较详细的介绍，第三章介绍农药基础知识，第四章介绍常见高效低毒药剂及先进防治设备等。本书重点对信阳市常见林业有害生物、部分偶发性林业有害生物、潜在威胁大的林业有害生物以及近年来入侵的外来林业有害生物等共计100种有害生物的形态特征、生物学特性、危害情况、绿色防控措施进行了较详细的介绍，大部分林业有害生物都配有相应的图片，力求图文并茂，使本书更具实用性、可操作性，以更好地指导基层森林病虫害防治工作者、林业技术人员等林业生产一线人员。

河南农业大学王高平教授、信阳师范学院卢东升教授分别对本书虫害、病害及有害植物章节进行了审核，提出了宝贵的修改意见，在此表示诚挚的谢意！本书引用了县（区）森防机构日常工作中上报的照片以及第三次全市林业有害生物普查照片，部分照片由于拍摄者不清楚，没有署名，在此对本书中所采用的照片的拍摄者一并表示衷心的感谢！

由于编者水平有限，加之时间仓促，编写过程中谬误之处在所难免，敬请广大专家、读者不惜赐教。

编　者

2018 年 10 月

目　录

第一章 绿色防控技术概述

一、概念

"绿色防控"是 2006 年全国植保工作会议上提出的，农业上首先倡导"绿色植保"理念，后来"绿色防控"理念在林业有害生物防治上也得到大力推广。

绿色防控是指从农田、林地、草原、湿地等生态系统整体出发，以农业防治、营林措施为基础，积极保护利用自然天敌，创造不利于病虫鼠兔以及有害植物的生存条件，提高农作物、牧草或者林木抗病虫鼠兔能力，在必要时科学、合理、安全地使用化学农药，将病虫鼠兔以及有害植物危害损失降到最低限度。它是持续控制有害生物灾害，保障农林业生产安全、产品质量安全和生态环境安全的重要手段。通过推广应用生态调控、生物防治、物理防治、科学用药等绿色防控技术，以达到保护生物多样性，降低有害生物灾害暴发概率的目的。

二、实施绿色防控的意义

（1）推广绿色防控是贯彻党中央提出的建设生态文明的迫切需要。党的十八大首次将生态文明建设纳入总体布局，并采取了一系列举措，加强生态文明建设。党的十九大对生态文明建设作出了进一步部署，会议指出，"建设生态文明是中华民族永续发展的千年大计"，会议要求，"实行最严格的生态环境保护制度，形成绿色发展方式和生活方式"，"加强农业面源污染防治"。因此，大力推广绿色防控技术是落实党中央关于生态文明建设战略部署的重要举措。

（2）绿色防控是持续控制有害生物灾害，保障农林业生产安全的重要手段。目前我国防治农作物、草场、森林、湿地等病虫鼠兔以及有害植物主要依赖化学防治措施，在控制有害生物灾害的同时，既给空气、土壤、水体等环境造成一定程度的污染，也把大量的天敌和有益生物杀死了，还带来了病虫鼠兔抗药性上升和暴发概率增加等问题。通过推广应用生态调控、生物防治、物理防治、科学用药等绿色防控技术，不仅有助于保护生物多样性，降低有害生物灾害暴发概率，实现有害生物灾害的可持续控制，而且有利于减轻有害生物危害损失，保障农产品、森林食品丰收。

（3）绿色防控是促进标准化生产，提升农产品、森林食品质量安全水平的必然要求。传统的有害生物灾害防治措施既不符合现代农林业的发展要求，也不能满足农林业标准化生产的需要。大规模推广农林业有害生物灾害绿色防控技术，可以有效解决农林业标准化生产过程中的有害生物灾害防治难题，显著降低化学农药的使用量，避免农产品、森林食品中的农药残留超标，提升农产品、森林食品质量安全水平，既保护了广大消费者身体健康，又能促进农民增产增收。

（4）绿色防控是降低农药使用风险，保护生态环境的有效途径。有害生物灾害绿色防控技术属于资源节约型和环境友好型技术，推广应用生态调控、生物防治、物理防治等绿色防控技术，不仅能有效替代高毒、高残留农药的使用，还能降低生产过程中的有害生物灾害防控作业风险，避免人畜中毒事故，还显著减少农药及其废弃物造成的生态环境污染和次生灾害，有助于保护生态环境。

三、绿色防控的主要措施

（一）植物检疫

植物检疫又称法规防治，即一个国家或者地区政府用法律形式或法令形式禁止某些危险性的有害生物人为地传入或者传出，或对已发生的危险性有害生物采取有效消灭或控制蔓延。我国目前制定颁布了《植物检疫条例》，国务院农业、林业行政主管部门制定了农业、林业植物检疫对象和应施检疫的植物、植物产品名单。此外，我国还与有关国家签订了国际植物检疫协定。我国从国家到县各级农、林业行政主管部门设置有从事国内植物检疫工作的专门机构，具体负责本辖区内植物检疫工作。国家海关总署所属的出入境检验检疫局负责对外检疫工作，防止国外的危险性病虫输入，以及按交往国要求控制国内发生的病虫向外传播。

通过开展植物检疫工作，做到及早发现疫情，防止检疫性或危险性有害生物随着植物及其产品传播扩散，将疫情封锁在一定范围内，并积极采取有效措施逐步消灭。

（二）营林措施

营林措施是根据林业生态环境与有害生物发生的关系，通过改善或者改变生态环境，树种（品种）合理布局，合理应用品种抗病虫性以及一系列的栽培抚育管护措施，有目的地改变林分生态环境中某些因素，使之有利于有益生物的生存，抑制有害生物的生存，控制有害生物发生，减轻有害生物灾害造成的损失。

1. 培育和推广抗病虫树种（品种）

利用植物的遗传特性或者基因工程技术，培育出抗病虫害的品种。如中国林业科学研究院与中国科学院微生物研究所合作培育的转基因抗食叶害虫的抗虫杨12号，目前已在部分省（区、市）推广应用。此外，不同的树种对某种病虫的抗性可能存在很大差异，在某类病虫高发区，应推广对该病虫抗性强的树种。

2. 培育健康种苗

育苗时，首先要把好用种关，防止使用携带病虫害的种子或者繁殖材料用于苗木繁育。其次是选择适宜的圃地，应选择土壤疏松、排水通畅、通风透光及无病虫的地块作苗圃地，对有病虫的地块要进行杀虫杀菌处理。第三是加强圃地管理，合理施肥，及时中耕、间苗、除草、浇水、排水，发生病虫害及时进行防治。苗木出圃时，选择无病虫、生长健壮的 I 级苗木用于造林，禁止带病虫的苗木造林。

3. 营造混交林

按照适地适树的原则，根据树种的生物学、生态学特性，选择适宜的造林地和合理的造林密度，以保证林木健康生长，增强林木抗病虫能力。成片大面积造林时，尽量减少纯林面积，应尽可能营造多树种、多品种混交林，以提高森林生态系统自身的抗病虫灾害能力。

4. 加强抚育管理

合理施肥，注意氮、磷、钾等营养成分的配比，适量地增施磷、钾肥，能提高林木的抗病性。及时浇水、排水，可保证林木健康生长，减轻病虫害的发生。及时修剪，剪除被病虫危害的植株、枝条、树叶等，可抑制病虫的危害。中耕除草，冬季深翻垦复、清除林地枯枝落叶和杂草进行集中焚烧，都能有效减轻病虫害的发生。

（三）物理防治

根据有害生物的生物学特性，通过有害生物对温度、湿度、光谱、颜色、声音等的反应能力，采取灯光、色板、驱虫网、糖醋液、树干缠草绳、锤击等物理或机械的方法，控制有害生物的发生，杀死、驱避或隔离有害生物。物理防治具有无残留、无毒害、不产生抗性等优点。

1. 诱杀法

利用害虫的趋光性、趋色性、趋化性等特点，在林地内合理设置黑光灯、黄（蓝）色粘虫板、糖醋液等，诱杀害虫。

（1）灯光诱杀。利用害虫的趋光性进行诱杀的方法。目前生产上应用的有黑光灯、频振式杀虫灯、全普纳米诱捕灯等，其中黑光灯可诱集 700 多种昆虫，尤其对夜蛾类、螟蛾类、灯蛾类、枯叶蛾类、天蛾类、毒蛾类、刺蛾类、金龟子类、蝼蛄类、叶蝉类等诱集力较强。

（2）毒饵诱杀。利用害虫的趋化性，在其所嗜好的食物中掺和适当的毒剂，制成各种毒饵诱杀害虫。如用适量杀虫剂、糖 6 份、醋 3 份、酒 1 份、水 10 份制成糖醋液，诱杀小地老虎、梨小食心虫成虫。

（3）饵木诱杀。许多蛀干性害虫喜欢在新伐倒树木上产卵繁殖，如天牛、吉丁虫、象甲、小蠹虫等。在这些害虫的繁殖期，可人为放置一些新鲜木段，供其产卵，然后再将这些木段集中处理。如在云斑天牛产卵繁殖期，在林内适当地点设置一些木段（如桑树、蔷薇、柳树等）作诱饵，诱其大量产卵，然后集中销毁。

（4）植物诱杀。利用害虫对某些植物有特殊的嗜食性，人为种植该类植物诱集捕杀害虫。如光肩星天牛喜蛀食糖槭，可在光肩星天牛危害重的林地种植糖槭，引诱天牛上树产卵，然后将糖槭伐掉，集中烧毁，达到消灭天牛的目的。

（5）潜所诱杀。利用某些害虫的越冬、产卵、化蛹或白天隐蔽的习性，人为设置类似的环境诱集害虫进入，而后消灭之。如在树干基部周围绑草把，可诱美国白蛾、松毛虫等蛾类幼虫在草把化蛹或越冬，然后集中杀灭；傍晚在苗圃地的步道上堆集新鲜杂草，可诱杀地老虎幼虫。

（6）颜色诱杀。利用某些害虫的趋色性，制作不同颜色的胶板，黏附并毒杀害虫。许多鳞翅目昆虫都有趋向黄色的习性，可在林地设置黄色胶板诱杀害虫。如在茶园内挂黄色粘虫板，可诱粘有翅蚜、叶蝉、粉虱等害虫。蓟马对蓝色板反射光特别敏感，可在林地挂设一些蓝色板诱杀蓟马。

2. 捕杀法

利用人工或者简单器械捕杀有群集性、假死性害虫。如刮除树干上的舞毒蛾卵块；冬季对林地土壤进行深翻垦复，捡拾害虫越冬蛹；人工剪除美国白蛾网幕；利用金龟甲、叶甲、云斑天牛等害虫的假死性，振落后人工捕杀；在云斑天牛卵期和低龄幼虫期，用锤子砸死虫卵和未侵入木质部的低龄幼虫等。

3. 阻隔法

人为设置各种障碍，以切断病虫害的侵入途径。

（1）树干涂白。在树干上涂白，可以减轻树木因冻害和日灼而发生损伤，能有效消灭树干上的越冬害虫和病菌，也可防止害虫上树和侵害树干，并能遮盖伤口，避免病菌侵入。

（2）涂毒环、缠毒胶带。对于有上树、下树习性的幼虫，可在秋季幼虫下树前或者翌年春季幼虫上树前，刮去树干胸高处粗皮，涂刷宽 3～5 cm、厚 3～5 cm 的毒环或胶环，或者在树干胸高处缠绕毒胶带，阻隔和触杀幼虫。如缠绕毒胶带或涂油环防治草履蚧。

（3）设置障碍物。对于不能迁飞只靠爬行上树产卵的害虫，可于这类害虫上树前，在树干基部设置障碍物阻止其上树产卵。如草履蚧若虫上树前，在树干基部，用 50 cm 宽的新塑料布缠绕一圈，下端用泥土压实，上端用胶带封口，可有效阻止草履蚧上树危害。

（4）纱网（或套袋）隔离。对于精细化种植的果园、茶园，可采用 40～60 目的纱网覆罩。不仅可以隔绝蚜虫、叶蝉、粉虱、蓟马等害虫的危害，还能有效减轻病毒的侵染。对果树的果实套袋，可阻止蛀果害虫产卵危害。

4. 温度处理

利用高温杀死害虫或者病原菌。如用高温杀死因松材线虫病致死的松树木材内的松材线虫、松墨天牛；用热水浸种消灭某些种实害虫和病原菌，如用 80～100 ℃的热水对刺槐种子烫 1~3 分钟，可杀死刺槐种子小蜂幼虫；用火烧携带病虫的疫木或枯枝落叶等。

5. 放射处理

应用放射线能直接杀死害虫或者降低害虫繁殖能力，达到防治害虫的目的。如利用同位素或者射线处理害虫，微波杀虫和紫外线灭菌等。

（四）生物防治

生物防治是指利用生物及其代谢产物或者成分来控制有害生物的一种防治措施，包括以虫治虫、以鸟治虫、以菌（病毒）治虫、以激素治虫、以菌治病、植物源农药和仿生物制剂等。

1. 以虫治虫

以虫治虫就是利用天敌昆虫消灭害虫。按天敌昆虫取食害虫的方式可分为两大类：捕食性天敌和寄生性天敌。捕食性天敌昆虫种类很多，分属于 18 个目近 200 个科，常见的有瓢虫、草蛉、猎蝽、花蝽、步甲、食蚜蝇、叩甲、蚂蚁、胡蜂、螳螂、蜘蛛、螨类等。如利用瓢虫可防治蚜虫、飞虱、粉虱、叶螨等害虫；利用草蛉可捕食蚜虫、粉虱、叶螨以及多种鳞翅目害虫卵和初孵幼虫，一只大草蛉一生可捕食蚜虫 1 000 多头。寄生性天敌昆虫有 5 个目近 90 个科，主要为寄生蜂类、寄生蝇类、花绒寄甲等，如用花绒寄甲防治松墨天牛、云斑天牛等天牛类害虫，用周氏啮小蜂防治美国白蛾、杨小舟蛾等蛾类害虫，用赤眼蜂防治多种鳞翅目害虫。

通过保护和改善森林生态环境，慎重使用农药，以达到保护和利用当地自然天敌的目的。再者，就是有目的地人工大量繁殖和释放天敌，增加林间天敌种群密度。目前，已能人工繁育并应用于生产的主要有赤眼蜂、花绒寄甲、异色瓢虫、黑缘红瓢虫、周氏啮小蜂、平腹小蜂、管氏肿腿蜂、草蛉等。

2. 以鸟治虫

我国有 1 100 多种鸟，其中捕食昆虫的鸟约占 50%。通过保护生态环境、招引益鸟等措施，利用益鸟取食害虫，达到控制和消灭害虫的目的。据资料记载，一只大山雀在繁殖季节，一天可吃掉害虫 400 多条，相当于它本身的体重；啄木鸟专门捕食天牛、吉丁虫、透翅蛾、蠹虫等危害林木的害虫，每天能吃掉 1 400 多个蠹虫幼虫；灰喜鹊是消灭松毛虫、卷叶蛾、蝉等森林害虫的能手，一只灰喜鹊一年能吃掉 15 000 多条松毛虫，能保护 0.33 hm² 松林免受虫害；一只杜鹃鸟平均每天能消灭 300 多条松毛虫。

3. 以菌治虫（病）

利用昆虫病原微生物及其代谢产物使害虫致死。引起昆虫致病的病原微生物主要有真菌、细菌、病毒、立克次体、原生动物及线虫等。利用病原微生物防治害虫，具有繁殖快、用量少、不受林木生长阶段的限制、持效期长、对环境无污染等优点。目前，应用的杀虫细菌主要有苏云金杆菌（Bt）、杀螟杆菌等，苏云金杆菌制剂对毒蛾、尺蠖、刺蛾、天幕毛虫等多种鳞翅目初孵幼虫都有比较好的防治效果，此外苏云金杆菌制剂

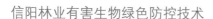

还可用于防治直翅目、鞘翅目、膜翅目、双翅目等的害虫；引起昆虫疾病的真菌有530余种，生产中应用的真菌制剂有白僵菌、绿僵菌、蚜霉菌等，如用白僵菌粉剂防治马尾松毛虫、美国白蛾等幼虫；微孢子虫（原生动物）防治舞毒蛾等的幼虫；泰山1号（线虫）防治天牛等；目前，已发现昆虫病毒约1 690种，生产中应用较广的病毒有核型多角体病毒（NPV）、颗粒体病毒（GV）和质型多角体病毒（CPV），这些病毒主要感染鳞翅目、鞘翅目、膜翅目、双翅目等的幼虫，如用油茶枯叶蛾核型多角体病毒防治油茶枯叶蛾3～4龄幼虫，用马尾松毛虫质型多角体病毒防治马尾松毛虫3～4龄幼虫，防治效果很好。

某些微生物在生长发育过程中，能分泌一些抗菌物质，抑制其他微生物的生长，这种现象叫拮抗作用。利用有拮抗作用的微生物防治林木病害，已在生产中得到应用。如苗圃地6月中旬追施有机肥料时，加入拮抗性放射菌，提高土壤中拮抗微生物的群落，可以使苗木茎腐病发病率降低50％；利用哈氏木霉菌防治茉莉花白绢病。目前，以菌治病多用于防治土壤传播的病害。

4. 以激素治虫

目前，研究应用最多的是雌性外激素，某些昆虫的雌性外激素已经能人工合成，并应用于监测预报和防治方面。如马尾松毛虫性信息素应用于马尾松毛虫虫情监测，松墨天牛信息素用于防治松墨天牛等，用美国白蛾性信息素监测和防治美国白蛾，用红脂大小蠹信息素防治红脂大小蠹等。成虫发生期，在林间喷洒过量的人工合成型引诱剂，使雄蛾无法辨认雌蛾，干扰其正常的交配而降低下一代虫口密度。将性诱剂与绝育剂配合，引诱雄蛾接触绝育剂后，雄蛾再与雌蛾交配，就会产下不正常的卵，从而达到消灭其后代的目的。

性信息素是一种仿生化合物，无毒无公害，不污染环境，对人、畜、天敌和作物无毒害，成本低，使用方便，长期使用不产生抗药性。性信息素还具有专一性强、灵敏度高、选择性好等优点，能准确地进行长期预报，也能有效地防治害虫。

5. 以植物性制剂治虫

以植物源成分制作而成的杀虫剂，有效成分主要是生物碱和苷类，这些物质在昆虫体内经过化学作用变为有毒物质，从而起到杀灭害虫的作用。植物性农药使用较安全，对人畜无害或毒性很小，对植物没有药害。生产中常应用的有鱼藤酮、桉油精、苦参碱、烟碱·苦参碱、茴蒿素、印楝素、川楝素、除虫菊素等。

6. 以仿生物制剂治病虫

仿生物制剂是利用微生物代谢产物制作而成的农药。如阿维菌素、灭幼脲、甲维盐、春雷霉素、浏阳霉素、井冈霉素、除虫脲、杀铃脲等。灭幼脲类杀虫剂对鳞翅目幼虫的杀虫效果较好，防治的最佳时期是3龄以前的低龄幼虫期，具有残效期长、不杀伤天敌等优点。

（五）化学防治

化学防治是用化学药剂的毒性来防治有害生物，它具有防治效果好、收效快、使用方便、受季节性限制较小、适宜于大面积使用等优点。但是，化学防治若使用不当，会造成诸多负面效应，如杀死天敌和有益生物，导致人畜慢性中毒，对粮食、蔬菜、水产养殖业以及林副产品等产生药害，诱发病虫害耐药性，潜在害虫上升为主要害虫，导致各类环境污染等。化学防治应按照"经济、安全、有效"原则，根据防治对象的生物学特性和危害特点，科学使用农药，优先选用生物源农药、矿物源农药和低毒有机合成农药等高效、低毒、低残留农药，有限制地使用中毒农药，禁止使用剧毒、高毒、高残留农药。

1. 准确用药

每种农药及其不同的剂型都有各自不同的性能及防治范围，即使是广谱性药剂，也不是对所有病害或者虫害都有效。因此，在施药前应根据实际情况，选择最合适的农药品种，做到对症用药。根据有害生物的发生特点及环境，选择适当的剂型和相应的施药方式，如郁闭度较高的林分，可选用烟剂，在天气晴好、无风或微风的清晨、傍晚进行喷烟防治；对光敏感的辛硫磷拌种效果优于喷雾；保护地内使用粉尘剂或烟剂效果较好。

2. 适时施药

选择合适时间施药，是控制有害生物、保护有益生物、提高防治效果、防止次生灾害和避免农药残留的有效途径。做好病虫情监测，准确掌握病虫情发展动态，病虫危害达到防治标准时，根据病虫害的发生规律和习性，抓住最佳防治时间节点进行施药，才能获得满意的防治效果。如一般药剂防治害虫幼虫时，应在低龄幼虫期进行防治，效果较好。若施药过晚，不仅造成较严重的危害，且虫龄越大，耐药性越强，防治效果也越差。保护性预防药剂防治病害时，要在植物发病前或者发病初期进行施药。

3. 适量用药

施用农药时，应根据农药使用说明书上标明的用量标准、使用方法等实施，严格控制农药的剂量和浓度，不可随意提高浓度、加大用量或者增加使用次数；否则，不仅会造成药害，而且会造成环境污染。而减少用药量，不仅达不到预期防治效果，而且易诱发病虫的抗药性。

4. 交替用药

长期使用一种农药防治同一种有害生物，有害生物容易产生耐药性，反复使用的次数越多，有害生物的适应性越强，防治效果越差。因此，应尽可能经常轮换用药，所选用的农药品种也应尽量选用作用机理不同的类型，从而提高施药的防治效果。

5. 混合用药

将两种或两种以上具有不同作用机理的农药混合使用，可以达到同时兼治、提高防效、节省劳力的目的。如有机磷农药与拟除虫菊酯类农药混用，化学农药与生物农药、仿生物制剂混用，保护性杀菌剂与内吸治疗性杀菌剂混用等。但农药混用时，需要注意混用的几种农药之间不能发生化学和物理变化，否则不但达不到混用效果，还会引起植物药害和毒害加重。

6. 安全用药

在使用农药开展有害生物灾害防治时，要做到对人、畜、天敌、植物以及其他有益生物的安全，不能引起次生灾害，也不能造成环境污染。对于提供果品、饮料、森林蔬菜等食用林副产品的林地发生有害生物灾害时，应首选物理措施、生物农药，其次选择高效、低毒、低残留的化学农药。有些农药安全间隔期较长，采摘期不宜使用。

第二章　信阳主要林业有害生物及其绿色防控

第一节　林木虫害类

马尾松毛虫　*Dendrolimus punctatus* Walker

别名松虎。鳞翅目枯叶蛾科。

分布

国内分布于陕西、河南、湖北、湖南、安徽、江苏、浙江、江西、福建、广东、广西、云南、贵州、四川、重庆、海南、台湾等省（市、区）。河南主要分布于信阳、南阳、驻马店等市部分县。信阳市浉河区、平桥区、商城县、光山县、新县、罗山县、潢川县、固始县等地有分布。

寄主植物与危害特点

马尾松毛虫是我国发生最严重的一种森林害虫，主要危害马尾松，间歇性猖獗成灾，常将松针食光，形如火烧状，如此反复两年，可造成松树枯死。还可危害油松、湿地松、火炬松、黑松等。

形态特征

成虫　体色变化较大，有深褐色、黄褐色、深灰色和灰白色等。雌蛾较大，体长 22 ~ 36 mm，翅展 50 ~ 74 mm；雌蛾触角短栉齿状，体色比雄蛾浅。前

马尾松毛虫危害状（商城县提供）

翅有 5 条棕色横线，中间有 1 个白色圆点，外缘线由 8 个黑点组成。后翅呈三角形，无斑纹，暗褐色。静止时，翅呈屋脊形覆盖腹部。雄蛾较小，体长 20 ~ 30 mm，翅展 40 ~ 66 mm，触角羽毛状，体色较深，前翅有 5 条横线。

卵 椭圆形，初产时粉红色，孵化时紫褐色，卵在针叶上呈串状排列。

马尾松毛虫成虫（商城县提供）　　　　马尾松毛虫卵（商城县提供）

幼虫 3 龄前体色变化较大：1 龄幼虫黄绿色或黄灰色，两侧灰色，腹部第 2 ~ 5 节两侧有 4 个明显的黑褐色斑点；2 龄幼虫，体暗红褐色，混生小白点，腹部第 4、5 节间有蝶形灰白斑纹，各节着生黑色毛；3 龄幼虫黑褐色或暗红褐色，混生小白点，中、后胸背面出现 2 条黑色毒毛带。4 ~ 5 龄幼虫体毛、色泽变化较小。老熟幼虫棕红色，体长 38 ~ 88 mm，胸部第 2 ~ 3 节背面簇生蓝黑色或紫黑色毒毛带，有光泽，中间银白色或黄白色。腹部各节毛簇中有窄而扁平的片状毛，先端呈齿状，体侧生有许多白色长毛，近头部特别长，两侧有 1 条连贯胸腹部的纵带，纵带上各有 1 个白色斑点。3 龄以后幼虫第 9 节腹板前缘 2/3 处有一近透明的浅色圆斑；圆斑周缘棕色，中间橘黄色或淡黄色者为雄蛾，否则为雌蛾。

马尾松毛虫老熟幼虫（马向阳　摄）

蛹 棕褐色，节间有黄绒毛，雌蛹 26 ~ 30 mm，雄蛹 22 ~ 26 mm。

茧 长椭圆形，黄褐色，附有黑色毒毛。

马尾松毛虫蛹（商城县提供）

马尾松毛虫茧（商城县提供）

生物学特性

生活史 信阳 1 年发生 2 代，以 2 ~ 3 龄幼虫在树皮缝隙及地表枯枝落叶层中越冬。翌年 3 月中旬越冬幼虫开始出蛰活动，上树取食针叶，4 月上、中旬危害最凶，常把针叶吃光，似火烧状。老熟幼虫于 4 月底 5 月初开始吐丝在叶丛中结茧化蛹，5 月中旬成虫羽化、产卵，卵期 1 周左右。

5 月下旬至 6 月上旬出现第 1 代幼虫，幼虫孵化后多群集在针叶取食，6 月上旬至 7 月中旬为幼虫期，7 月下旬至 8 月上旬为蛹和成虫期，蛹期 12 天左右，成虫寿命 7 ~ 10 天。第 2 代 7 月底 8 月初为卵期，8 月上、中旬至 11 月中旬为第 2 代 2 ~ 3 龄幼虫期。第 2 代幼虫危害至 10 月下旬越冬。

生活习性 成虫有趋光性，飞翔能力较强，喜飞向生长良好的松林，飞行距离可达 1 900 m，夜间 19 ~ 23 时和黎明 4 ~ 5 时飞翔活动频繁。卵聚产于针叶上，相连成串或堆积成块，每块数十至七八百粒，一般为三四百粒，树冠中、下部卵块多。每头雌蛾可产卵 300 ~ 600 粒，卵的死亡率为 20%。初孵幼虫取食卵壳，半天后多群集树梢取食针叶一侧呈缺刻状，受害叶枯黄卷曲。这种枯叶丛是调查幼虫的好标记。2 龄幼虫分散危害，多自针叶先端向基部取食，但不食光，残留基部一小段。1 ~ 2 龄幼虫受惊吐丝下坠，并可随风飘散到其他树。3 龄起取食整个针叶，受惊时弹跳坠落。1 ~ 3 龄幼虫死亡率 75% 以上，4 龄起虫口趋于稳定，食量剧增，末龄幼虫食量最大。幼虫 6 ~ 7 龄。4 龄以后各龄幼虫一昼夜的排粪量大致为 70 粒。根据这一特点，可以利用幼虫的排粪量来调查统计高树上的幼虫虫口密度。幼虫老熟后吐丝缀叶结茧化蛹。成虫近羽化时，蛹壳呈栗褐色或茶褐色，坚硬，各节伸长，很少活动。

马尾松毛虫生活史图（河南省信阳市）

月份	11月至翌年2月			3月			4月			5月			6月			7月			8月			9~10月		
旬	上	中	下	上	中	下	上	中	下	上	中	下	上	中	下	上	中	下	上	中	下	上	中	下
越冬代	(—)	(—)	(—)	(—)	—	—	—	—	⊙	⊙	⊙ +	+												
第1代											●	●	—	—	—	—	⊙	⊙ +	+					
越冬代																			●	●	—	—	—	—

注：●卵，—幼虫，（—）越冬幼虫，⊙蛹，+成虫。

发生情况

马尾松、黄山松等松树是信阳地区主要生态林树种，全市松林面积约 16 万 hm²，约占全市森林资源总面积的 1/5。马尾松毛虫是信阳的一种主要林业有害生物，在信阳呈周期性暴发，周期为 3 ~ 5 年。资料记载：1980 年、1984 年、1988 年、1995 年、2003 年先后在信阳地区有松林的县大面积发生，发生面积在 6.67 万 hm² 以上，危害十分严重，成片松林树叶全部被食光，松林似火烧。2004 年以来，由于生态环境的改善、松林纯林逐渐减少、生物多样性丰富，马尾松毛虫危害减轻，仅个别年份局部危害严重。如 2006 年，商城县、光山县、新县三县交界地段 17 个乡镇，第 2 代马尾松毛虫发生面积 1.97 万 hm²，其中重度发生 0.99 万 hm²、中度发生 0.55 万 hm²，次年春季造成严重危害；2013 年，商城县苏仙石乡、金刚台乡、汪岗乡交界处第 2 代马尾松毛虫暴发，发生面积约 0.4 万 hm²，并于翌年 3 ~ 4 月造成灾害。其他县（区）也有个别年份局部地块虫口密度高的现象，但危害很小。目前，马尾松毛虫呈低虫口或轻度发生态势，但未来数年仍存在大面积暴发的可能。

防控措施

（1）营林措施。现有马尾松林进行封山育林、纯林改造为针阔混交林，新造林地应设计为混交林，多树种混交，丰富林分生物多样性，提高松林自控能力。

（2）物理防治。① 人工摘除茧蛹和卵块。② 成虫羽化期，在松林内挂设杀虫灯诱杀马尾松毛虫成虫，降低产卵量。

（3）生物防治。① 保护天敌，达到以鸟治虫、以虫治虫、以菌治虫的目的。据有关资料统计，马尾松毛虫各虫期的天敌种类有 200 多种，包括寄生蜂、寄生蝇、捕食性昆虫、食松毛虫鸟类，还有其他捕食动物如蜘蛛等，病原真菌、病原细菌、病毒。林间天敌种类多、数量大，可有效抑制马尾松毛虫生存、繁殖，减少种群数量，降低虫灾的发生概率。② 释放天敌，对虫口密度 1 ~ 3 头 / 株，有虫株率 30% 左右，发生面积 600 ~ 7 000 hm² 的松林，在卵期释放松毛虫赤眼蜂，75 万 ~ 150 万头 /hm²，寄生率达 75% 以上。③ 幼虫 4 龄前，用球孢白僵菌 15 万亿 ~ 45 万亿孢子 /hm²、青虫菌 6 号液剂 1 500 g/hm²、苏云金杆菌（Bt）6 亿 ~ 30 亿国际单位（IU）/hm² 喷洒，或者用 25% 灭幼脲Ⅲ号粉剂 450 ~ 600 g/hm² 喷粉。大面积发生时，可采用飞机超低容量喷洒 25% 阿维·灭幼脲悬浮剂、25% 甲维·灭幼脲悬浮剂等进行防治，用药量为 450 ~ 750 g/hm²。④ 利用性信息素诱捕器诱杀马尾松毛虫成虫。

（4）化学防治。发生面积较大时，于幼虫期超低容量喷洒 2.5% 溴氰菊酯乳油 15 mL/hm²，20% 杀灭菊酯或 20% 氯氰菊酯 22.5 mL/hm²。对郁闭度较大的林分可用 4.5% 高效氯氰菊酯烟剂或 30% 敌敌畏烟剂进行烟雾防治。越冬前和越冬后喷洒 50% 马拉硫磷乳剂或 90% 晶体敌百虫 2 000 倍液。

微红梢斑螟 *Dioryctria rubella* Hampson

别名松梢螟、松梢斑螟、松干螟、松树钻心虫、松球果螟等。鳞翅目螟蛾科。

分布

国内分布于黑龙江、吉林、辽宁、内蒙古、北京、天津、山西、陕西、甘肃、青海、河北、河南、山东、安徽、江苏、浙江、福建、江西、湖南、湖北、四川、云南、贵州、广西、广东、海南、台湾等省（市、区）。河南省分布于信阳、南阳、驻马店、洛阳、三门峡、安阳、焦作、济源等地。信阳市平桥区、浉河区、罗山县、光山县、商城县、固始县、新县等县（区）有分布。

寄主植物与危害特点

寄主为马尾松、火炬松、湿地松、华山松、油松、赤松、红松、云南松、黄山松、樟子松、白皮松、乔松、云杉、黑松、雪松等近 20 种植物。以幼虫钻蛀主梢，引起侧梢丛生，树冠呈扫帚状，严重影响树木生长。幼虫蛀食球果影响种子产量，也可蛀食幼树枝干，在韧皮部与边材上蛀成孔道，影响幼树生长，甚至造成幼树死亡。

形态特征

成虫 雌成虫体长 10 ~ 16 mm，翅展 20 ~ 30 mm；雄成虫体略小，全

微红梢斑螟危害状（光山县提供）

体呈灰褐色。雌虫触角丝状，灰色，密被短绒毛；雄虫触角锯齿状，锯齿上密被长毛，腹面纤毛长，基部有鳞片状突起。前翅底色棕褐色，掺杂有红褐色鳞片，前缘玫瑰红色，后缘红褐色；基线红褐色；亚基线灰色，外侧有黑色竖鳞；内横线灰白色，波状弯曲，其后缘外侧有1个灰白色圆形斑；中室端斑灰白色，圆形；外横线灰白色，内侧镶嵌黑边，中部向外凸出呈尖角，后缘的尖角处有1个大白斑；外缘线灰色，内侧缘点黑色，缘毛褐色。后翅淡灰色，外缘线深灰色，缘毛淡灰色。腹部深褐色，各节边缘黑褐色。足黑褐色。

卵 椭圆形，有光泽，长约0.9 mm，一端尖，黄白色，孵化时变为樱红色。

幼虫 幼虫一般为5龄，老熟幼虫体长12～20 mm。体淡褐色，少数为淡绿色；体表有许多褐色毛片。头部及前胸背板赤褐色，中、后胸及腹部各节有对称的4对毛片，上生短刚毛；背面两对略小，侧面两对略大，呈梯形。中胸及第8腹节背面的褐色毛片中部透明。胸足3对，腹足4对，臀足1对。

蛹 长椭圆形，长11～15 mm，宽2.5～3 mm。黄褐色，羽化前变为黑褐色。腹部末节背面有粗糙的横纹。腹末着生3对钩状臀棘，中央1对较长。

微红梢斑螟幼虫（平桥区提供）　　　　　微红梢斑螟蛹（罗山县提供）

生物学特性

信阳1年发生2代，以幼虫在被害枯梢及球果中越冬，部分幼虫在枝干伤口皮下越冬。4月下旬至5月上旬幼虫开始化蛹，5月中旬至7月下旬羽化，即越冬代成虫出现。第1代成虫于8月上旬至9月下旬出现，第2代（越冬代）幼虫危害至11月。11月幼虫开始越冬。各代成虫期较长，其生活史不整齐，有世代重叠现象。

成虫羽化时，刺破堵塞在蛹室上端的薄网而出，蛹壳仍留在蛹室内，不外露。羽化多在 11 时左右，成虫白天静伏于树梢顶端的针叶茎部，19 ～ 21 时飞翔活动，并取食补充营养。具趋光性。卵散产，产在被害梢枯黄针叶的凹槽处，每梢 1~2 粒，也有产在被害球果鳞脐处或树皮伤口处。卵期 6 ～ 8 天，成虫寿命 3 ～ 5 天。初产卵黄白色，1 天后卵壳出现不规则红斑，3 天后卵呈樱红色，5 ～ 6 天后孵化出幼虫，孵化率 70% ～ 80%。

幼虫 5 龄，初孵化幼虫迅速爬到旧虫道内隐蔽，取食旧虫道内的木屑等。4 ～ 5 天脱皮 1 次。3 龄幼虫有迁移习性，从旧虫道内爬出，吐丝下垂，有时随风飘荡，危害另一新梢，因此在调查中往往发现不少被害梢内无虫的现象；有时在植株上爬行，爬到主梢或侧梢进行危害，也有幼虫危害球果。危害时先啃食嫩皮，形成约指头大小的伤痕，被害处有松脂凝聚，以后蛀入髓心，蛀道长 13 ～ 28 cm，直径约 2.5 cm，大多蛀害直径 0.8 ～ 1 cm 的嫩梢，从梢的近中部蛀入。蛀孔圆形，蛀孔外有蛀屑及粪便堆积。

翌年 4 月上、中旬越冬幼虫开始活动，继续蛀食危害，向下蛀到 2 年生枝条内，一部分转移到新梢危害。被害新梢呈钩状弯曲。老熟幼虫在被害梢虫道上端化蛹。化蛹前先咬 1 个羽化孔，在羽化孔下面做一蛹室，吐丝粘连木屑封闭孔口，并用丝织成网堵塞蛹室两端，幼虫在室内头向上，静伏不动，2 ～ 3 天后化蛹。蛹一般不动，遇惊扰即用腹节与虫道四壁摩擦向上移动。蛹期平均 16 天左右，羽化率 90% 以上。该虫多发生于郁闭度小、生长不良的 4 ～ 10 年生幼林中，在一般情况下，国外松受害比国内松严重，以火炬松被害最重。

发生情况

2008 年初，我国南方重大冰冻灾害发生后，微红梢斑螟在湖南、江苏、安徽等地大量发生，仅湖南省 2009 年发生面积就达 14 万 hm² 以上，迫使该省启动林业有害生物灾害应急预案Ⅱ级响应，2010 年危害面积仍高达 13.3 万 hm²，严重影响了新造林的成材，并导致部分种子园绝收，损失惨重。微红梢斑螟在信阳虽分布较广，但危害较轻，目前没有出现较重灾情，但需加强虫情监测和调查，做到防患于未然。

防控措施

（1）营林措施。加强松林幼林抚育，及时除草、松土、施肥，促使幼林提早郁闭，增强林分抗病虫害的能力。修枝时留桩要短，切口要平，减少枝干伤口，防止成虫在伤口产卵。

（2）物理防治。① 利用成虫趋光性，用黑光灯、单长波太阳能杀虫灯、频振式杀虫灯等诱杀成虫。② 利用冬闲时间，组织人力摘除被害干梢、虫果，集中处理，可有效压低虫口密度。

（3）生物防治。① 保护与利用天敌。微红梢斑螟的自然天敌种类较丰富，据资料记载，目前已调查发现寄生性天敌有 27 种（寄生蜂 26 种，寄生蝇 1 种），此外还有白僵菌、寄生线虫及捕食蜘蛛等天敌。如长足茧蜂对微红梢斑螟幼虫的寄生率达 15% ～ 20%；蛹期有广大腿小蜂、腹柄姬小蜂等天敌寄生；对虫口密度不大的幼龄林，在第1代卵期释放松毛虫赤眼蜂，对微红梢斑螟有一定的控制作用。②喷洒生物制剂。越冬成虫出现期或第1代幼虫孵化期，喷洒25%阿维·灭幼脲悬浮剂或25%甲维·灭幼脲悬浮剂1 500倍液，或1%苦参碱水剂1 000倍液，或10%阿维·除虫脲悬浮剂2 000倍液，或1.8%阿维菌素乳油5 000倍液防治成虫或幼虫。③幼虫期，喷洒含孢量65亿/g的白僵菌15 kg/hm²，幼虫死亡率达70%以上；也可用浓度为1亿芽孢/mL的苏云金杆菌喷梢防治。

（4）化学防治。越冬成虫出现期或第1代幼虫孵化期，使用50%杀螟松乳剂200～300倍液喷洒树梢，每10天喷1次，连续喷2次；也可用2.5%溴氰菊酯乳油2 000倍液，或10%吡虫啉可湿性粉剂2 000倍液，或20%氯氰菊酯乳油1 000倍液林间喷雾防治。还可树干注射5%吡虫啉乳油。初孵幼虫期，喷洒25%噻虫嗪水分散粒剂3 000倍液、10%吡虫啉可湿性粉剂1 000倍液、50%杀螟松乳油1 000倍液，均能取得很好的防治效果。

松墨天牛 *Monochamus alternatus* Hope

别名松天牛、松褐天牛。鞘翅目天牛科。

分布

国内分布除东北的黑龙江、吉林，西北的内蒙古、甘肃、宁夏、青海、新疆等少数省（区）外，其余省（市、区）均有分布。河南省主要分布于信阳市浉河区、平桥区、罗山县、光山县、固始县、新县、商城县，三门峡市卢氏县、灵宝市，南阳市桐柏县，驻马店市确山县、泌阳县等地。

寄主植物与危害特点

主要危害马尾松，其次为油松、湿地松、火炬松、黄山松、黑松、柏、杉等树种。主要以成虫和幼虫危害。幼虫钻蛀树干，使树势衰弱，枝枯折断，经数年连续危害后，严重的造成全株枯死。成虫啃食嫩枝皮，造成枝梢枯萎，而成虫是松材线虫的传播媒介，松材线虫病通过它的传播，造成松林大面积的死亡，严重威胁着松林资源安全。

形态特征

成虫 体长14～30 mm，宽4.5～9.5 mm，

松墨天牛成虫及成虫危害状
（张志刚　摄）

体色赤褐或暗褐色。触角栗色，丝状，雄虫触角第1、2节及第3节基部被有稀疏的灰白色绒毛，雌虫触角除末端2、3节外，其余各节大部分为灰白色，只末端一小环深色。雄虫触角长超过体长1倍多，雌虫触角约超过1/3。前胸宽大于长，多皱纹，前胸背板有2条橘黄色纵纹，与3条黑褐色纵纹相间，两侧各具1刺状突起。小盾片密生橘黄色绒毛。每一鞘翅具5条纵纹，由方形或长方形黑色、灰白色绒毛斑点相间组成。鞘翅基部具颗粒和粗大刻点，鞘翅末端近平切，内端角明显，外端角大圆形。腹面及足杂有灰白色绒毛。

卵 长约4 mm，乳白色，略呈镰刀形。

幼虫 乳白色，头部黑色，前胸背板褐色，中央有波状横纹。老熟幼虫体长约43 mm。

蛹 体长20~28 mm。乳白色，略黄，圆筒形，腹末狭长，头、足腿节端部和附节末端均密生小刺，以腹部末端的小刺为最大。

松墨天牛成虫（盛宏勇 摄）

松墨天牛卵（放大）（马向阳 摄）

松墨天牛幼虫（马向阳 摄）

松墨天牛蛹（马向阳 摄）

生物学特性

信阳 1 年发生 1 代，以老熟幼虫在木质部坑道中越冬。翌年 4 月中旬越冬幼虫在虫道末端蛹室中开始化蛹，4 月上旬成虫开始羽化，此时虫道中有成虫、蛹、幼虫同时存在，6 月中旬至 7 月上旬为羽化盛期，成虫期较长，每年 5 ~ 10 月在林间都可见到松墨天牛成虫。成虫寿命也较长，雌虫 42 ~ 98 天，雄虫 35 ~ 66 天。5 月下旬至 7 月为卵期，卵期 6 ~ 10 天。幼虫一般 5 龄，幼虫期 280 ~ 320 天，1 龄幼虫在内皮取食，2 龄幼虫在边材表面取食，在内皮和边材形成不规则的平坑，3 ~ 4 龄幼虫穿凿扁圆形孔侵入木质部 3 ~ 4 cm 后向下蛀纵坑道，纵坑长 5 ~ 10 cm，然后弯向外蛀食至边材，整个坑道呈"U"字形，5 龄幼虫在虫道末端咬成宽大的蛹室，化蛹前以木屑堵塞蛀屑两头，蛹期 13 ~ 20 天。

松墨天牛生活史图（河南省信阳市）

月份	12月至翌年3月			4月			5月			6月			7月			8~10月			11月		
旬	上	中	下	上	中	下	上	中	下	上	中	下	上	中	下	上	中	下	上	中	下
虫态	(一)	(一)	(一)	(一)	(一)	(一)	(一)	(一)	(一)												
						⊙	⊙	⊙	⊙	⊙	⊙	⊙									
							+	+	+	+	+	+	+	+	+	+	+				
									●	●	●	●	●	●							
											—	—	—	—	—	—	—	—	(一)	(一)

注：●卵，—幼虫，(一)越冬幼虫，⊙蛹，+成虫。

成虫羽化后，飞到健康树上补充营养，在树干和 1 ~ 2 年生的嫩枝上取食树皮，补充营养期大约 10 天，然后开始产卵。产卵前，在树干上咬刻槽，然后将产卵管从刻槽伸入树皮下产卵，交尾和产卵都在夜间进行。每头雌虫产卵量为 100 ~ 200 粒。成虫是传播松材线虫病的媒介。若成虫产卵于感染松材线虫的松树上，卵孵化为幼虫，幼虫取食过程中，松材线虫进入松墨天牛体内，翌年幼虫化蛹羽化为成虫，从木质部蛀孔飞出时，体内携带有大量松材线虫，松墨天牛飞到健康松树上补充营养过程中，松材线虫通过松墨天牛口器传播到健康松树上，从而导致健康松树感染松材线虫；此外，携带松材线虫的松墨天牛飞到衰弱木上产卵时，也可通过产卵管将携带的松材线虫传播到产卵树上，引起被产卵的松树感染松材线虫。

发生情况

目前，信阳市新县松材线虫病发生区松墨天牛发生严重，虫口密度较高，年发生面积约 2 400 hm²。据 2017 年调查挂设的诱捕器，松墨天牛羽化高峰期，1 套诱捕器 10 天诱捕松墨天牛量最大达 150 余头。此外，平桥区的明港镇、查山乡局部地块松墨天牛虫口密度也较大。其余县（区）松墨天牛虫口密度均很低。

防控措施

（1）检疫措施。加强检疫执法，对可能携带松墨天牛的苗木、原木木材等要严格检疫，检验有无该害虫的卵槽、侵入孔、虫道及活体，按检疫法规处理。

（2）营林措施。营造松阔混交、松杉混交等多树种混交林，提高林分抗性；及时清理松林内衰弱木、风倒木、死松树，消除松墨天牛繁殖的场所。

（3）物理防治。①利用松墨天牛成虫具有趋光性的特点，成虫羽化高峰期在林区内设置杀虫灯诱杀成虫。②饵木诱杀，4月下旬，在松墨天牛发生较严重的松林内，每 0.4 hm² 设置 1 株诱树或诱木堆，引诱松墨天牛前来产卵，然后于秋季将诱树和诱木收集到一块集中烧毁。

（4）生物防治。①保护好松林内的本地天敌。②施放天敌。通过施放川硬皮肿腿蜂、管氏肿腿蜂、松墨天牛肿腿蜂、花绒寄甲等天敌昆虫，增加松林内天敌种群密度，达到以虫治虫的目的。在松墨天牛低龄幼虫期，施放肿腿蜂，林木零星受害的林分采用单株放蜂法；面积较大的被害林分，采用中心点放蜂法，每 3.3 hm² 林地设一个施放点，释放量为 1 万头 / 点。在松墨天牛 3 ～ 4 龄幼虫期、蛹期，施放花绒寄甲卵或成虫，每株诱木（或死松树）施放花绒寄甲卵 1 000 粒或成虫 20 对。③成虫羽化期（5 ～ 9 月）在林区挂诱捕器，利用引诱剂诱杀松墨天牛成虫。

（5）化学防治。在松墨天牛成虫羽化期的5月中旬、6月下旬连续两次喷洒农药防治松墨天牛，消灭传播媒介，切断松材线虫的传播途径。地面防治用 1% 噻虫啉微囊粉剂或者 8% 氯氰菊酯微囊剂（绿色威雷）300 ～ 400 倍液或杀螟松乳剂喷洒树干、树冠；大面积飞机喷药防治可选用 2% 噻虫啉微囊悬浮剂 1 500 ～ 2 250 g/hm²，或者 8% 氯氰菊酯微囊剂 1 500 ～ 1 800 g/hm² 进行超低容量喷雾，松墨天牛羽化初期和盛期各喷洒 1 次。

纵坑切梢小蠹 *Tomicus piniperda* Linnaeus

鞘翅目小蠹科切梢小蠹属。

分布

国内主要分布于吉林、辽宁、河北、山东、山西、陕西、甘肃、青海、云南、贵州、四川、江苏、浙江、河南、湖北、湖南、福建、江西等省。河南省主要分布在信阳、南阳、洛阳、三门峡、驻马店等市，信阳市浉河区、平桥区、罗山县、光山县、新县、商城县、固始县均有发生。

寄主植物与危害特点

主要危害马尾松、赤松、火炬松、油松、华山松、高山松、黑松、樟子松、云南松及其他松属植物。以成虫、幼虫钻蛀皮下为害，主要危害对象是树势较衰弱或新移栽树木的枝干和嫩梢，导致枝梢枯黄、脱落，严重影响松树的生长发育，有的树木因持续受危害形成了小老树。繁殖期危害树干，在韧皮部蛀坑道致使林木死亡；成虫补充营养期危害嫩梢，凡被害梢均变黄枯死。该害虫是一类严重危害松属树种的世界性蛀干害虫，一年中大部分时间在树干和新梢内隐蔽生活，危害期长，防治难度大，一旦成灾可造成松树大面积死亡，生态和经济损失巨大。

形态特征

成虫 体长 4 ~ 5 mm，椭圆形，栗褐色，有光泽并密生灰黄色细毛。前胸背板梯形，上具刻点。触角和跗节黄褐色。鞘翅红褐色至黑褐色，有强光泽，前翅基部具锯齿状，前翅斜面上第 2 列间部的瘤突起和绒毛消失，光滑下凹。额部隆起，额心有点状凹陷；额面中隆线突起显著，鞘翅长度为前胸背板长度的 2.6 倍，为两翅合宽的 1.8 倍。

卵 椭圆形，淡白色。

幼虫 体长 5 ~ 6 mm，体乳白色，头黄色，口器褐色，体粗且多皱纹，稍弯曲。

蛹 体长 4 ~ 5 mm，乳白色，腹部末端有 1 对针突起，并向两侧伸出。

生物学特性

信阳 1 年发生 1 代，以幼虫、成虫在树干基部树皮底下或被害梢内越冬。翌年 3 月下旬，一部分成虫直接侵入衰弱木、伐根、枯倒木树皮下蛀坑室内交配产卵；一部分成虫入侵到嫩枝梢部危害补充营养，然后成虫在倒伏木、濒死木、衰弱木、伐根等处繁殖产卵。一般雌虫先侵入，筑交配室，雄虫进入交配，卵密集地产于母坑道两侧。另一部分不补充营养，直接飞向倒伏木、濒死木、衰弱木、伐根等处繁殖产卵。成虫在繁殖期分两次产卵，一般每次产卵 40 ~ 70 粒，多的达 140 粒；4 月中旬卵开始孵化，幼虫期 1 个月左右，5 月中旬幼虫开始化蛹，5 月下旬至 6 月上旬出现新成虫，开始蛀食新松梢进行危害，10 月上旬成虫开始越冬，该虫隐蔽性极强，整个生活史大部分时间在枝干内部进行。此虫发生危害规律为立地条件差比立地条件好的发生早；阳坡比阴坡发生早；衰弱木比健康木发生早；林地卫生状况差的比卫生状况好的发生早、受害重。

纵坑切梢小蠹生活史图（河南省信阳市）

月份	10月至翌年2月			3月			4月			5月			6月			7~9月		
旬	上	中	下	上	中	下	上	中	下	上	中	下	上	中	下	上	中	下
虫态	(+)	(+)	(+)	(+)	(+)	+ ●	+ ●	●	● —	—	⊙	⊙ +	⊙ +	+	+	+	+	+

注：●卵，—幼虫，⊙蛹，+成虫，（+）越冬成虫。

发生情况

目前，纵坑切梢小蠹在信阳有松林分布的县（区）均有分布，发生程度以低虫低感或轻度发生为主，暂没有造成严重危害，但需加强虫情监测。

防控措施

（1）检疫措施。加强对从疫区外运松原木、枝丫材、薪柴的调运检疫和复检，发现携带该害虫，对其进行药物熏蒸处理，杀死小蠹虫。

（2）营林措施。①选择良种壮苗，营造松栎混交林，使林相复杂化，以增强森林本身的抗虫性能。②加强林区管理，及时清除虫害木、被压木、倒伏木，注意保持林地卫生。③加强森林抚育，以恢复森林生态平衡为基础。

（3）物理防治。林地设置饵木，于4月底以前放在林中空地，6月下旬至7月上旬在新的成虫飞出之前对饵木进行剥皮处理。

（4）生物防治。①保护和利用寄生蜂、啄木鸟、步行虫等天敌。②每年12月（梢转干始期），在林间喷施拟青霉菌粉剂或莱氏野村菌粉剂防治成虫，用药量为15 kg/hm^2。

（5）化学防治。每年可在小蠹虫转梢期间使用树干打孔注射树虫净防治；也可用吡虫啉粉剂防治，用药量为15 kg/hm^2。

杉梢小卷蛾 *Polychrosis cunninghamiacola* Liu et Pai

别名夏梢小卷叶蛾。鳞翅目卷蛾科。

分布

主要分布于湖南、湖北、河南、安徽、江苏、浙江、江西、福建、广东、广西、贵州、四川等地。河南分布于信阳市浉河区、平桥区、新县、罗山县、光山县、商城县、固始县等地。

寄主植物与危害特点

主要危害杉木。以幼虫危害杉木嫩梢，主梢被害后，出现多头、无头、偏冠现象，干形扭曲，严重影响杉树的生长和材质。

形态特征

成虫 体长4.5～6.5 mm，翅展12～14 mm。触角丝状。下唇须杏黄色，向前伸，第2节末端膨大，外侧有褐色斑，末节略下垂。前翅深黑褐色，基部有2条平行条斑、向外有"X"形条斑，条斑都呈杏黄色，中间有银条；后翅浅黑褐色，无斑纹。前、中足黑褐色，胫节有灰白色环状纹3个，跗节4节，后足灰褐色。跗节上有4个灰白环状纹。

卵 扁圆形，长约0.8 mm，乳白色，胶汁状，近孵化时色变深，呈黑褐色。

幼虫 体长 8 ~ 10 mm，紫红褐色，每节中间有白色环，头、前胸背板及肛上板棕褐色。

蛹 体长 4.5 ~ 6.5 mm，腹部各节背面有 2 排刺，前排大，后排小。

生物学特性

信阳 1 年发生 2 ~ 3 代，以蛹在枯梢内越冬，翌年 3 月下旬开始羽化。成虫多在 10 ~ 12 时羽化，羽化后静伏在杉木叶片背面，蛹壳留羽化孔口。白天多隐蔽，遇惊飞逃；夜晚活动，有趋光性。羽化交尾后 3 日产卵。卵散产于嫩梢叶背主脉边，多为一梢 1 粒，每雌产卵量 40 粒左右。卵经 6 ~ 8 天孵化。初孵幼虫爬行 15 分钟左右蛀入嫩梢，在内层叶外缘取食。3 龄后幼虫食量增大，排粪量多，堆积在梢尖上，一般每梢有虫 1 条，偶见有 2 条。3 ~ 4 龄幼虫有转移习性，爬行迅速，每代幼虫一生需转移 2 ~ 3 次。转移多在下午，先从梢内爬出，沿枝下行，爬到另枝嫩梢上蛀入，也有吐丝下垂，随风转移。幼虫一生可危害 3 ~ 4 个嫩梢，在梢中蛀道长约 2 cm。幼虫老熟后在离梢尖 6 mm 处吐丝结 8 mm 长薄茧化蛹，被害梢枯黄，呈火红色。

1 代幼虫于 4 月上中旬至 5 月上中旬危害最烈；2 代幼虫于 5 月下旬至 6 月下旬危害较重；3 代幼虫于 7 月上旬至 7 月中旬危害。2 代和 3 代幼虫化蛹期不整齐，以 1~2 代危害重。

杉梢小卷蛾大多发生在海拔 300 m 以下的平原丘陵区，在 400 m 以上的山区发生数量较少，危害亦轻。4 ~ 5 年生幼树、3 ~ 5 m 高的杉木林危害较重。阳坡重于阴坡，林缘重于林内，疏林重于密林，纯林重于混交林。

发生情况

目前，该害虫在新县、光山县、商城县等大别山山区偶有发生，局部地块个别年份危害严重。

防控措施

（1）营林措施。适地适树栽植杉木，营造针、阔叶混交林。加强幼林的抚育管理，保持杉木林生态系统的平衡。

（2）物理防治。在成虫盛发期，可用灯光诱杀。冬季剪除被害的枯梢，集中堆放烧毁；如发现害虫天敌寄生率高，可将剪掉的枝梢收集保存，让天敌安全飞出。生长季节，对已被害的杉梢应及时进行抹芽，以减轻危害。

（3）生物防治。杉梢小卷蛾的天敌种类较多，卵期有松毛虫赤眼蜂、杉卷赤眼蜂和拟澳洲赤眼蜂；幼虫期有小茧蜂、广肩小蜂、桑蟥聚瘤姬蜂、寄生蝇类、蜘蛛等；蛹期有大腿小蜂、绒茧蜂。此外，还有白僵菌、黄曲霉菌在各代都有寄生。在卵期，每公顷释放 15 万头赤眼蜂等寄生性天敌，分 4 次释放，效果较好。

（4）化学防治。成虫羽化期可用敌马烟剂熏杀，用药量为 15 kg/hm²。幼虫孵化期喷洒 50% 杀螟松乳油 200 ~ 400 倍液，或喷洒 5% 来福灵 3 000 倍液，或喷 20% 甲氰菊酯乳油 2 000 ~ 4 000 倍液。

双条杉天牛 *Semanotus bifasciatus* (Motschulsky)

别名柏双条天牛、蛀木虫。鞘翅目天牛科。

分布

国内分布于吉林、辽宁、内蒙古、北京、河北、山东、山西、陕西、河南、安徽、江苏、上海、湖北、湖南、江西、福建、广东、广西、四川、重庆、贵州、甘肃、宁夏等省（市、区）。河南省主要分布于信阳市浉河区、平桥区、新县、罗山县、光山县、商城县、固始县等地。

寄主植物与危害特点

主要危害杉木、松树、侧柏、扁柏、龙柏、翠柏、沙地柏、桧柏、圆柏、柳杉、罗汉松等植物。幼虫蛀入枝、干的皮层和边材部位串食危害，把木质部表面蛀成弯曲不规则坑道，把木屑和虫粪留在皮内，破坏树木的输导功能，导致树势衰弱，针叶逐渐枯黄，树皮极易剥落。当幼虫为害环绕树干或树枝一周时，受害部以上的茎枝枯死。

形态特征

成虫 雄虫体长 11 ~ 17.2 mm，雌虫体长 10.6 ~ 18.5 mm，不同个体之间差异很大，扁圆筒形，黄褐色，全身密布黄色短绒毛，头、前胸、鞘翅黑色，触角及足黑褐色，雌虫触角约为体长的 1/2，雄虫触角略短于体长。前胸两侧缘呈弧形，具有淡黄色长毛，背板中部有 5 个光滑小瘤突，鞘翅黑色，有两条棕黄色横带，前带宽于后带，腹部末端微露于鞘翅外。

卵 白色，长椭圆形似稻米粒，长约 2 mm，宽约 1 mm，孵化前变成淡黄色。

幼虫 初龄幼虫淡红色，老熟幼虫体长 18 ~ 35 mm，乳白色，圆筒形，略扁，前胸背板有 1 个"小"字形凹陷及 4 块略呈三角形的黄褐色斑纹。头颅黄褐色，近梯形，横宽，后部较宽。

蛹 离蛹，长 20 mm 左右，淡黄色，触角自胸背迁回到腹面第 2 节，末端达中足腿节中部。

生物学特性

信阳 1 年发生 1 代，少数 2 年 1 代。1 年发生 1 代的是以成虫在树干木质部蛹室内越冬，翌年 3 月上旬至 5 月上旬为成虫羽化期，气温达到 10 ℃以上即有少数成虫咬孔外出，当气温上升到 15 ℃左右为出孔盛期。成虫羽化后不需补充营养。外出成虫早晚多隐藏在树皮裂缝、树洞以及树冠下的杂草、土缝中，3 月中、下旬开始产卵，多在 14 ~ 22 时交尾产卵，雌雄成虫可多次进行交尾，并有边交尾边产卵习性。卵多产于 2 m 以下的树皮缝中，多单产，个别的几粒产在一起，每头雌虫平均产卵 40 ~ 60 粒，卵期 10 ~ 20 天。幼虫发生在 3 月下旬至 5 月上旬，初孵幼虫停留在树皮上取食木栓枯皮层，5 ~ 10 天后蛀入木栓枯皮层，蛀入孔宽 1 mm 左右，蛀道可达 30 mm，蛀道穿过韧皮部而造成粒状流脂。5 月中旬幼虫蛀入韧皮部，危害韧皮部和边材部分，并在边材上形成明显的扁平虫道，虫道上下回旋，或横断树干斜伸，内充满木屑和虫粪。8 月上旬至 9 月中旬幼虫蛀入木质部为害，虫道近圆形，塞满坚实蛀屑，一般向下继续蛀害一段距离后，在靠近边材部位筑蛹室。8 月下旬至 10 月间幼虫在蛹室内化蛹，蛹期 20 ~ 25 天，9 月下旬开始羽化为成虫，以成虫越冬。2 年发生 1 代的则是发生滞育，以幼虫在木质部边材的虫道内越冬，到第 2 年秋完成发育，以成虫越冬，从而形成 2 年 1 代。其虫体一般比 1 年 1 代的大。双条杉天牛成虫不善飞翔，雄虫可做短距离飞行，雌成虫多在树干上爬行，有假死习性。

发生情况

近年来，该害虫在信阳市新县、商城县、光山县、罗山县等零星发生，危害程度较轻，没有发现成灾现象，但也需加强虫情监测，防止局部大面积发生。

防控措施

（1）检疫措施。目前双条杉天牛被列为河南省补充检疫性林业有害生物。该害虫成虫可通过飞行进行局部扩散，但其成虫、卵、幼虫、蛹都可以通过苗木、木材进行远距离扩散。因此，应加强检疫工作，禁止从疫区调入苗木、木材。发现带虫原木要进行熏蒸处理或水浸泡，检出带疫苗木要集中烧毁，以防害虫人为扩散蔓延。

（2）营林措施。适地适树，营造混交林。冬季伐除虫害木、枯死木、衰弱木、被压木和濒死木，将伐除的木材、枝丫材全部带出林地进行集中烧毁，减少成虫产卵场所。同时加强林地水肥管理，增强树势，提高抗虫害能力。

（3）物理防治。① 越冬成虫外出活动交尾时期，捕捉成虫；在初孵幼虫为害处，用小刀刮破树皮，捕杀幼虫。也可用木槌敲击流脂处，击死初孵幼虫。② 饵木诱杀，具体做法是把正处于生长阶段的干径达 5 cm 以上的柏树砍伐下来，制作成木段，在成虫出孔前于林缘处相隔 500 m 距离设饵木堆，利用气味引诱双条杉天牛，诱其在诱木上产卵，白天捕捉成虫，5 月底以前将诱木集中烧毁。③ 越冬成虫未外出活动前，用白涂剂涂刷 2 m 以下树干，预防成虫产卵（白涂剂为 1∶1∶0.05∶4 的生石灰、硫黄粉、食盐、水煮制而成）。

（4）生物防治。① 利用管氏肿腿蜂防治双条杉天牛，当气温高于 20 ℃，幼虫进入 3 ~ 4 龄，无雨时，每棵树放蜂 100 ~ 200 头。② 保护林内植被，丰富林内生物多样性，设置人工巢箱招引啄木鸟栖息繁殖，以提高生物控制能力。③ 在林间挂带有天牛引诱剂诱芯的诱捕器，诱杀成虫。

（5）化学防治。① 在 3 月下旬至 4 月上旬成虫活动高峰期，在树干部喷施"绿色威雷" 100 倍液或 200 倍液，毒杀成虫，减少虫源。② 4 ~ 5 月上旬初孵幼虫期、低龄幼虫期用 10% 吡虫啉可湿性粉剂 2 000 倍液或 1.8% 阿维菌素乳油 5 000 倍液或 2.5% 溴氰菊酯乳油 1 000 ~ 1 500 倍液喷洒树干杀初孵幼虫或侵食木质部的幼龄幼虫。③ 树干注射 5% 吡虫啉乳油。④ 在虫口密度高、郁闭度大的林区，成虫期用敌敌畏烟剂熏杀。

杉肤小蠹 *Phloeosinus sinensis* Schedl

别名杉木小蠹。鞘翅目小蠹科。

分布

国内分布于陕西、河南、湖北、安徽、江苏、浙江、江西、湖南、福建、广东、四川等地。河南省分布于信阳市浉河区、平桥区、光山县、罗山县、商城县、新县、固始县，三门峡市灵宝市、陕县等地。

寄主植物与危害特点

危害杉木树干，是我国南方杉林中常见的蛀干害虫。因该虫孔道多在韧皮部，穿透形成层到达边材，常使杉木分泌白色胶状汁液，严重危害时树皮表面密布白色滴状凝脂。因其蛀食于韧皮部与边材之间，坑道密集，阻滞营养物质和水分的输送，影响杉木侧枝新梢生长，严重的造成零星或成片杉木枯萎死亡。

形态特征

成虫 体长 3.0 ~ 3.8 mm，椭圆形，深褐色或深棕褐色，复眼肾形，前缘中部有似角状较深凹陷。触角红棕色，似膝状，具 2 条斜向分隔线，分 3 节。前胸背板略呈梯形，长略小于宽，基缘中央凸出，尖向鞘翅。背板上均匀密布圆形小刻点和细鳞片；鞘翅基缘弧形，略隆起，上面的锯齿大小均一，相距紧密。沟间部宽阔低平，密被细毛，向后斜竖。鞘翅斜面第 1、3 沟间部隆起，第 2 沟间部低平，沟间部上的颗瘤似尖桃状，第 1、3 沟间部各有 10 枚以上，第 2 沟间部有 6 ~ 7 枚。

卵 椭圆形，表面光滑，长径 0.8 mm，短径 0.5 mm。初产乳白色，半透明，近孵化时变成黄白色。

幼虫 体长 3.4 ~ 4.0 mm，似象虫，略带紫红色，老龄幼虫乳白色，口器深棕色。

杉肤小蠹危害状（张志刚　摄）

杉肤小蠹成虫（张志刚　摄）

蛹 裸蛹，初为乳白色，近羽化时变为黄褐色。长约 3.5 mm，宽 1.5 mm。腹末有 1 对大而尖的刺突，刺突尖端为红棕色。

生物学特性

生活史 信阳 1 年发生 1 代，以成虫在树干下部韧皮部的越冬坑道内越冬，越冬坑道粗面短并多呈"1"字形，洞口常有棕色细木屑堆积。翌年 3 月下旬，当林内平均温度达到 10 ℃左右时，越冬成虫开始活动并补充营养。4 月中旬，当林内平均气温为 20 ℃左右时，可发现杉肤小蠹的卵，卵期为 12 ~ 18 天。5 月上旬出现幼虫，幼虫期为 23 ~ 25 天。6 月上旬，出现蛹，蛹期为 8 ~ 16 天。该虫产卵期很长，往往在同一时期可见到不同的虫态同时存在。在信阳地区，于 10 月上旬开始进入越冬状态。

杉肤小蠹生活史图（河南省信阳市）

月份	10月至翌年2月			3月			4月			5月			6月			7~9月		
旬	上	中	下	上	中	下	上	中	下	上	中	下	上	中	下	上	中	下
虫态	(+)	(+)	(+)	(+)	(+)	+	+	+	+									
								●	●	●	●							
								—	—	—	—	—	—					
												⊙	⊙				
														+	+	+	+

注：●卵，—幼虫，⊙蛹，+成虫，(+)越冬成虫。

生活习性 该虫的越冬成虫一开始活动，就钻蛀树干危害。雌成虫钻蛀 1.8 ~ 3.0 mm 的圆形蛀孔。危害衰弱木或伐倒木时，蛀孔外常附着黄褐色蛀屑；钻蛀健康杉株，导致树脂分泌并外溢，迫使成虫退出蛀孔，转移他处，再次侵入。越冬后的老成虫集中钻蛀 3 m 以下的树干，而当年新羽化出的成虫多在树干上部危害，树干下部较轻，从而形成了季节不同，在树干的垂直分布也有不同。

雌成虫夜晚咬筑母坑道，母坑道为单纵坑，雄成虫在其后把蛀屑推出蛀孔外。白天雄成虫用腹部堵住蛀孔。成虫 4 月中旬交配，且在每天下午进行。交尾前，一般是雌虫沿树裂缝处向里凿一侵入孔至韧皮部或边材部，再咬筑一交配室，交配室长 6 ~ 9 mm，宽 3 mm 左右。随后雄虫进入交配室交配，个别也有在树皮缝隙或在侵入口进行交配的，每次交配时间约 10 分钟。交尾后雌成虫在母坑道两侧咬筑直径约 1.0 mm 的圆形卵室，1 室 1 卵。产后即用蛀屑封住室口。雌虫每交尾 1 次就产 1 次卵，每次产卵 3 ~ 5 粒。平均每厘米长的坑道上的布卵数为 10 ~ 14 粒，刚产下的卵卵壳表面黏软，乳白色，常附着一层木屑，故常与木屑混淆难辨。卵孵化时，透过卵膜可观察到 1 对不断开闭、呈三角形、红褐色的上颚。成虫行单配偶制，雌雄成虫可多次交尾。林间虫卵终期在 7 月初。卵平均历期 8.0（7 ~ 10）天。

幼虫孵化后，向母坑道左右蛀食，随着幼虫虫龄增加，虫体长大，子坑道也渐变宽加深，并因种内取食竞争呈迂回弯曲状。老熟幼虫后，在子坑道末端，斜向木质部内筑长 5.5 ~ 7.0 cm，宽 1.8 ~ 2.1 cm 的蛹室化蛹。蛹头在蛹室一律向上。初蛹体黄白色，近羽化时变为深褐色。平均化蛹率为 91.8%（76.9% ~ 100%）。蛹平均历期 11.2（9 ~ 16）天。成虫羽化后向外咬一羽化孔飞出，散飞至其他杉树上钻蛀危害。成虫有假死习性和微弱的喜光性，当其在树干上爬行时，如遇惊动，即跌落下地。成虫飞翔能力较弱，一次飞翔距离至多 30 cm 左右。

发生情况

据资料记载，20 世纪 70 年代末至 80 年代，杉肤小蠹在信阳杉木产区危害较严重，主要原因是各杉木林区对杉木林后期经营管理粗放，伐木及剩余物未能及时清理，林内卫生状况差，导致杉肤小蠹危害日趋严重。近些年来，随着杉木林管理水平的提高，杉肤小蠹发生量大幅下降，目前仅零星分布，轻度发生，危害很小。

防控措施

（1）营林措施。杉肤小蠹的危害与林内卫生状况和经营管理水平密切相关。及时清除林内枯枝、风折枝、风倒木，提高林分抗性；杉木采伐后，应及时将木材运出林区，对剩余物及时清理和处理，破坏杉肤小蠹繁殖场所。在杉木林内发现受害的零星植株，要及时伐除并运出林区进行处理，防止虫害扩散蔓延。

（2）物理防治。4 ~ 6 月上旬，在林缘、林内稀疏透光处适当放置若干伐倒木作诱饵，诱集成虫产卵，然后分别于 5 月中旬、7 月下旬收回饵木集中烧毁。

（3）生物防治。在林间，杉肤小蠹寄生天敌常见的有广肩小蜂（*Eurytoma* sp.）、金小蜂（*Dinotiscus* sp.）、黄蚂蚁、白僵菌等。金小蜂及广肩小蜂寄生杉肤小蠹的幼虫，金小蜂寄生率最高达 50%。在林间施放管氏肿腿蜂、郭公虫等天敌昆虫。通过保护和施放天敌，提高天敌种群数量，达到控制杉肤小蠹的目的。成虫补食期，喷洒 1.2% 烟碱·苦参碱乳油 800 ~ 1 000 倍液、100 亿孢子 /g 的白僵菌 100 ~ 200 倍液等生物农药。

（4）化学防治。4 月中旬卵期，用 25% 蛾蚜灵可湿性粉剂 1 500 ~ 2 000 倍液或80% 敌敌畏 +25% 杀虫脒 200 倍液喷洒杉树干中下部，防治效果很好。6 月下旬成虫危害时，喷洒 50% 辛硫磷乳油 1 000 ~ 1 500 倍液、4.5% 高效氯氰菊酯乳油 1 000 倍液或2.5% 溴氰菊酯乳油 2 000 倍液。

杨扇舟蛾 *Clostera anachoreta*（Fabricius）

别名白杨天社蛾、白杨灰天社蛾、杨树天社蛾、小叶杨天社蛾。鳞翅目舟蛾科。

分布

国内主要分布于黑龙江、吉林、辽宁、内蒙古、北京、天津、河北、山西、山东、陕西、四川、重庆、河南、安徽、湖北、上海、湖南、江苏、江西、浙江、广东、云南、海南、台湾等地。河南全省均有分布，信阳市各县（区）也有分布。

寄主植物与危害特点

主要危害多种杨柳科植物。以幼虫吐丝结苞危害杨树叶片，常在 7～8 月间猖獗成灾，短时间内将成片树林树叶食光，仅剩叶柄，形似火烧。

杨扇舟蛾危害状（马向阳　摄）

形态特征

成虫　雄成虫翅展 23～37 mm，雌成虫翅展 38～42 mm。体灰褐色，头顶有 1 个椭圆形黑斑，臀毛簇末端暗褐色；前翅褐灰色，翅面有 4 条灰白色波状横纹，顶角有 1 个褐色扇形斑，外横线通过扇形斑 1 段呈斜伸的双齿形曲线，外衬 2～3 个黄褐色带锈红色斑点，扇形斑下方有 1 个较大的黑色斑点。后翅灰白色，中间有一横线。

卵　扁圆形，直径约 1 mm，初产时橙红色，近孵化时为暗灰色。

幼虫　老熟幼虫体长 32～40 mm，具白色细毛。头部黑褐色；胸部灰白色，侧面墨绿色；腹部背面淡黄绿色，两侧有灰褐色宽带，每个体节着生有 8 个环形排列的橙红色小毛瘤，环状排列，其上具有长毛，第 1 和第 8 腹节背中央各有 1 个枣红色的瘤，其基部边缘黑色，两侧各伴有 1 个白点。

蛹　体长 13～18 mm，褐色，腹末有分叉的臀棘。茧椭圆形，灰白色。

杨扇舟蛾成虫（马向阳　摄）　　　杨扇舟蛾 1 龄幼虫（马向阳　摄）

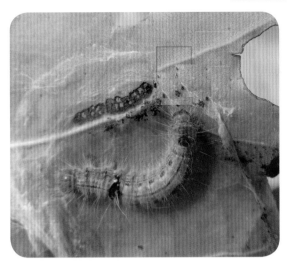

杨扇舟蛾3龄幼虫（熊娟 摄）

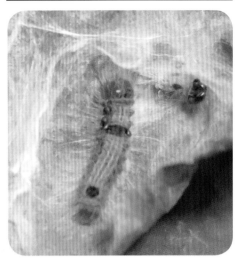

杨扇舟蛾4龄幼虫（马向阳 摄）

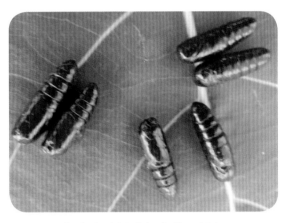

杨扇舟蛾蛹（任文静 摄）

杨扇舟蛾茧（马向阳 摄）

生物学特性

信阳1年发生4代，以蛹在枯落物等处越冬。越冬代、第1、2、3代成虫出现的时间分别在3月下旬至4月、6月、7月、8～9月。幼虫出现期晚1～2周，可危害至10月。成虫夜晚活动，有趋光性，上半夜交配，下半夜至次日晨产卵，越冬代成虫多产卵于小枝，以后各代产卵于叶背，块产，常百余粒单层排列，易于发现。卵期7～10天，幼虫期30余天，除越冬蛹外，一般蛹期5～8天。初孵幼虫群集啃食叶肉，2龄后群集缀叶结成大虫苞，藏匿苞中啃食叶肉，被害叶枯黄，甚为明显；3龄后分散，食全叶。幼虫共5龄，末龄虫食量最大，占总食叶量的70%左右，虫口密度大时，可在短期间内将全株叶片食尽，仅剩叶柄，食料不足时有垂丝迁移现象。老熟幼虫在苞叶内结茧化蛹，最后1代老熟幼虫沿树干爬到地面，在枯叶、墙缝、树皮裂缝或地被物上结茧化蛹越冬。翌年3～4月成虫羽化，在傍晚前后羽化最多。成虫每年除第1代幼虫较为整齐外，其余各代世代重叠。

杨扇舟蛾生活史图（河南省信阳市）

月份/旬	1~2月上	1~2月中	1~2月下	3月上	3月中	3月下	4月上	4月中	4月下	5月上	5月中	5月下	6月上	6月中	6月下	7月上	7月中	7月下	8月上	8月中	8月下	9月上	9月中	9月下	10~12月上	10~12月中	10~12月下
越冬代	(⊙)	(⊙)	(⊙)	(⊙)	(⊙)	(⊙) +	(⊙) +	(⊙) +	+																		
第1代							●	● —	● —	—	— ⊙	— ⊙ +	⊙ +	+													
第2代												●	● —	● —	— ⊙	— ⊙ +	⊙ +	+									
第3代																● —	● —	● —	— ⊙ +	⊙ +	⊙ +						
第4代																				●	●	● —	—	—	— (⊙)	(⊙)	(⊙)

注：●卵，—幼虫，⊙蛹，◎越冬蛹，+成虫。

发生情况

2007 年至 2013 年夏季，该害虫与杨小舟蛾等食叶害虫混合发生，连续多年在信阳市息县、淮滨县、潢川县、罗山县、光山县、平桥区等沿淮平原地区大面积暴发，并造成严重危害，局部成片杨树林树叶被食光，形成"夏树冬景"惨象。全市每年发生面积都在 1.34 万 hm^2 以上。2014~2017 年，轻度发生，没有造成灾害。

防控措施

（1）营林措施。结合更新采伐，营造杨桐、杨椿、杨槐或杨楝混交林；尽量不要营造杨树、柳树纯林。冬季清理地下落叶或翻耕土壤，以减少越冬蛹的基数。

（2）物理防治。幼树及时剪除虫苞，杀死其中幼虫，可有效减轻后期害虫为害。成虫羽化盛期，应用杀虫灯（黑光灯）诱杀成虫。

（3）生物防治。① 第 1 代幼虫发生期喷洒 100 亿活芽孢 /mL Bt 可湿性粉剂 200 ～ 300 倍液，或 16 000 IU/mg Bt 可湿性粉剂 1 200 ～ 1 600 倍液；3 龄幼虫期前喷洒 1 亿～ 2 亿孢子 /mL 青虫菌乳剂 200 ～ 300 倍液，或 25% 灭幼脲Ⅲ号悬浮剂 2 500 倍液，或 1.8% 阿维菌素乳油 6 000 ～ 8 000 倍液，或 20% 除虫脲悬浮剂 7 000 倍液，或 1.2% 烟碱·苦参碱乳油 1 000 ～ 2 000 倍液。② 第 1、2 代卵发生盛期，释放赤眼蜂（30 万～ 60 万头 /hm^2）。③在杨树林和周围种植油菜等蜜源植物，为赤眼蜂、姬蜂、瓢虫等天敌提供适宜环境，注意保护舟蛾赤眼蜂、黑卵蜂、毛虫追寄蝇、小茧蜂、大腿小蜂、螳螂、蚂蚁、蜘蛛、灰椋鸟、颗粒体病毒等天敌。

（4）化学防治。5 月上、中旬树干基部注 20% 吡虫啉可溶性粉剂 5 ～ 12 倍液，每株树按胸径每厘米注射 1 mL 的药液。大面积发生时，于 3 龄幼虫期前地面喷洒 4.5% 高效氯氰菊酯 1 500 ～ 2 000 倍液，或 25% 甲维·灭幼脲 1 500 ～ 2 000 倍液，或 25% 阿维·灭幼脲 1 500 倍液；也可采用飞机超低容量喷洒上述药剂，用药量 450 ～ 600 g/hm^2，加沉降剂尿素 150 g/hm^2。

杨小舟蛾 *Micromelalopha sieversi*（Staudinger）

别名杨小褐天社蛾、小舟蛾。鳞翅目舟蛾科。

分布

国内分布于黑龙江、吉林、辽宁、北京、河北、山东、河南、山西、安徽、江苏、浙江、上海、湖北、湖南、江西、四川、云南、西藏等。河南全省均有分布，信阳市各县（区）有分布。

寄主植物与危害特点

杨柳科植物。幼虫啃食杨树和柳树叶片，幼虫有群集性，常群集叶面啃食叶肉，呈箩网状，稍大分散取食，将叶肉吃光，残留下粗的叶脉和叶柄，危害严重时可看到"夏树冬景"的现象。

杨小舟蛾危害状（息县提供）

形态特征

成虫 体长 9 ~ 14 mm，翅长 22 ~ 26 mm，体色变化较多，有赭黄色、黄褐色、红褐色和暗褐色等。前翅后缘和顶角较暗，有 3 条灰白色横线，每线两侧有暗边，亚基线微波浪形，基线不清晰，内横线在翅中褶下呈亭形分叉，外叉不如内叉明显；外横线波浪形，横脉纹为 1 个小黑点。后翅黄褐色，臀角有 1 块赭色或红褐色小斑，横脉纹为 1 个小黑点。

卵 半球形，黄绿色，呈单层块状排列于叶面。

幼虫 老熟幼虫体长 21 ~ 26 mm，头大，肉色，颅侧区各有 1 条由细点组成的黑纹，呈"人"字形。身体叶绿色，老熟时发暗，灰绿色到灰褐色，微带紫色光泽。体侧各有 1 条黄色纵带，腹面叶绿色；气门黑色。腹部第 1 节和第 8 节背中央各有 2 个较大

杨小舟蛾成虫（马向阳 摄）

杨小舟蛾卵（淮滨县提供）

杨小舟蛾2龄幼虫(浉河区提供)

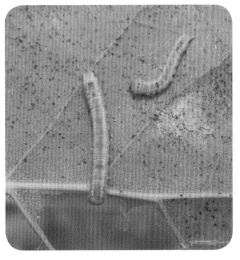

杨小舟蛾3龄幼虫（马向阳　摄）

杨小舟蛾4龄幼虫（淮滨县提供）

杨小舟蛾5龄幼虫（马向阳　摄）

的肉瘤，其周围紫红色，上面生有短毛；第3、5腹节背中央有2个紫红色疣。

蛹　近纺锤形，褐色。

生物学特性

信阳1年发生5代，以蛹在树洞、落叶、墙缝或地下植被物松土内越冬。翌年4月上旬越冬代开始羽化为成虫，直到5月中旬还有成虫羽化出土。一般4月下旬是越冬代成虫羽化盛期，6月上旬是第1代成虫羽化盛期，7月上旬是第2代成虫羽化盛期，7月底8月初是第3代成虫羽化盛期，8月底是第4代成虫羽化盛期。卵期7天左右。第1~5代幼虫出现期分别为4月下旬、5月下旬、7月上旬、7月下旬、8月下旬。第1~5代幼虫危害盛期分别是5月中旬、6月中旬、7月中旬、8月中旬、9月下旬，以第2、

3代幼虫危害最凶。第5代幼虫危害至10月下旬下树在表土层中或枯枝落叶中化蛹越冬。

杨小舟蛾生活史图（河南省信阳市）

月份／旬	11月至翌年3月 上	中	下	4月 上	中	下	5月 上	中	下	6月 上	中	下	7月 上	中	下	8月 上	中	下	9月 上	中	下	10月 上	中	下
越冬代	(⊙)	(⊙)	(⊙)	(⊙)	(⊙)	(⊙)	(⊙)																	
					＋	＋	＋	＋																
第1代					●	●	●	●																
						—	—	—	—															
									⊙	⊙	⊙	⊙	⊙											
										＋	＋	＋	＋											
第2代										●	●	●	●											
											—	—	—	—										
													⊙	⊙	⊙	⊙	⊙							
														＋	＋	＋	＋							
第3代													●	●	●	●								
														—	—	—	—	—						
																⊙	⊙	⊙	⊙	⊙	⊙			
																	＋	＋	＋	＋	＋			
第4代																●	●	●	●					
																	—	—	—	—	—			
																	⊙	⊙	⊙	⊙	⊙	⊙		
																	＋	＋	＋	＋	＋	＋		
第5代																	●	●	●	●	●	●		
																				—	—	—	—	—
																						⊙	⊙	⊙

注：●卵，—幼虫，⊙蛹，（⊙）越冬蛹，＋成虫。

　　6月后林间虫态交错，世代重叠现象，尤以第3、4代世代重叠现象明显。各代发生的时期受气温及降雨的影响较大，气温高、湿度大发育提前，气温低、湿度小发育滞后。

成虫白天多隐蔽于叶背面及隐蔽物下，夜晚交尾产卵，有较强的趋光性，卵多产于叶片背面，单层块状，每块卵 300 ~ 400 粒，每雌蛾可产卵 400 ~ 500 粒，幼虫孵化后群集叶面啃食表皮，被害叶呈萝网状，稍大分散取食，将叶片咬成缺刻，残留粗的叶脉和叶柄。7 ~ 8 月高温多雨季节危害最凶，常将叶片吃光。幼虫行动迟缓，白天多伏于树干粗皮缝处及树权间，夜晚上树吃叶，黎明多自叶面沿枝干下移隐伏。老熟幼虫吐丝缀叶结薄茧化蛹，最后一代幼虫爬到树皮缝隙、墙角、地面枯草落叶或地表土下，吐丝结薄茧化蛹越冬。

发生情况

2007 ~ 2013 年，杨小舟蛾在信阳市平桥区、罗山县、息县、淮滨县、潢川县、光山县等地区与杨扇舟蛾等食叶害虫混合发生，年各代发生面积累计在 1.34 万 hm² 以上，并造成严重危害，局部地块成灾，树叶被全部吃光，呈现"夏树冬景"的现象。2014 ~ 2017 年，以轻度发生为主，没有造成大的灾害。

防控措施

（1）营林措施。利用杨小舟蛾对寄主的独特性，在造林时合理选择树种组合搭配形成不同的林分组成。结合更新采伐，营造杨桐、杨椿、杨槐、杨楝等混交林。加强林内的水肥管理，增强树木个体和群体的抗性。

（2）物理防治。① 对密度较高的林分，在越冬蛹期，组织人力清除地表枯枝落叶，集中烧毁或在初春翻耕林间土壤，以消灭越冬蛹，从而减少蛹的基数。② 成虫羽化盛期，利用全光谱杀虫灯、频振式杀虫灯等诱杀成虫，降低下一代的虫口密度。③ 根据初龄幼虫有吐丝结茧群集的特性，人工摘除虫苞。也可组织人工摘除有卵叶片。

（3）生物防治。①喷洒微生物制剂。幼虫发生期，喷洒 1 亿 ~ 2 亿孢子 /mL 的青虫菌，或 100 亿活芽孢 /mL Bt 可湿性粉剂 200 ~ 300 倍液，或 16 000 IU/mg Bt 可湿性粉剂 1 200 ~ 1 600 倍液。②保护利用天敌。在杨树林和周围种植油菜等蜜源植物，为赤眼蜂、姬蜂、瓢虫等天敌提供适宜环境，控制杨小舟蛾；虫口密度低时，也可释放寄生蜂进行控制。③喷洒仿生、植物源药剂。低龄幼虫期，地面喷洒25% 甲维（阿维）·灭幼脲悬浮剂 1 500 ~ 2 000 倍液，或 1% 苦参碱水分散剂 1 000 ~ 1 500 倍液，或 1.8% 阿维菌素 3 000 ~ 5 000 倍液，或 0.5% 甲维盐乳油 800 ~ 1 000 倍液；大面积发生时，可用飞机超低容量喷洒25% 甲维（阿维）·灭幼脲、25% 灭幼脲Ⅲ号、1% 苦参碱等药剂进行防治，用药量为 450 ~ 600 g/hm²。

（4）化学防治。① 打孔注药防治：对发生严重，喷药困难的高大树体，利用打孔注药机在树胸径处不同方向打 3 ~ 4 个孔，注入输导性强的25% 杀虫双水剂。用药量按 2 ~ 4 mL/10 cm 胸径注入原药或 1 倍稀释液。注药后注意封好注药口。② 毒环和毒绳防治：利用该虫上下树干和越冬后上树的习性，可将药剂在树干绑扎毒绳进行防治。在幼虫上树前，用 2.5% 溴氰菊酯与柴油 1：10 混合，浸泡包装用纸绳制成毒绳，在树干胸径绑缚 2 周。③ 烟雾机防治：对于集中连片，郁闭度大于 0.6 的高大杨树林，使用烟雾机喷烟防治。烟剂载体为柴油，药物选用熏蒸作用较强的 80% 敌敌畏乳油作为基本药剂，外加触杀作用强的 4.5% 高效氯氰菊酯乳油，将这两种农药混合溶解后加入到柴油中施用。④ 喷雾防治：在幼虫孵化盛期地面喷洒 90% 晶体敌百虫 800 ~ 1 000 倍液，或 5% 抑太保乳油 1 500 ~ 2 000 倍液等高效低毒的无公害农药进行防治。

黄翅缀叶野螟 *Botyodes diniasalis*（Walker）

别名杨黄卷叶螟。鳞翅目螟蛾科。

分布

国内分布于辽宁、内蒙古、北京、河北、陕西、山西、河南、山东、安徽、江苏、湖北、浙江、福建、广东、海南、广西、云南、贵州、四川、宁夏、台湾等。河南省各地均有分布。信阳各县（区）均有发生。

寄主植物与危害特点

为害杨树、柳树等杨柳科植物。以幼虫取食树冠上层嫩叶，受害叶被幼虫吐丝缀连呈饺子状或筒状，大发生时常将枝梢嫩叶食光，形成秃梢。

形态特征

成虫 体长 13 mm 左右，翅展约 30 mm。头部褐色，两侧有白色纵条纹。触角淡褐色，雄虫触角基部具凹陷和耳状突。胸部背面黄色，腹面白色。翅黄色，有波状褐色纹，斑纹棕黄色至棕褐色。前翅中室圆斑小；中室端斑肾形，斑纹内有 1 条白色新月形纹。后翅密被浅黄色细长鳞毛；中室端斑新月形。前、后翅缘毛银灰色，基部有暗褐色线，末端色浅。腹部黄色至棕黄色，腹面色稍浅，雄性腹末有棕褐色毛簇。

卵 扁圆形，乳白色，近孵化时黄白色，卵粒鱼鳞状排列，聚集成块状或条形。

黄翅缀叶野螟成虫（马向阳　摄）

黄翅缀叶野螟卵（马向阳　摄）

幼虫 黄绿色，老熟时体长 15 ~ 22 mm，两头尖中间较粗，头两侧近后缘有 1 个黑褐色斑点，与胸部两侧的黑褐色斑纹相连，形成 1 条纵纹。体两侧沿气门各有 1 条浅黄色纵带。

蛹 长 15 mm，宽 4 mm，淡黄褐色，外被白丝薄茧。

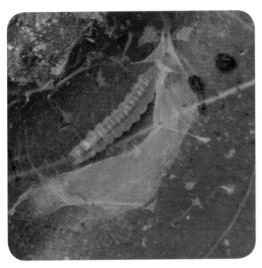

黄翅缀叶野螟高龄幼虫（马向阳　摄）

黄翅缀叶野螟蛹（马向阳　摄）

生物学特性

信阳 1 年发生 4 代，以初龄幼虫在落叶、地被物及树皮裂缝中结茧越冬。翌年 4 月初越冬幼虫开始出蛰危害，5 月底至 6 月初，幼虫老熟化蛹。6 月上旬成虫开始羽化，至中旬为羽化产卵盛期。以后基本上每月 1 代至 9 月中旬第 3 代成虫羽化产卵，直到 10 月中旬仍可见到少量成虫活动。可见此虫后面几代龄期极不整齐，且有世代重叠现象。成虫白天隐藏，晚上活动，趋光性极强。卵产于叶背面，以中脉两侧最多，成块状或长条形，每块有卵 50 ~ 100 粒。幼虫孵化后啃食叶片表皮，并吐出白色黏液涂在叶面，随后吐丝缀嫩叶呈饺子状，或在叶缘吐丝将叶折叠，藏于其中取食。幼虫长大，群集顶梢吐丝缀叶取食。多雨季节活动最猖獗，3 ~ 5 天内即将嫩叶吃光，形成秃梢。幼虫极活泼，稍受惊扰即从卷叶内弹跳逃跑或吐丝下垂，老熟幼虫在卷叶内吐丝，结成白色稀疏的薄茧化蛹。

发生情况

2000 年前后，信阳大面积栽植杨树，全市杨树种植面积超过 13.4 万 hm²，特别是沿淮河平原地区杨树纯林面积大，为黄翅缀叶野螟的繁殖创造了有利条件。2007~2013 年，黄翅缀叶野螟与杨小舟蛾、杨扇舟蛾在信阳混合发生，发生面积大、危害严重，仅黄翅缀叶野螟年发生面积在 0.4 万 hm² 以上。2014~2017 年，全市各地黄翅缀叶野螟多以轻度发生为主，局部地块虫口密度稍高，但没有造成较重灾害。

防控措施

（1）营林措施。① 营造混交林，加强栽培管理，增强树势，提高植株抵抗力。② 及时清理落叶等废弃物，集体烧毁，深翻土壤，减少虫害。

（2）物理防治。① 成虫羽化期，利用成虫的趋光性，用黑光灯诱杀成虫。② 卵期，人工剪除带卵块的树叶。

（3）生物防治。① 保护和利用天敌，卵期释放赤眼蜂。② 幼虫期，喷洒苏云金杆菌 50 ~ 130 IU/mg，或 1.2% 烟碱·苦参碱乳油 1 000 ~ 2 000 倍液，或 1.2% 阿维菌素 630 ~ 795 mL/hm²。③ 卵孵化初期，喷洒 25% 灭幼脲Ⅲ号胶悬剂 5 000 倍液。

（4）化学防治。幼虫孵化盛期，地面或飞机喷洒森得保可湿性粉剂 1 200 倍液，或 90% 晶体敌百虫 1 000 倍液，或 50% 杀螟松乳油 1 000 倍液，或 50% 乙硫磷乳油 1 500 倍液。

杨雪毒蛾 *Leucoma candida*（Staudinger）

别名雪毒蛾、杨毒蛾。鳞翅目毒蛾科。

分布

国内分布于黑龙江、吉林、辽宁、内蒙古、新疆、甘肃、宁夏、青海、北京、天津、河北、山东、山西、陕西、河南、湖北、安徽、江苏、浙江、江西、湖南、贵州、云南、四川等省（市、区）。河南省分布于郑州、安阳、新乡、信阳等地。信阳市各县（区）零星分布。

寄主植物与危害特点

寄主主要有杨树、柳树、栎树、栗类、樱桃、梨树、梅、杏树、桃树、槭树、白蜡、泡桐、茶树、棉花等多种植物，尤以危害杨树、柳树、茶树、棉花叶片更为严重。以幼虫啃食植物叶片，低龄幼虫只啃食叶肉，留下表皮，长大后咬食叶片成缺刻或孔洞状，严重时叶片被食光，仅留叶皮及叶脉，呈网状。影响树木生长及叶片的光合作用。

形态特征

成虫 雄成虫翅展 32 ~ 38 mm，雌成虫翅展 45 ~ 60 mm。体白色，具丝绢光泽，着生白色绒毛。雌蛾触角短，双栉齿状，雄蛾触角羽毛状，触角干白色带黑棕色纹。前、后翅白色，有光泽，鳞片宽排列紧密，不透明。足胫节和跗节生有黑白相间的环纹。

卵 成块状堆积，卵块上被泡沫状白色胶质分泌物。

幼虫 老熟幼虫体长 40 ~ 50 mm，头部棕色，有 2 个黑斑，刚毛棕色；体黑棕色或棕黑色，亚背线橙棕色，其上密布黑点；在第 1、2、6、7 腹节上有黑色横带，将亚背线隔断；气门上线和下线黄棕色有黑斑；腹部暗棕色；背部毛瘤蓝黑色上生棕色刚毛；胸足棕色，腹足棕色、趾钩黑色；翻缩腺浅红棕色。

蛹 长 20 ~ 25 mm，棕黑色或黑棕色，刚毛棕黄色，表面粗糙，密生刻点和纹。

杨雪毒蛾雌成虫（马向阳 摄）

杨雪毒蛾雄成虫（马向阳 摄）

杨雪毒蛾成虫及卵块（马向阳 摄）

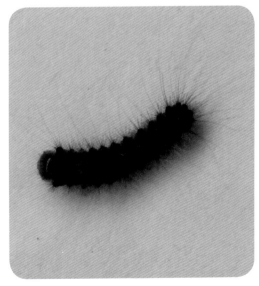

杨雪毒蛾幼虫（马向阳 摄）

杨雪毒蛾老龄幼虫（任文静　摄）

杨雪毒蛾蛹（任文静　摄）

生物学特性

信阳 1 年发生 2 代，以 2 龄幼虫在树皮缝、树洞中或落叶层下结薄茧越冬。翌年 4 月中旬越冬代幼虫开始活动，5 月中下旬老熟幼虫在卷叶、树皮缝、树洞、枯枝落叶层下等处结薄茧，并在其中化蛹，蛹期约 10 天。5 月下旬至 6 月上旬出现成虫并交配产卵，卵期 10～15 天。6 月上中旬第 1 代幼虫开始孵化，6 月下旬至 7 月为第 1 代幼虫危害盛期，幼虫共 6 龄。7 月下旬至 8 月上旬为第 1 代蛹期。8 月上旬第 1 代成虫开始出现。8 月中旬进入第 2 代卵期，8 月下旬进入第 2 代幼虫危害期，至 9 月底，然后陆续钻入树皮缝等隐蔽处吐丝结茧，潜伏越冬。

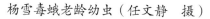

杨雪毒蛾生活史图（河南省信阳市）

月份	10月至翌年3月			4月			5月			6月			7月			8月			9月		
旬	上	中	下	上	中	下	上	中	下	上	中	下	上	中	下	上	中	下	上	中	下
越冬代	(一)	(一)	(一)	(一)	—	—	—	— ⊙	⊙ +	+											
第1代									●	●	●	—	—	—	— ⊙	— ⊙ +	+				
第2代																	●	●	● —	—	—

注：●卵，—幼虫，（一）越冬幼虫，⊙蛹，+成虫。

成虫有趋光性，雌虫较明显，夜间活动，多将卵产在枝干皮或叶片背面，堆积成大的灰白色卵块，粒数不等，卵块表面覆盖有灰白色泡沫状分泌物。1～2龄幼虫有群集性，取食叶肉呈网状，可吐丝下垂借风传播；3龄后分散危害。幼虫夜间上树取食，白天喜隐蔽于树皮缝、树洞等处。

发生情况

信阳分布较广，但危害较轻，多为零星发生。目前没有出现较大面积成灾现象。

防控措施

（1）物理防治。① 9月初，幼虫下树越冬前，用麦草在树干基部捆扎20 cm宽的草脚，第2年3月检查草脚上的幼虫量并烧毁。② 利用幼虫白天下树潜伏、夜间危害的特性，白天可在树干上涂粘虫胶、废机油粘杀幼虫。③ 利用成虫有趋光性，可用黑光灯、频振式杀虫灯等诱杀成虫，从而减少成虫产卵数量，降低虫口密度。

（2）生物防治。① 保护和利用天敌。杨雪毒蛾幼虫期的天敌主要有毒蛾赤眼蜂、毛虫追寄蝇、角马蜂、三突花蛛、小茧蜂及病菌等，通过天敌寄生或捕食，可降低虫口密度。② 在低龄幼虫期，喷洒2亿孢子/mL的青虫菌液，或Bt可湿性粉剂300～500倍液，或25%灭幼脲Ⅲ号悬浮剂2 000倍液，或1.8%高渗苯氧威乳油3 000倍液，或阿维菌素乳油6 000～8 000倍液或1.2%烟碱·苦参碱乳油800倍液进行防治。

（3）化学防治。春季，在树干周围撒5%西维因粉剂，触杀上下树的幼虫。4月上旬，在树干上喷施2.5%敌杀死或5%高效氯氰菊酯乳油2 000～8 000倍液，阻杀上树幼虫。大面积片林，可在4月中下旬用敌马烟剂进行防治。幼虫发生盛期，用45%丙溴辛硫磷1 000倍液，或20%菊杀乳油2 000倍液，或15%杜邦安达悬浮剂4 000倍液喷杀幼虫，间隔7～10天，可连用1～2次，防治效果更好。

杨白潜叶蛾 *Leucoptera susinella* Herrich-Schaffer

别名杨白潜蛾、杨黑斑潜叶蛾、潜叶虫。鳞翅目潜蛾科。

分布

国内分布于内蒙古、黑龙江、吉林、辽宁、河北、山西、陕西、山东、河南、安徽、江西、上海、甘肃、新疆、贵州等地。河南全省均有分布，信阳市各县（区）有发生。

寄主植物与危害特点

主要危害小叶杨、小青杨、毛白杨、北京杨、钻天杨、新疆杨、加杨等多种杨树，同时还危害柳类等树种。幼虫孵出后潜蛀叶内，常有多条幼虫同时蛀食，蛀道扩大连成一片，叶面呈现中空的大黑斑块，严重受害的叶片则大部分变黑、焦枯，一般会提前脱落，严重影响树木生长。杨树苗圃地易发生，有时受害较严重。

形态特征

成虫 体长 3 ~ 4 mm，翅展 8 ~ 9 mm。体腹面及足为银白色；头顶乳黄色，有 1 束竖立的银白色毛簇；复眼黑色，近半球形，常被触角鳞毛覆盖；触角银白色，基部鳞毛形成大的"眼罩"。前翅银白色，前缘近中央有 1 波纹状斜带伸向后缘，近端部有 4 条褐色纹，第 1 ~ 2 条、第 3 ~ 4 条之间呈淡黄色，第 2 ~ 3 条之间为银白色；臀角上有 1 个黑色斑纹，斑纹中间有银色凸起，缘毛前半部褐色，后半部银白色；后翅披针形，银白色，缘毛极长。

卵 扁圆形，长约 0.3 mm，暗灰色，表层有网眼状刻纹。

幼虫 老熟幼虫体长约 6.5 mm，体扁平，黄白色。头部和每节侧方生有长毛 3 根，触角 3 节，前胸和背板乳白色，体节明显，以腹部第 3 节最大，后方各节逐渐缩小。

蛹 浅黄色，长 3 mm，梭形，藏于白色丝茧内。

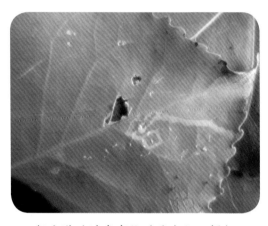

杨白潜叶蛾危害状（马向阳 摄）

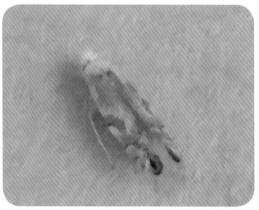

杨白潜叶蛾成虫（放大）（马向阳 摄）

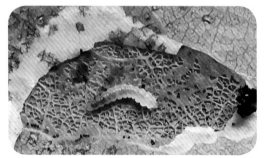

杨白潜叶蛾幼虫（放大）（马向阳 摄）

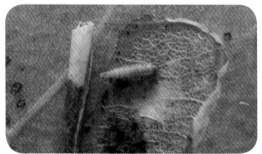

杨白潜叶蛾蛹（放大）（马向阳 摄）

生物学特性

信阳 1 年发生 4 代，以蛹在树干皮缝等处的白色茧内越冬。成虫羽化时，把蛹壳咬破 1 个小口飞出，5 月上中旬出现越冬代成虫，具有趋光性。卵产在叶片正面，贴近主脉、侧脉两边平行排列；幼虫孵出后，从卵壳底面咬破叶片，潜入叶内取食叶肉。

幼虫不能穿过叶脉,但老熟幼虫可以穿过侧脉潜食。被害处形成黑褐色虫斑,常由2～3个虫斑相连成大斑。幼虫老熟后从叶正面咬孔而出,寻找化蛹场所,停留片刻,头部左右摆动,吐丝结"工"字形茧,经过1天左右化蛹。老熟幼虫在叶背结茧,但越冬茧多在树干裂缝、疤痕及树下腐质层等处,极少数在叶片上。

发生情况

杨白潜叶蛾在信阳市平桥区、息县、淮滨县、罗山县、潢川县、光山县等沿淮平原地区分布较广,多为零星发生,个别年份局部有树叶被食严重的现象,如2011年7月,息县东岳镇、白店乡、城郊乡等乡镇杨树林发生杨白潜叶蛾危害,发生面积较大,个别地段危害较严重。

防控措施

(1)营林措施。大力提倡因地制宜,适地适树;采用乡土树种营造混交林,建议选用如刺槐、楝树、椿树、泡桐等树种,更改树种结构,增强林分抗虫能力。

(2)物理防治。① 人工清理林间落叶或翻耕土壤,以减少越冬蛹的基数。② 利用成虫趋光性,可选用黑光灯、金属卤素灯和高压电网灯进行诱杀,最好选用光控型诱虫灯。③ 大树干涂白,防治树皮下越冬蛹。

(3)生物防治。① 采用高效低毒的生物制剂农药如5%杀铃脲悬浮剂1 500～2 000倍液,或1.8%阿维菌素乳油2 000倍液,或25%灭幼脲Ⅲ号悬浮剂2 000倍液,或1.2%烟碱·苦参碱乳油1 000～2 000倍液,或3%高渗苯氧威乳油3 000～4 000倍液等,交替使用,效果更好。② 保护和利用天敌,控制虫口密度。幼虫期天敌有杨白潜叶蛾绒茧蜂等寄生蜂。

(4)化学防治。对郁闭度达到0.7以上的林网、片林等,可采用背负式烟雾机喷施有触杀性、胃毒性或熏蒸性的乳油或油剂进行喷烟防治,其中药剂与柴油之比为1∶10。烟雾防治应在早晨或傍晚有微风时进行。幼虫危害期,喷洒50%马拉硫磷乳油1 000倍液,或10%吡虫啉可湿性粉剂;成虫活动期或者虫斑出现盛期以前,喷洒50%杀螟松乳油2 000～3 000倍液,或2.5%溴氰菊酯乳油5 000～8 000倍液,或80%敌敌畏乳油1 500～2 000倍液。

杨柳小卷蛾 *Gypsonoma minutana* Hübner

别名杨树卷叶蛾,鳞翅目卷蛾科小卷蛾属。

分布

国内分布于黑龙江、北京、河北、山东、河南、山西、陕西、青海、宁夏、新疆等省(市、区)。河南省主要分布于郑州、许昌、南阳、新乡、安阳、周口、商丘、信阳等地。

信阳市各县（区）均有分布。

寄主植物与危害特点

寄主为各种杨树、柳树，以幼虫卷叶取食危害，受害叶片呈网孔状，轻者叶片枯黄，重者叶片脱落，大发生时，地面落一层受害叶片。

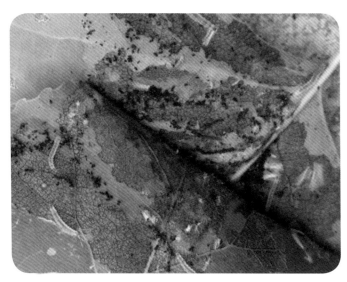

杨柳小卷蛾危害状（马向阳　摄）

形态特征

成虫　体长6～7 mm，翅展11～13 mm。触角丝状，深褐色。下唇须前伸，稍向上举。前翅狭长，有淡褐色或深褐色斑纹。中部有1条较宽的黄白色弧形带，顶角突出稍向上反卷，有4～5条灰褐色和黄白色相间的条纹。肛上纹位于臀角上，其上杂有灰黑和褐色斑纹。前缘有明显的钩状纹。后翅和腹部灰褐色，后翅缘毛灰色。

卵　圆球形，初产时米黄色，孵化前变黄褐色。

杨柳小卷蛾成虫（显微镜下）（张玉虎　摄）

杨柳小卷蛾成虫（放大）
（马向阳　摄）

幼虫 初龄幼虫黄绿色,头部黑褐色,前胸背板淡茶褐色。随着虫龄的增大,体色渐变为灰白色。老熟幼虫体长 6 ~ 12 mm,头淡褐色,前胸背板褐色,两侧下线各有 2 个黑点。胸足灰黑色。体节上有淡褐色的毛片,上生白色细毛。腹部第 5 节背面透过皮层可见到 2 个椭圆形褐色斑块。化蛹前,体色变为黄白色,头为褐色,前胸背板黄褐色。

蛹 黄褐色,长 6 ~ 8 mm。

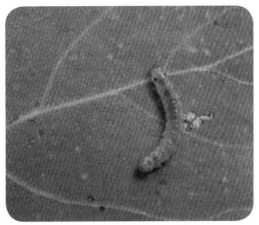

杨柳小卷蛾幼虫(放大)(马向阳 摄) 　　杨柳小卷蛾高龄幼虫(放大)
　　　　　　　　　　　　　　　　　　(马向阳 摄)

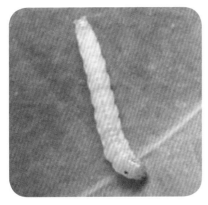

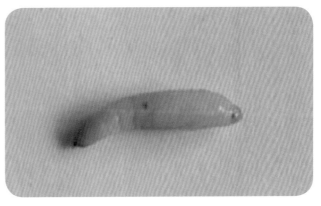

杨柳小卷蛾老熟幼虫 　　杨柳小卷蛾蛹(放大)(马向阳 摄)
(马向阳 摄)

生物学特性

信阳 1 年发生 3 代,以第 3 代初龄幼虫于 10 月下旬在树皮缝隙中结茧越冬。翌年 4 月上旬,杨树发芽展叶后,幼虫开始活动危害,4 月下旬先后老熟化蛹,羽化成虫,5 月中旬为羽化盛期。5 月下旬至 7 月下旬,为当年第 1 代发生期。8 月上旬至 9 月上旬,为第 2 代发生期。9 月中旬,可见第 3 代卵和初孵幼虫。从第 2 代开始,出现世代重叠现象,有时同时可见到各虫态。10 月下旬,幼虫下树爬到树干下部树皮裂缝等处越冬。

成虫夜晚活动，有趋光性。卵产于叶面，单粒散产。幼虫孵化后，吐丝将1、2片叶黏结在一起，藏于其中取食，啃食表皮呈箩网状，叶片受害部位后期变灰黑色。有时几条幼虫在1个卷叶内群居危害，稍大后，分散危害。幼虫长大，吐丝把几片叶连缀一起，形成一小撮叶。幼虫可吐丝借助风吹或爬行转移到他处危害。幼虫极活泼，受惊即弹跃逃跑。老熟幼虫，在叶片黏结处吐丝结白色丝质薄茧化蛹。

发生情况

杨柳小卷蛾在信阳分布较广，主要危害杨树，目前仅局部地块虫口密度稍高，没有出现严重危害现象，但需加强虫情监测，防止暴发造成灾害。

防控措施

（1）营林措施。根据立地条件，合理设计造林密度，不要使林地栽植密度过大。及时进行修枝抚育，保持林内适宜的通风透光，创造不利于害虫生存繁殖的环境条件，以减少害虫发生危害。

（2）物理防治。① 对虫口密度不大的低矮林分，可以人工摘除或剪除虫苞，然后将剪（摘）下的虫苞集中深埋或烧毁；也可用手捏死苞内幼虫及蛹。② 成虫羽化期，可用黑光灯诱杀成虫。

（3）生物防治。① 低龄幼虫期，喷洒0.5亿孢子/mL青虫菌毒杀幼虫，也可用3.2%苏云金杆菌可湿性粉剂稀释1 000倍液进行树冠喷雾防治。② 保护利用寄生蜂，如卵期释放赤眼蜂，45万～75万头/hm^2，以抑制杨柳小卷蛾大量发生。③ 在2～3龄幼虫期，喷洒25%灭幼脲Ⅲ号悬浮剂800～1 000倍液，或3%高渗苯氧威乳油2 000～3 000倍液等仿生药剂防治；大面积发生时，用25%灭幼脲Ⅲ号悬浮剂超低容量喷雾防治，用药量为50～60 g/hm^2；还可选用阿维菌素、甲维盐、苦参碱等生物农药进行防治。

（4）化学防治。低龄幼虫期，用45%丙溴·辛硫磷乳油1 000倍液，或40%啶虫·毒乳油1 500～2 000倍液，或5%来福灵乳剂5 000～8 000倍液树冠、树干喷杀幼虫，可连用1～2次，间隔7～10天。可轮换用药，以延缓抗性的产生。

蓝目天蛾 *Smerinthus planus* Walker

别名柳天蛾、柳目天蛾、蓝目灰天蛾。鳞翅目天蛾科。

分布

国内分布于黑龙江、吉林、辽宁、内蒙古、河北、山东、河南、山西、陕西、宁夏、甘肃、青海、安徽、江苏、浙江、上海、江西、湖南等省（市、区）。河南省分布于周口、开封、南阳、驻马店、信阳等地。信阳市淮滨县、罗山县、息县、潢川县等地零星分布。

寄主植物与危害特点

危害杨树、柳树、榆树、桃树、李树、樱桃、苹果、沙果、核桃、葡萄、海棠、梅花等植物。低龄幼虫取食植物叶片表皮，多将叶片咬成孔洞或缺刻。高龄后的大幼虫食量大增，可将叶片吃光仅残留部分叶脉和叶柄，严重时常常食成光枝，削弱树势。树下常有大粒虫粪落下，较易发现。

形态特征

成虫 体长 32 ~ 36 mm，翅展 80 ~ 92 mm。体翅黄褐色。触角淡黄色；复眼大，暗绿色。胸部背面中央有 1 个深褐色大斑。前翅顶角及臀角至中央有三角形浓淡相交暗色云状，外缘翅脉间内陷呈浅锯齿状，缘毛极短。亚外缘线、外横线、内横线深褐色；肾状纹清晰，灰白色；基线较细，弯曲；外横线、内横线下段被灰白色剑状纹切断。后翅淡黄褐色，中央紫红色，有 1 个深蓝色的大圆眼状斑，斑外有 1 个黑色圈，最外围蓝黑色，蓝目斑上方为粉红色。后翅背面眼纹斑不明显。

卵 椭圆形，长径约 1.8 mm。初产鲜绿色，有光泽，后为黄绿色。

幼虫 老熟幼虫体长 70 ~ 80 mm。头较小，宽 4.5 ~ 5 mm，黄绿色，近三角形，两侧色淡黄。胸部青绿色，各节有较细横褶；前胸有 6 个横排的颗粒状突起；中胸有 4 个小环，每环上左右各有 1 个大颗粒状突起；后胸有 6 个小环，每环各有 1 个大颗粒状突起。腹部色偏黄绿，第 1 ~ 8 腹节两侧有白色或淡黄色斜纹 7 条，最后 1 条斜纹直达尾角，尾角斜向后方；背中线隆起，形成 1 条纵纹。气门筛淡黄色，围气门片黑色，前方常有紫色斑或淡黄色点，腹部腹面稍浓，胸足褐色，腹足绿色，端部褐色。

蛹 长柱状，长 28 ~ 40 mm。初化蛹暗红色，后为暗褐色。翅芽短，尖端仅达腹部第 3 节的 2/3 处，臀角向后缘突出处明显。

蓝目天蛾成虫（淮滨县提供）

蓝目天蛾幼虫（熊娟 摄）

生物学特性

信阳 1 年发生 3 代，以蛹在树干周围土中越冬。翌年 4 月中旬越冬代成虫开始羽化，第 1 代、第 2 代成虫分别出现于 6 月中下旬、7 月底至 8 月上旬。第 1 代幼虫 5 ~ 6 月间为害，第 2 代幼虫 6 ～ 7 月间出现，第 3 代幼虫 8 月中旬大量孵化，8 月下旬至 9 月中旬陆续钻入土中化蛹越冬。成虫有趋光性，飞翔力强，晚间活动，觅偶交尾，交尾后第 2 天晚上产卵。卵多散产在叶背枝条上，偶见卵成串，卵期 15 天左右。初孵幼虫先吃去大半卵壳，后爬到较嫩的叶片分散取食，将叶子吃成缺刻，到 5 龄后食量大而危害严重，常将叶子吃尽，仅留光枝，地面可见大粒绿色虫粪。幼龄幼虫体色与寄主叶色相似。4 龄后雌幼虫体色较黄，雄幼虫体色较绿。老熟幼虫在化蛹前 2 ～ 3 天体背呈暗红色，从树上爬下，钻入土中 55 ～ 115 mm 处，做成土室后即蜕皮化蛹越冬。

发生情况

目前，蓝目天牛在信阳呈零星分布，主要危害杨树、柳树、桃树等，发生量很小，危害程度轻，没有造成大的灾情，但需加强虫情监测，防止局部突发危害。

防治措施

（1）物理防治。①冬季翻土，蛹期可在树木周围耙土、锄草或翻地，杀死越冬虫蛹。②利用幼虫受惊易掉落的习性，在幼虫发生时将其击落，或根据地面和叶片的虫粪、碎片，人工捕杀树上的幼虫。③利用天蛾成虫具趋光性，在成虫发生期用黑光灯、频振式杀虫灯等诱杀成虫。

（2）生物防治。①保护广腹螳螂、胡蜂、茧蜂、益鸟等天敌。②幼虫 3 龄前，可喷洒含量为 16 000 IU/mg 的 Bt 可湿性粉剂 1 000 ～ 1 200 倍液，或 20% 除虫脲悬浮剂 3 000 ～ 3 500 倍液，或 25% 灭幼脲Ⅲ号悬浮剂 1 000 ～ 1 500 倍液，或 2% 烟碱乳剂 800 ～ 1 200 倍液，或 0.3% 印楝素乳油 1 000 ～ 2 000 倍液，或 1% 苦参碱可溶性液剂 1 000 ～ 1 500 倍液，或 1.8% 阿维菌素乳油 5 000 倍液。

（3）化学防治。卵孵化盛期，喷洒 90% 敌百虫晶体 1 000 倍液，或 50% 杀螟松乳油 1 500 倍液，或 10% 天王星乳油 2 000 ～ 2 500 倍液，或 2.5% 功夫乳油 2 000 ～ 2 500 倍液。3 ～ 4 龄前的幼虫，喷施 80% 敌敌畏乳油 1 000 倍液，或 20% 速灭杀丁 2 000 倍液，或 4.5% 高效氯氰菊酯乳油 1 500 ～ 2 000 倍液，或 2.5% 溴氰菊酯乳油 5 000 ～ 8 000 倍液，或 20% 米满悬浮剂 1 500 ～ 2 000 倍液，或 10% 吡虫啉可湿性粉剂 2 000 倍液。虫口密度大时，可喷施 50% 辛硫磷乳油 2 500 倍液，或 2.5% 溴氰菊酯乳油 2 500 ～ 3 000 倍液等药物，均有较好的防治效果。

杨扁角叶蜂 *Stauronematus compressicornis*（Fabricius）

别名杨直角叶蜂、杨扁角叶爪叶蜂。膜翅目叶蜂科。

分布

国内主要分布在新疆（天山西部伊犁河谷）、陕西、北京、河北（廊坊）、山东、河南、江苏（南京）等地。河南省南阳、洛阳、郑州、三门峡、焦作、周口、商丘、信阳、驻马店、漯河等市有分布；信阳市平桥区、浉河区、罗山县、光山县、息县、淮滨县、固始县、潢川县等县（区）零星发生。

寄主植物与危害特点

主要危害沙兰杨及中林46、107、108等黑杨派品系杨树，也危害柳树。以幼虫啃食叶片，危害严重时将整株叶片吃光，形成"夏树冬景"的现象，严重影响树木生长。

形态特征

成虫 雄虫体长5～6 mm，雌虫体长7～8 mm。体黑色，有光泽，被稀疏白色短绒毛。前胸背板、翅基片、足黄色，后胫节及跗节尖端黑色。触角9节，黑褐色，侧扁，被较密的黑色短绒毛，第3～8节端部横向加宽似一直角，基部一侧向内收缩。中胸背板有1褐色斑。翅透明，翅痣黑褐色，翅脉淡褐色。爪的内齿和外齿平行，基部膨大。

卵 长1.3～1.5 mm，宽0.3 mm，椭圆形，表面光滑，乳白色。

幼虫 初孵幼虫体长1.8～2.0 mm，乳白色。各龄级幼虫逐渐变大，体色渐变为鲜绿色，老熟幼虫体长9.0～11.0 mm，头顶绿色，头黑色，唇基前缘平截。胸部各节两侧分别有4个黑斑，胸足黄褐色，各足基部具2个褐色斑点，身上有许多不均匀的褐色小圆点。第7、8腹节稍向上隆起，末节向下弯曲呈"S"形。幼虫共5龄。

蛹 初为绿色，后渐变为灰褐色，口器、翅、触角、足均为乳白色，体长6.0～7.5 mm。

茧 椭圆形，初为黄褐色，后为茶褐色。雄茧长5～6 mm，雌茧长7～8 mm。

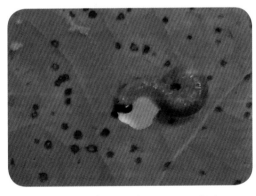

杨扁角叶蜂幼虫（马向阳 摄）

杨扁角叶蜂幼虫及危害状（光山县提供）

生物学特性

信阳1年发生8代，10月中下旬以老熟幼虫在树根部20～40 mm深土中结茧越冬。翌年3月中下旬化蛹。4月中旬羽化产卵，卵期8天。4月下旬出现第1代幼虫，5月上旬老熟幼虫下树化蛹，5月中旬成虫羽化，当天可产卵，卵期3～5天。5月下旬第2代幼虫出现，5月底6月初老熟幼虫下树化蛹，6月上旬羽化，6月中旬为幼虫期，中旬末入土化蛹。各世代依此发生8代，世代重叠，10月上中旬幼虫下树越冬。成虫多在午后羽化，羽化时在茧壳顶端咬1个小孔钻出，卵产在苗木顶端嫩叶背面和叶脉两侧的表皮下，雄虫寿命最长 2.5 天，雌虫产卵 1 天后死亡，雄雌比为 1∶1，卵历期 4～6 天，幼虫孵化后，先是取食卵壳上黏液，半日后再取食叶脉附近的叶肉，使叶片形成小圆洞，再用胸足沿圆洞边缘握住叶片由圆洞两侧向叶缘取食，最后只留叶脉。1～2 龄幼虫常聚集在一片嫩叶上取食，3 龄后分散取食。幼虫具有假死性，幼虫共 5 龄，每个幼虫龄期 1～2 天，幼虫取食时分泌白色泡沫状液体，凝固成蜡丝，蜡丝长 3 mm 左右，留于食痕周围，排成 1～3 排，似栏杆，幼虫老熟后停止取食，开始下树，钻入树根部地下疏松土层中或枯枝落叶下吐丝做茧。5～6 天后化蛹，幼虫化蛹后 6～18 天羽化，10 月上旬幼虫下树在树干基部土壤中结茧越冬，至翌年 3 月下旬开始化蛹。

发生情况

杨扁角叶蜂属外地传入河南省的林业有害生物，目前已几乎扩散到全省各地级市。据资料记载，1987 年杨扁角叶蜂在南阳市内乡县突发成灾，并蔓延至西峡县、淅川县。杨扁角叶蜂从北面传入信阳后，沿西向东蔓延至信阳大部分县（区）。目前，杨扁角叶蜂在信阳呈零星分布，主要发生在平原地区，多为轻度发生，危害相对较轻，但发生面积和危害程度有逐年增大趋势，未来有可能局部暴发成灾。

防控措施

（1）营林措施。因地制宜造林绿化，尽量不营造纯林，采用乡土树种营造混交林，增强林分抗病虫害能力。

（2）物理防治。①人工清理林间落叶或翻耕土壤，以减少越冬蛹的基数。②利用低龄幼虫群集取食习性，可采取人工捕捉方法消灭幼虫。③利用幼虫假死性，3 龄后于树下铺塑料薄膜，震动树干，收集消灭落下的幼虫。④利用成虫趋光性，采用黑光灯、频振式杀虫灯等诱杀成虫。

（3）生物防治。①低龄幼虫期，喷洒高效低毒的生物制剂或仿生制剂。如 25% 灭幼脲Ⅲ号悬浮剂 1 500 倍液，或 3% 高渗苯氧威乳油 3 000～4 000 倍液，或 1.8% 阿维菌素乳油 3 000 倍液，或 1.2% 烟碱·苦参碱乳油 1 000～2 000 倍液，或"绿得保"粉剂与轻质碳酸钙按 5∶100 均匀混合等。对大面积发生虫害的片林、林网等可采用飞机超低容量喷雾防治，以达到迅速控制虫害的目的。②保护利用天敌控制虫口密度，杨扁角叶蜂的天敌主要有寄生蝇类、红缘瓢虫、螳螂、大草蛉、鸟类等。

（4）化学防治。①对林网、片林等郁闭度达到 0.6 以上的，于幼虫盛发期用敌马烟剂喷烟防治，用药量为 7.5～15 kg/hm²。烟雾防治应在早晨或傍晚有微风时进行。②对于低矮的树林，幼虫期，向树冠喷洒 50% 杀螟松乳油 1 000 倍液，或 2.5% 氯氰菊酯乳油 5 000 倍液，或 90% 晶体敌百虫 1 000～1 500 倍液。

星天牛 *Anoplophora chinensis* Forster

别名柑橘星天牛、老水牛、花牯牛、花夹子虫。鞘翅目天牛科。

分布

国内分布于吉林、辽宁、河北、山东、山西、陕西、甘肃、四川、贵州、湖南、江西、湖北、安徽、江苏、浙江、福建、广东、海南、广西、云南、台湾等。河南省及信阳市各县（区）均有分布。

寄主植物与危害特点

主要寄主植物为杨树、柳树、榆树、栎树、桑树、刺槐、桃树、梧桐、悬铃木、苹果、梨树、樱桃、枇杷、柑橘、核桃、海棠、合欢、大叶黄杨等40多种树木。星天牛是我国林业重要蛀干害虫，其寄主范围广、食性杂、破坏性大、防治难度高，幼虫蛀食树木的木质部，严重影响树木的生长，比较喜欢危害树势较弱的植株。

形态特征

成虫 体黑色，有金属光泽。雌成虫体长 32 ~ 45 mm，宽 10 ~ 14 mm，触角超出身体 1 ~ 2 节；雄成虫体长 25 ~ 38 mm，宽 6 ~ 12 mm，触角超出身体 1 倍。触角第 1 ~ 2 节黑色，第 3 ~ 11 节有淡蓝色毛环。前胸背板中瘤明显，两侧具尖锐粗大的侧刺突。小盾片及足的跗节披淡青色细毛。鞘翅基部有密集的黑色小颗粒，每鞘翅散生有白斑 18 ~ 20 个，大小不一，排成 5 ~ 6 横行。

星天牛危害状（淮滨县提供）　　　星天牛成虫（张玉虎　摄）

卵　长椭圆形，长 5 ～ 6 mm，宽 2.0 ～ 2.5 mm，初产时乳白色，以后逐渐变为浅黄白色。

幼虫　老熟幼虫乳白色或淡黄白色，长圆筒形，略扁，体长 41 ～ 65 mm，前胸宽 11 ～ 12.5 mm，前胸背板前方左右各有 1 个飞鸟形黄褐色斑纹，后方有 1 块黄褐色明显的"凸"字锈斑，略呈隆起，前缘密生粗短刚毛。

蛹　纺锤形，初化时淡黄色，羽化前逐渐变为黄褐色至黑色，长 25 ～ 35 mm，形体与成虫相似。

生物学特性

信阳 2 年发生 1 代，以幼虫在被害寄主木质部内越冬。越冬幼虫于次年 3 月以后开始活动，4 月上旬开始在蛹室内化蛹，5 月下旬化蛹基本结束，蛹期 30 天左右。5 月上旬成虫开始羽化，5 月末至 6 月初为成虫出孔高峰，从 5 月下旬至 7 月下旬都有成虫活动。羽化后的成虫在蛹室停留 3 ～ 8 天，待身体变硬后才从圆形羽化孔外出，成虫白天飞翔，咬食幼嫩枝梢、树皮补充营养，10 ～ 15 天后全天都可交尾，但以晴天无风的 8 ～ 17 时为宜；中午炎热多停息枝端，夜晚及阴雨天多静止。交尾 3 ～ 4 天后产卵，卵主要产在树干基部以上 30 cm 至 1 m 处，刻槽为"T"字形或"人"字形，每头雌虫产卵 30 粒左右，卵期 7 ～ 15 天。6 月上中旬幼虫开始孵出，7 月中下旬为卵孵化高峰期，孵化后，幼虫从产卵处蛀入，向下蛀食丁表皮和木质部之间，形成不规则的扁平坑道，坑道允满虫粪。约 1 个月后幼虫开始入侵木质部，蛀至木质部 2 ～ 3 cm 深度就转向上蛀，并向外蛀穿 1 个通气孔，从中排出粪便和木屑。9 月下旬幼虫开始在树干木质部坑道内越冬。

发生情况

星天牛在信阳市各县（区）普遍发生，分布较广，总体上危害程度相对较轻。危害最严重的是行道树或园林绿地垂柳，该虫蛀食木质部并产生大量木屑堆集在垂柳根部，又给其他病虫害及微生物提供良好的生活环境，造成垂柳二次危害，导致木质部吃空或树木基部增大，使树势衰弱，甚至整株死亡，严重影响景观。

防控措施

（1）物理防治。①在成虫羽化期进行人工捕杀或灯光诱杀。②在产卵盛期，采取刮除虫卵、锤击卵或低龄幼虫等方法，消灭卵或幼虫。③树干涂白，拒避天牛成虫产卵。5 月上旬，用白涂剂（石灰：硫黄：水 =16：2：40）和少量皮胶混合后涂于树干上，可防止星天牛产卵。

（2）生物防治。①保护益鸟或释放花绒寄甲、川硬皮肿腿蜂等提高自然控制能力。也可利用白僵菌防治星天牛，配合粘膏能提高其对星天牛的致死能力，星天牛平均死亡率达 70% 以上。②星天牛成虫羽化期，在林间挂诱捕器诱杀星天牛成虫。

（3）化学防治。①幼虫蛀入木质部前，在主干受害部位用刀划若干条纵伤口，涂抹 50% 敌敌畏柴油溶液（1：9），药量以略有药液下淌为宜。②成虫羽化前，用 2.5% 溴氰菊酯微胶囊悬浮剂喷树干；成虫活动期，用 1.8% 阿维菌素乳油 5 000 倍液喷树干防治成虫，喷液量以树干流药液为止。

光肩星天牛 *Anoplophora glabripennis* Motschulsky

别名光肩天牛、花牛等。鞘翅目天牛科。

分布

国内分布于辽宁、内蒙古、河北、北京、天津、山东、江苏、安徽、河南、陕西、山西、江西、甘肃、宁夏、贵州、湖北、湖南、四川、上海、浙江、福建、广东、广西、云南等省（市、区）。河南省及信阳市各县（区）均有分布。

寄主植物与危害特点

寄主植物主要为杨树、柳树、榆树、元宝枫、悬铃木、槭树等多种树木。以幼虫蛀食树木为害，被害树木上留有许多小孔，并有树液流出，严重时，受害的木质部被蛀空，树干风折或整株枯死，被害处易感染病害；成虫亦可危害树木的叶柄、叶片及小枝皮层。

形态特征

成虫 体黑色，有光泽，雌虫体长 25 ～ 40 mm，宽 7.5 ～ 12.5 mm；雄虫体长 20 ～ 30 mm，宽 6.5 ～ 11.5 mm。触角鞭状，第 1 节端部膨大，第 2 节细小，第 3 节最长，自第 3 节开始各节基部呈灰蓝色；雌虫触角约为体长的 1.3 倍，最后一节末端为灰白色；雄虫触角约为体长的 2.5 倍，最后 1 节末端为黑色。前胸两侧各有 1 个刺突，鞘翅基部光滑，每鞘翅上各有 18 ～ 21 个大小不一的白色绒毛斑纹，排成 5 ～ 6 横行。身体腹面密布蓝灰色绒毛。腿节、胫节中部及跗节背面有蓝灰色绒毛。

卵 长椭圆形，两端稍弯，长 5.5 ～ 7 mm，乳白色。临近孵化时，变为黄色。

幼虫 初孵幼虫乳白色，取食后呈淡黄色，头部呈褐色。老熟幼虫为淡黄色，体长约 50 mm，头部褐色。前胸背板后半部较深，呈"凸"字形斑。

光肩星天牛成虫（马向阳 摄）

蛹 体长 25 ～ 36 mm，宽约 11 mm，乳白色至黄白色。前胸背板两侧各有 1 个侧刺突。

光肩星天牛幼虫（李玲　摄）

生物学特性

信阳1年发生1代，或2年发生1代。以幼虫或卵越冬。翌年3月下旬越冬幼虫开始活动取食，4月下旬至5月初幼虫开始化蛹，6月上、中旬为化蛹盛期，蛹期13～24天。6月中旬成虫开始出现，6月中旬至7月下旬为成虫出现盛期，直到10月都有成虫活动。成虫咬食树叶、叶柄或小树枝皮层，白天多在树干上交尾。6月下旬成虫开始产卵，7月、8月间为产卵盛期，卵期12～15天，卵产于皮层与木质部之间的刻槽里，每个刻槽内产1粒卵。初孵幼虫先从周围腐烂处啃食，然后横向啃食木质部，3龄以后在木质部蛀成近"S"或"U"字形坑道，并在坑道内越冬。

最喜欢危害糖槭、杨树、柳树，杨树中以大官杨、加杨和美杨受害最严重。一般林内被害轻，林缘被害重。

发生情况

光肩星天牛在信阳地区各地均有分布，主要为害加杨、小叶杨、旱柳和垂柳等树。幼虫蛀食树干，危害轻的降低木材质量，严重的能引起树木枯梢和风折，但危害面积少于星天牛，年发生面积约0.68万hm²，以轻度发生为主。

防控措施

参照星天牛防控措施。

桑天牛　*Apriona germari*（Hope）

别名粒肩天牛、铁炮虫。鞘翅目天牛科。

分布

国内分布于吉林、辽宁、北京、天津、河北、山东、山西、陕西、湖北、湖南、河南、安徽、江苏、浙江、上海、福建、四川、重庆、江西、广东、广西、海南、云南、贵州、甘肃、西藏、台湾等省（市、区）。河南全省均有分布，信阳市各县（区）有发生。

寄主植物与危害特点

桑天牛是多种林木、果树的重要害虫，主要危害桑树、无花果、构树、朴树、苹果、山核桃、杨树、柳树、榆树、刺槐、油桐、枫杨、梨树、柑橘、枇杷、樱桃、海棠等树木。成虫食害嫩枝皮和叶；幼虫蛀食树干木质部，使树干内部呈隧道状，在为害时，每隔一定距离即向外咬一圆形排粪孔，向外排出红褐色虫粪和蛀屑，影响树体营养吸收，导致树势衰弱，枝梢枯萎，严重时可致树体枯死。

桑天牛危害状（淮滨县提供）

形态特征

成虫 体长 26 ~ 51 mm，体宽 8 ~ 16 mm。体和鞘翅黑褐色，有光泽，全身密被棕黄色或青棕色绒毛。头顶隆起，中央有 1 条纵沟。上颚黑褐，强大锐利。触角比体稍长，顺次细小，柄节和梗节黑色，以后各节前半部分黑褐，后半部分灰白。前胸近方形，背面有多条横的皱纹，两侧中间各具 1 个刺状突起。鞘翅基部密生颗粒状小黑点。足黑色，密生灰白短毛。雌虫腹末 2 节下弯。

卵 长椭圆形，长 5 ~ 7 mm，前端较细，略弯曲，黄白色。

幼虫 圆筒形，老熟幼虫长达 50 ~ 76 mm，乳白色。头小，隐入前胸内，上下唇淡黄色，上颚黑褐色。前胸特大，前胸背板后半部密生放射状赤褐色颗粒状小点，向前伸展成 3 对尖叶状凹陷白色似"小"字纹。后胸至第 7 腹节背面各有扁圆形突起，其上密生赤褐色粒点；前胸至第 7 腹节腹面也有突起，中有横沟分为 2 片。前胸和第

桑天牛成虫（马向阳　摄）

桑天牛幼虫（罗山县提供）

1～8 腹节侧方又各着生椭圆形气孔 1 对。

蛹　淡黄色，纺锤形，长约 50 mm。触角后披，末端卷曲。翅芽达第 3 腹节。腹部第 1～6 节背面两侧各有 1 对刚毛区，尾端较尖削，轮生刚毛。

生物学特性

信阳一般 2 年发生 1 代，以幼虫在枝干内越冬。翌年 3~4 月间大量蛀食危害，4 月底 5 月初开始化蛹，5 月中旬化蛹最盛，6 月底结束。成虫出现期始于 6 月初，6 月中下旬至 7 月中旬大量发生，8 月初锐减，个别活到 8 月下旬。成虫产卵期在 6 月中旬至 8 月上旬。卵孵化期在 6 月下旬至 8 月中旬。卵期为 8～15 天，平均 12.7 天。幼虫历期 22～23 个月，危害期达 16～17 个月。蛹期 26～29 天，成虫羽化后，常在蛹室内静伏 5～7 天；自羽化孔钻出后，寿命长约 40 天，产卵延续期为 20 天左右。成虫喜啮食嫩梢树皮，被害伤疤呈不规则条块状，伤疤边缘残留绒毛状纤维物，如枝条四周皮层被害，即凋萎枯死。产卵前昼夜均取食，有假死性，如用木棍突然敲打枝干，即惊落地面，极易捕捉。成虫取食 10～15 天后，交尾产卵。产卵前先用上颚咬破皮层和木质部，呈"U"字形刻槽，卵即产于刻槽中，槽深达木质部，长 12～20 mm，平均 17 mm，每槽产卵 1 粒。产后用黏液封闭槽口，以护卵粒。成虫产卵多在夜间进行，在天未亮前又飞回白天栖息的树上继续取食。1 只雌虫一晚能产卵 3～4 粒，每产完 1～2 粒卵，便静息或飞迁 1 次；每只雌虫一生可产卵 100 余粒。卵多产于径粗 5～35 mm 的枝干上，以粗 10～15 mm 的枝条密度最大，约占 80%，产卵刻槽高度依寄主大小而异，距地面 1～6 m 均有。

初孵幼虫先向上蛀食 10 mm 左右，即调回头沿枝干木质部的一边往下蛀食，逐渐深入心材，如植株较矮小、下蛀可达根际。幼虫在蛀道内，每隔一定距离向外咬 1 个圆形排泄孔，粪便即由虫孔向外排出。排泄孔径随幼虫增长而扩大，孔间距离则自上而下逐渐增长，其增长幅度依寄主植物而不同。幼虫越冬时，在头上方常有木屑，如被害枝因风折断，蛀道断口处亦多塞有木屑。幼虫老熟后，即沿蛀道上移，超过 1～3 个排泄孔，先咬羽化孔的雏形，向外达树皮边缘，使树皮出现臃肿或断裂，常见树汁外流。此后，幼虫又回到蛀道内选择适当位置（一般距离蛀道底 75～120 mm）做成蛹室，化蛹其中，蛹室长 40～50 mm，宽 20～25 mm，蛹室距羽化孔 70～120 mm。羽化孔圆形，直径为 11～16 mm，平均 14 mm。

发生情况

桑天牛在信阳市各县（区）分布广，多为零星发生，目前以轻度发生为主，仅局部地块杨树、柳树片林中危害较重。

防控措施

（1）营林措施。①选择适合当地生长、性状良好的抗性树种造林。②选择没有桑树、柘树、构树等桑科植物分布的地点栽植毛白杨、苹果等敏感寄主树种，种植地周围 1 000 m 以内也不得有桑树、构树、柘树等桑科植物，若有这些敏感寄主植物，应彻底清除。③栽植臭椿、泡桐、苦楝等桑天牛不亲和的树种作为杨树林的隔离带。

（2）物理防治。①捕杀成虫。桑天牛成虫白天静止在桑树或构树上取食，且成虫一般聚集于1～2 m高的枝条上，可以对成虫直接进行捕杀，也可利用成虫假死性，利用棍棒敲打枝条，成虫掉落后，进行捕杀。②刺杀幼虫。幼虫孵化后，钻入木质部中向下取食蛀孔，并隔一段距离咬1个排粪孔，排出木屑。发现树冠下有天牛排泄物或有排泄口时，可用细铁丝从新鲜虫孔处插入，反复在洞道内扎刺，杀死幼虫。③除卵。桑天牛的卵主要产在直径约2 cm的枝条阳面，每个产卵槽内一般只产1粒卵，7～8月间可用尖刀将桑天牛刻槽内卵粒刺破或用铁器挤压枝条，达到杀灭卵粒作用。④及时对毛白杨、苹果、桑树进行修枝，铲除被蛀枝条，并进行除害处理。

（3）生物防治。①春季当幼虫开始活动时，用含孢子量2亿～3亿/mL的白僵菌悬浮液，从幼虫倒数第2个排粪孔注入该虫蛀道，每孔注入15 mL。②保护和利用啄木鸟、桑天牛啮小蜂、天牛茧蜂、长尾啮小蜂等天敌，发挥其生物控制作用。

（4）化学防治。①在每头桑天牛的倒数第1个排粪孔中插入1枚毒签，毒签插入深度要达天牛蛀道的横截面上，折断留在外面的细木棍，然后将排粪孔处用泥封严。②排粪孔加药法。选用低毒、低残留具有触杀或熏蒸作用的农药种类。如80%敌敌畏乳油，20%杀灭菊酯乳油，2.5%溴氰菊酯乳油等。将药液注入每头天牛的倒数第2个排粪孔，每孔注入药液3～5 mL，农药使用浓度为80%敌敌畏乳油100～150倍液，20%杀灭菊酯乳油20～30倍液，2.5%溴氰菊酯乳油500～800倍液。③枝干喷药法。向受害树木的枝干等桑天牛喜产卵的部位均匀喷施绿色威雷200倍液。④打孔注药法。选用具有内吸性的胃毒剂农药如80%敌敌畏乳油等。在树干基部打孔，孔道向下方倾斜，防止注药后药液外流，打孔的数量根据树干基径的大小而定，一般每8～10 cm基径打1个注药孔，注药孔要在树干基部均匀分布，每个注药孔的容积为8～10 mL。⑤成虫发生期，选用8%氯氰菊酯触破式微胶囊水剂300～600倍液，或5%溴氰菊酯微胶囊剂2 000倍液，或2.5%溴氰菊酯乳油1 000倍液向补充营养寄主喷施。

栎掌舟蛾 *Phalera assimilis*（Bremer et Grey）

别名栎黄掌舟蛾、栎黄斑天社蛾、黄斑天社蛾、肖黄掌舟蛾、榆天社蛾、麻栎毛虫、彩节天社蛾等。鳞翅目舟蛾科。

分布

中国东北地区以及北京、河北、陕西、山西、河南、安徽、江西、江苏、浙江、福建、湖北、湖南、广西、海南、四川、云南、甘肃、台湾等省（市、区）有分布。河南省分布于南阳（南召、西峡等）、洛阳（嵩县、宜阳等）、三门峡（卢氏）、驻马店（确山、泌阳）、信阳、新乡（辉县）、济源、郑州（登封）、安阳（林州）等地。信阳市平桥区、浉河区、商城县、新县、罗山县、光山县、固始县等有分布。

栎掌舟蛾成虫（罗山县提供）

寄主植物与危害特点

主要危害麻栎、栓皮栎、柞栎、白栎、锥栎等栎属植物，也危害板栗、榆树、杨树。以幼虫食叶危害，大发生时，常将树叶吃光，影响树木生长。

形态特征

成虫 体长：雄蛾 22 ~ 23 mm，雌蛾 20 ~ 25 mm；翅展：雄蛾 44 ~ 55 mm，雌蛾 48 ~ 75 mm。头、触角淡黄色，复眼黑褐色。头顶和颈板黄灰白色。胸部背面前半部黄褐色，后半部灰白色；腹部背面黄褐色，末端两节各有 1 条黑色横带。前翅灰褐色，有银白色鳞片，前翅前缘顶角有一醒目的浅黄色斑，似掌形，有时呈三角形。中室内有一淡黄色环纹，横脉纹肾形，黄白色，中央灰褐色。后翅暗灰褐色，具 1 条模糊的灰白色外带。

卵 馒头形，乳白色，直径约 1.2 mm。

幼虫 体长 55 ~ 60 mm，幼龄时身体暗红色，老熟时黑色。体上有 8 条明显的橙红色纵线，各体节又有 1 条橙红色横带，带上密布黄褐色长毛。

蛹 长 22 ~ 23 mm，棕褐色，末端有臀棘 6 根，左右各 3 根，呈辐射状排列。

栎掌舟蛾幼虫（罗山县提供）

栎掌舟蛾老龄幼虫及危害状
（光山县提供）

生物学特性

信阳 1 年发生 1 代，以老熟幼虫下树入表层土壤中化蛹越冬。翌年 5 月下旬至 6 月中旬羽化，成虫羽化后，沿树干向上爬行，白天静伏在叶片上，夜间活动，具有较强趋光性。成虫羽化后次日即可交尾产卵，且卵多产于叶背面上，数百粒单层排列呈块状。卵期 15 天左右。初孵幼虫常群聚在叶片上，成串排列向同一方向取食。7 ~ 8 月幼虫食量大增，分散为害。幼虫受惊时则吐丝下垂。8 月下旬至 9 月上旬，老熟幼虫下树，在 6 ~ 10 cm 土层中化蛹越冬。

栎掌舟蛾生活史图（河南省信阳市）

月份	1~4月			5月			6月			7月			8月			9月			10~12月		
旬	上	中	下	上	中	下	上	中	下	上	中	下	上	中	下	上	中	下	上	中	下
虫态	(⊙)	(⊙)	(⊙)	(⊙)	(⊙)	(⊙)	(⊙)	(⊙)													
						+	+	+	+												
						●	●	●	●	●											
								—	—	—	—	—	—	—	—					
														⊙	⊙	⊙	⊙			
																		(⊙)	(⊙)	(⊙)

注：●卵，—幼虫，⊙蛹，（⊙）越冬蛹，+成虫。

发生情况

近年来，该害虫在新县、光山县等大别山山区有发生，局部地块成灾，树叶被食光。

防控措施

（1）营林措施。营造针阔混交林，加强经营管理，提高林分抗灾害能力。利用老熟幼虫入土化蛹的习性，8 ~ 9 月，对受害严重树周围进行翻耕杀蛹。

（2）物理防治。①栎掌舟蛾成虫具有趋光性，用黑光灯诱杀，降低虫口密度。② 利用幼虫取食有群集性和受惊吓吐丝落地习性，可在幼虫危害期组织人力采摘虫枝和捕杀幼虫。

（3）生物防治。①在幼虫 3 龄期前，喷施苏云金杆菌（Bt）乳剂 2 000 倍液，或白僵菌、核型多角体病毒等。②保护和招引益鸟，画眉和灰喜鹊均大量捕食幼虫；卵期释放赤眼蜂等天敌。③在幼虫孵化盛期，喷洒 25% 灭幼脲Ⅲ号悬浮剂 1 500 ~ 2 000 倍液，或 1% 苦参碱液剂 1 500 倍液；也可用雷公藤、闹羊花、辣蓼草等浸液喷雾防治。

（4）化学防治。幼虫期，喷洒 10% 吡虫啉可湿性粉剂 2 000 倍液，或 2.5% 溴氰菊酯乳油 5 000 ~ 8 000 倍液，或 80% 敌敌畏乳油 2 000 倍液进行防治。

栎粉舟蛾 *Fentonia ocypete* Bremer

别名旋风舟蛾、细翅天社蛾，俗称罗锅虫、屁豆虫。鳞翅目舟蛾科粉舟蛾属。

分布

国内主要分布于黑龙江、辽宁、吉林、北京、河北、陕西、甘肃、山东、河南、湖北、湖南、江西、江苏、浙江、福建、广西、重庆、四川、贵州、云南等省（区、市）。河南省分布于信阳、平顶山、新乡、郑州、洛阳、三门峡、南阳、驻马店、济源、许昌等地部分县（市、区）。信阳市浉河区、平桥区、罗山县、光山县、商城县、固始县、新县有分布。

寄主植物与危害特点

主要寄主植物为麻栎、槲栎、蒙古栎、栓皮栎等，也危害榛、苹果、桦树等林木。幼虫以蚕食寄主植物叶片为主，在虫情暴发时，可将寄主叶片吃光，致使树木生长衰弱，严重时导致树木死亡。

形态特征

成虫　体长 18 ～ 25 mm，翅展 44 ～ 58 mm。头和胸背暗褐掺有灰白色，腹背灰黄褐色，前翅暗灰褐色，无顶角斑；外线黑色双道平行，内侧 1 条近前缘外拱，外侧 1 条外衬灰白色边；横脉纹为 1 个苍褐色圆点，中央暗褐色；横脉纹与外线间有一模糊的棕褐色到黑色椭圆形大斑；端线细，黑色；脉端缘毛黑色，其余暗褐色。后翅灰褐色，臀角有一模糊的暗斑；外线为一模糊的亮带。雄蛾触角双栉齿形分支约达 2/3，末端 1/3 锯齿形。雌蛾触角线形，黑色。

卵　半球形，黄白色，孵化前期变为黄褐色，直径 0.6 ～ 1.1 mm。

幼虫　初龄幼虫胸部鲜绿色，腹部暗黄色；老熟幼虫体长 35 ～ 45 mm，头部肉红色，有 4 条短紫红色和 8 条黑线。胸部叶绿色，背中央有 1 个内有 3 条白线的"工"字形黑纹，纹的两侧衬黄边。腹部背面白色，由许多灰黑色和肉红色细线组成美丽的花纹图案；气门线宽带形，由许多灰黑色细线组成；第 4 腹节背中央有 1 个较大的黄点；第 6 ～ 8 腹节背中央有数个小黄点，第 7、8 腹节两侧各有 2 个小黄点。

蛹　红褐色或深褐色，长 20 ～ 23 mm，背面中胸与后胸相接处有 1 排凹陷，共有 14 个；具耳状短臀刺。

生物学特性

信阳 1 年发生 1 代，以蛹在树下周围表土层中越冬，翌年 6 月下旬至 7 月上旬开始羽化为成虫，成虫羽化后即交尾产卵，7 月中旬为羽化盛期，8 月下旬为羽化末期，9 月上旬至 9 月中旬老熟幼虫坠地入土化蛹。成虫具有较强的趋光性，多在晚间交尾、产卵，白天静伏于树上，卵产在叶片背面，分散产卵，每 1 叶片产卵 1 ～ 5 粒，1 只雌蛾产卵 150 ～ 450 粒，经 5 ～ 7 天孵化为幼虫，1 龄幼虫于 7 月上中旬出现，分散生活，多在叶背取食，使叶片呈现筛网状，2 龄幼虫以后转移到叶缘咬食叶片，4 龄幼虫后进入暴食期，可在 5 天以内将叶片全部吃光，严重影响树木的生长，8 月底至 9 月中旬幼虫老熟，体色变淡，下树入土中吐丝黏结土粒，做薄茧化蛹越冬。

栎粉舟蛾生活史图（河南省信阳市）

月份	1~5月			6月			7月			8月			9月			10~12月		
旬	上	中	下	上	中	下	上	中	下	上	中	下	上	中	下	上	中	下
虫态	(⊙)	(⊙)	(⊙)	(⊙)	(⊙)	+ ● —	+ ● —	+ ● —	+ ● —	+ ● —	+ ● —	+ ● —	— ⊙	— ⊙	— ⊙	(⊙)	(⊙)	(⊙)

注：●卵，—幼虫，⊙蛹，(⊙)越冬蛹，+成虫。

发生情况

栎粉舟蛾在信阳有栎类树种分布区域内时有发生，多以轻度发生为主，目前没有造成较重灾害的现象，但需加强虫情监测、灾情防范工作。

防控措施

（1）营林措施。大面积造林时，积极营造混交林，加强水肥管理，增强树木个体和群体的抗性。每年冬季结合施肥措施，对树基周围2 m内进行翻耕，以降低越冬蛹的成活率，降低来年害虫的发生基数。

（2）物理防治。①灯光诱杀。在成虫羽化期时，利用全光谱纳米诱捕灯、频振式杀虫灯及400 W黑光灯，进行灯光诱杀。②捕杀幼虫、蛹。7月中旬至8月下旬，利用幼虫遇振动后坠地的特点，振动树干，搜集幼虫进行捕杀。每年蛹羽化前，在成片的林区内放牧，利用牲畜践踏以破坏蛹的正常羽化环境。

（3）生物防治。①保护利用天敌资源进行防治，如步甲、瓢虫、螽斯、寄生蜂、微孢子虫、寄生蝇、螳螂、赤眼蜂及各种捕食性鸟类等。②幼虫发生期喷洒白僵菌、苏云金杆菌2 000倍液，进行防治，效果很好。③低龄幼虫期，喷洒25%甲维·灭幼脲悬浮剂1 000 ~ 1 500倍液，或3%高渗苯氧威乳油3 000倍液，或1%苦参碱水分散剂1 000 ~ 1 500倍液等仿生物制剂、植物源农药进行防治。

（4）化学防治。①幼虫发生期，喷洒2.5%溴氰菊酯乳油2 000倍液，或50%辛硫磷乳油800 ~ 1 000倍液，效果显著。②郁闭度0.6以上的林分，也可采用敌马烟剂防治，于无风或微风的早晨或傍晚放烟，用药量为15 kg/hm²。

黄二星舟蛾 *Lampronadata cristata* Butler

别名黄二星天社蛾、槲天社蛾、大头虫。鳞翅目舟蛾科星舟蛾属。

分布

国内分布于黑龙江、吉林、辽宁、内蒙古、北京、河北、山西、陕西、甘肃、四川、山东、河南、安徽、湖北、湖南、江苏、江西、浙江、云南、海南、台湾。河南省分布于陕县、辉县、栾川、嵩县、西峡、南召、内乡、方城、淅川、桐柏、确山、泌阳以及信阳市平桥区、浉河区、罗山县、商城县、新县、固始县等地。

寄主植物与危害特点

主要危害麻栎、栓皮栎、蒙古栎、柞树、板栗等壳斗科植物。以幼虫取食树木叶片，初孵幼虫可吐丝下垂，分散取食叶肉；3龄以上幼虫爬到叶缘取食叶片，将叶片吃到缺刻，直至食尽而残留主脉。

黄二星舟蛾危害状（戴慧堂　摄）

形态特征

成虫　体长23～32 mm，翅展65～88 mm。雌蛾触角丝状；雄蛾触角基部双栉齿状，端部丝状。头和颈板灰白色。前翅黄褐色，有3条暗褐色横线，内、外横线较清晰，中横线呈松散带形，内横线止于后缘齿形毛簇，外横线向内斜，横脉纹由2个大小相同的黄白色小圆点组成，外缘脉间缘毛灰白色，呈月牙形缺刻。后翅淡黄褐色，前缘较浅。

卵　半球形。初产时淡黄色，后变为黄褐色至灰褐色。

幼虫　老熟幼虫体长60～70 mm。头大球形，褐色，头顶突起。低龄幼虫体浅黄色，高龄幼虫体黄绿色，具光泽，表面光滑，胸腹气门筛棕褐色至橙红色，气门周围有紫红色晕圈。背线淡绿色，

黄二星舟蛾成虫（平桥区提供）

黄二星舟蛾高龄幼虫（平桥区提供）　　　黄二星舟蛾老熟幼虫（戴慧堂　摄）

两侧灰褐色，自腹部第 1 ~ 7 腹节的身体两侧每节气门上侧各有向后倾斜的浅黄白色斜线，每条斜线向后伸至后一体节。臀板褐色，下缘灰白色。腹足与体色相同。

蛹　体长 26 ~ 40 mm，黑褐色，外被淡黄褐色薄茧。

生物学特性

信阳 1 年发生 1 ~ 2 代，以蛹在土壤里越冬。翌年 6 月上旬成虫羽化，羽化后即可交配产卵，6 月中旬孵化出现幼虫，幼虫危害高峰期为 7 月上中旬，7 月中旬老熟幼虫下树入土化蛹，大部分蛹在土壤中直接越冬至次年 5 月，少部分蛹于当年 8 月初羽化，进入第 2 代，此代危害较轻，一般不会成灾，10 月下旬老熟幼虫入土化蛹越冬。

成虫夜晚羽化，有趋光性。成虫多产卵于叶背面，一次产卵 3 ~ 5 粒，每只雌蛾产卵量在 500 粒左右。卵期 1 周左右，幼虫孵化后吐丝下垂，随风扩散。1 ~ 2 龄幼虫在叶背面群集取食叶片叶肉，仅留叶脉；随着虫龄的增大，可吐丝或者爬行转移，有转移危害习性。3 ~ 4 龄后分散取食，食量增大，5 ~ 6 龄食量暴增，短期内可将整个林分叶片吃光，残留叶柄。大面积暴发危害后，成片栎林似火烧状。

黄二星舟蛾生活史图（河南省信阳市）

月份	1~5月			6月			7月			8月			9月			10~12月		
旬	上	中	下	上	中	下	上	中	下	上	中	下	上	中	下	上	中	下
越夏冬代	(⊙)	(⊙)	(⊙)	(⊙) +	+				(⊙)	(⊙)	(⊙)	(⊙)	(⊙)	(⊙)	(⊙)	(⊙)	(⊙)	(⊙)
第1代					● —	● —	—	—	— ⊙	⊙ +	+							
第2代										●	●	—	—	—	—	(⊙)	(⊙)	(⊙)

注：●卵，—幼虫，⊙蛹，+成虫，(⊙)越冬越夏蛹。

发生情况

2011 年以来，黄二星舟蛾在豫南地区发生危害呈逐年上升趋势，2013 ~ 2014 年该害虫在豫南的信阳、南阳、驻马店等局部大面积暴发，大部分发生区造成灾害，树叶被吃光，损失严重。2013 年信阳市平桥区天目山国有林场，浉河区李家寨、柳林等地栎林发生并造成危害，发生面积约 630 hm²，成灾面积约 120 hm²；2014 年平桥区天目山国有林场、浉河区李家寨、柳林、谭家河等乡镇以及鸡公山国家级自然保护区、南湾国有林场，罗山县朱堂、铁卜、灵山等乡镇以及董寨国家级自然保护区，固始县国有林场安山森林公园等地中度以上发生，发生面积在 860 hm² 以上，成灾面积约为 326 hm²，以浉河区、平桥区危害最为严重。2014 年 7 月中旬调查，鸡公山国家级自然保护区李家寨保护站境内栎林有虫株率达 90% 以上，每株树虫口达数百条，约 68.6 hm² 栎林树叶被食光，老熟幼虫爬满树体，下树转移或者入土越冬，整片栎林危害状似火烧；武胜关保护站境内栎林也危害较重。固始县国有林场安山森林公园内的栎树有虫株率达 80%，平均虫口密度 20 ~ 30 条 / 株，个别地块树叶被吃光。

防控措施

（1）营林措施。在造林设计上，多营造混交林，尽量少营造栎类纯林，以提高森林自身抵御病虫灾害能力；开展封山育林，形成良好的林地生境，丰富林地生物多样性，促进天敌繁衍，促使生态平衡；加强幼林抚育和林地管理，提高林分抗灾害能力。

（2）物理防治。利用黄二星舟蛾成虫的趋光性，从 5 月下旬起，在栎林中安置杀虫灯诱杀成虫，每 3.3 hm² 设 1 个诱虫灯，能大量诱杀成虫，从而减少产卵量。

（3）生物防治。①保护和利用天敌进行防控，天敌主要有鸟类、寄生蜂、大星步甲等。②低龄幼虫期，空气相对湿度较大时释放白僵菌粉炮，每 667 m² 林地释放 500 g 白僵菌粉炮；或者人工喷洒 Bt 2 000 倍液。③大面积严重发生时，在幼虫 3 龄前采取飞机喷洒 25% 甲维·灭幼脲悬浮剂或者 25% 阿维·灭幼脲悬浮剂等仿生物制剂农药，喷洒量 40 ~ 50 g/667 m²，能迅速控制害虫危害，防治效果很好；或者人工地面喷洒 25% 阿维·灭幼脲悬浮剂 2 000 倍液、3% 高参苯氧威乳油 3 000 倍液。

（4）化学防治。幼虫 3 龄前，人工地面喷洒 2.5% 溴氰菊酯乳油 5 000 ~ 8 000 倍液、50% 敌敌畏乳油 1 000 ~ 1 500 倍液进行防治。

桃蛀螟 *Dichocrocis punctiferalis*（Guenee）

别名桃蛀野螟、豹纹斑螟、桃斑螟、桃实虫、桃蛀心虫等。鳞翅目螟蛾科。

分布

国内广泛分布于南北各地，尤以长江流域及其以南地区危害严重。信阳各县（区）

都有分布。

寄主植物与危害特点

桃蛀螟寄主植物有100多种，以幼虫蛀食桃树、李树、杏树、梨树、苹果、无花果、梅、石榴、葡萄、山楂、柿树、核桃、板栗、荔枝、龙眼、银杏等果树的果实，还危害玉米、高粱、向日葵、大豆、棉花、扁豆、蓖麻等的果穗以及松树、杉树、桧柏和臭椿等林木的种子。

形态特征

成虫 体长9～14 mm，翅展22～25 mm，全体橙黄色，体、翅表面具许多黑斑点似豹纹：胸背有7个；腹背第1节和第3～6节各有3个横列，第7节有时只有1个，第2、8节无黑点；前翅25～28个，后翅15～16个。雄虫第9节末端黑色，雌虫不明显。

卵 椭圆形，长约0.6 mm，表面粗糙，有网状线纹。初产时乳白色，后为黄色，最后为橘红色。

桃蛀螟成虫（马向阳　摄）

幼虫 体长22～27 mm。体色变化较大，有淡灰褐、暗红及淡灰蓝等色，体背有紫红色彩。头部暗褐色，前胸背板灰褐色，各体节都有粗大的灰褐色斑，3龄以后雄虫腹部第5节背面有灰色性腺。

蛹 长13～15 mm，初淡黄绿色后变褐色，臀棘细长，腹部末端有细长的曲钩刺6根。茧灰褐色。

桃蛀螟幼虫1（张玉虎　摄）

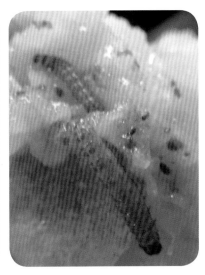

桃蛀螟幼虫2（淮滨县提供）

生物学特性

信阳 1 年发生 4 代，以老熟幼虫在玉米、向日葵、蓖麻等残株内结茧越冬。第 1 代幼虫于 5 月下旬至 6 月下旬主要危害桃、李果实，第 2 ~ 3 代幼虫在桃树、早玉米、高粱、蓖麻等植物上危害。第 4 代则在夏播高粱和向日葵上危害，以第 4 代幼虫越冬。翌年越冬幼虫于 4 月初化蛹，4 月下旬进入化蛹盛期，4 月底至 5 月下旬羽化，越冬代成虫把卵产在桃树上。6 月中旬至 6 月下旬第 1 代幼虫化蛹，第 1 代成虫于 6 月下旬开始出现，7 月上旬进入羽化盛期，第 2 代卵盛期跟着出现，这时春播高粱抽穗扬花，7 月中旬为第 2 代幼虫危害盛期。第 2 代成虫羽化盛期在 8 月上中旬，这时春高粱近成熟，晚播春高粱和早播夏高粱正抽穗扬花，成虫集中在这些高粱上产卵。第 3 代卵于 7 月底 8 月初孵化，8 月中下旬进入第 3 代幼虫危害盛期。8 月底，第 3 代成虫出现，9 月上中旬进入盛期，这时高粱和桃果已采收，成虫把卵产在晚夏高粱和晚熟向日葵上，9 月中旬至 10 月上旬进入第 4 代幼虫发生危害期，10 月中下旬气温下降则以第 4 代幼虫越冬。

发生情况

桃蛀螟在信阳分布广泛，不仅危害桃树、李树、杏树等林木果实、种子，而且危害玉米、高粱、大豆、向日葵等农作物，尤其是信阳板栗种植面积大，对板栗果实危害较普遍，部分年份危害严重，给信阳的农林业生产造成了较大经济损失。

防控措施

（1）营林措施。①消灭越冬幼虫，在每年 4 月中旬，越冬幼虫化蛹前，清除玉米、向日葵等寄主植物的残体，并刮除苹果、梨树、桃树等果树翘皮、集中烧毁，减少虫源。②结合疏果，捡拾落果、摘除虫果，集中处理，消灭果内幼虫。③合理剪枝、疏果，避免枝叶郁闭，可减少卵量。

（2）物理防治。①果实套袋。有套袋条件的果园，在越冬代成虫产卵盛期（5 月下旬）前及时套袋保护。②诱杀成虫。利用成虫的趋性，在果园内设置黑光灯或糖醋液诱杀成虫，可结合诱杀梨小食心虫进行。

（3）生物防治。①保护和利用赤眼蜂、黄眶离缘姬蜂等天敌，控制桃蛀螟虫口密度。②成虫产卵高峰期，喷洒 Bt 乳剂 500 倍液，或青虫菌液 100 ~ 200 倍液。或阿维菌素乳油 6 000 倍液，或 25% 灭幼脲悬浮剂 1 500 ~ 2 500 倍液进行防治。

（4）化学防治。①不套袋的果园，要掌握第 1、2 代成虫产卵高峰期喷药，选用 50% 杀螟松乳剂 1 000 倍液，或 90% 晶体敌百虫 1 000 ~ 1 500 倍液，或 35% 赛丹乳油 2 500 ~ 3 000 倍液，或 2.5% 功夫乳油 3 000 倍液，或用 2.5% 溴氰菊酯乳油 3 000 倍液喷雾。②在各代成虫产卵盛期，喷洒 50% 辛硫磷乳油 1 000 倍液，或 20% 杀灭菊酯乳油 3 000 倍液，或 7.5% 甲氰·噻螨酮乳油 1 500 倍液，或 2.5% 高效氯氟氰菊酯乳油 3 000 倍液，防治效果好。

板栗大蚜 *Lachnus tropicalis*（Van der Goot）

别名栗枝大蚜、栗大黑蚜、栗大蚜、黑大蚜。半翅目大蚜科。

分布

国内主要分布于吉林、辽宁、北京、河北、山东、陕西、河南、安徽、江苏、浙江、湖北、湖南、江西、福建、广东、广西、贵州、四川、云南、台湾等栗产区。河南省分布于信阳、南阳、驻马店、洛阳、新乡、安阳等地。信阳市浉河区、平桥区、罗山县、新县、光山县、商城县、固始县等栗主产区均有分布。我国北方栗产区危害较为严重。

寄主植物与危害特点

主要危害板栗、白栎、麻栎、橡树等壳斗科栎（栗）类林木，也危害木荷、刺槐等树木。以成虫、若虫群集新梢、花、嫩枝和叶背面吸食树液危害，也危害结果栗苞及果梗，影响新梢生长和果实成熟，常导致树势衰弱，同时诱发煤污病，是板栗的重要害虫之一。

形态特征

成虫 无翅胎生雌蚜体长 3 ~ 5 mm，黑色，有光泽，体背密生细长毛，胸部窄小，腹部肥大呈球形，足细长，腹管短小，尾片短小呈半圆形，上生短刚毛。有翅胎生雌蚜体略小，黑色，腹部色淡。翅痣狭长，翅膜质黑色，翅有两型：一型翅透明，翅脉黑色；另一型翅暗色，翅脉亦黑色，前翅中部斜向后角处有 2 个白斑，前缘近顶角处有 1 个透明斑；腹管、尾片同无翅胎生雌蚜。

卵 长椭圆形，长约 1.5 mm，初产时暗褐色，后变黑色，有光泽。单层密集排列在主干背阴处和粗枝基部。

若虫 体形似无翅胎生雌蚜，但体较小，色较淡，多为黄褐色，稍大后渐变黑色，体较平直，近长圆形。有翅蚜胸部较发达，具翅芽。

板栗大蚜（张玉虎 摄）

生物学特性

信阳 1 年可发生 10 代，以卵在栗树枝干芽腋及裂缝中越冬。翌年 3 月底至 4 月上旬越冬卵孵化为干母，密集在枝干原处吸食汁液，成熟后胎生无翅孤雌蚜和繁殖后代。4 月底至 5 月上中旬达到繁殖盛期，也是全年危害最严重的时期，并大量分泌蜜露，污染树叶。5 月中下旬开始产生有翅蚜，扩散至整株特别是花序上危害，部分迁至夏寄主（如刺槐）上繁殖、危害。8 月下旬至 9 月又迁回栗树继续孤雌胎生繁殖，常群集在栗苞、果梗处危害，形成第 2 次危害高峰。10 月中旬以后出现两性蚜，交配后产卵越冬。板栗大蚜在旬平均气温约 23 ℃，相对湿度 70% 左右繁殖适宜，一般 7 ～ 9 天即可完成 1 代。气温高于 25 ℃，湿度 80% 以上虫口密度逐渐下降。遇暴风雨冲刷会造成大量死亡。

发生情况

信阳市各板栗产区均有发生，局部地块个别年份发生相对较重。发生严重时，导致树势衰弱，落花落果严重，减少板栗产量。

防控措施

（1）营林措施。冬春季进行合理修剪，清除弱枝、病枝、密枝，增强通风透光；增加水肥供应，提高树生长势。

（2）物理防治。①刮去老树皮、人工除卵。②利用有翅雌蚜的习性，用黄板诱杀。③越冬卵近孵化期，涂刷 5 波美度的石硫合剂。

（3）生物防治。①利用各种捕食性瓢虫、草蛉、食蚜蝇、大蚜茧蜂和鸟类等天敌，控制其种群数量。②在成虫和若虫期均可用植物源农药 1% 苦参碱 2 000 倍液喷雾防治。

（4）化学防治。①越冬卵孵化盛期，用 2.5% 高渗吡虫啉乳油 3 000 倍液，或 10% 蚜虱特克、20% 万灵乳油 200 倍液进行喷雾防治。②若虫盛发期，用 10% 吡虫啉可湿性粉剂、25% 噻虫嗪可湿性粉剂 2 000 ～ 3 000 倍液，或 3% 啶虫脒乳油 2 000 倍液，或 2.5% 溴氰菊酯 3 000 ～ 4 000 倍液，或 40% 速扑杀乳油 1 000 ～ 1 200 倍液，或 20% 万灵乳油 1 500 倍液，或 10% 蚜虱特克乳油、50% 抗蚜威 2 000 倍液进行喷雾防治。③ 5 月中旬至 6 月上旬，喷洒蚜虱净 1 500 倍液；6 ～ 8 月，用 4.5% 高效氯氰菊酯 2 500 倍液喷雾防治。

栗瘿蜂 *Dryocosmus kuriphilus* Yasumatus

别名板栗瘿蜂、栗瘤蜂。膜翅目瘿蜂科。

分布

我国大部分板栗产区均有分布。河南省分布于安阳（林州市）、南阳（桐柏县、西峡县）、驻马店（确山县、泌阳县）、信阳等地。信阳市浉河区、平桥区、罗山县、光山县、商城县、新县、潢川县、固始县等县（区）有分布。

寄主植物与危害特点

主要危害板栗。以幼虫危害芽和叶片，形成各种各样的虫瘿，使被害芽不能生长健康枝条，直接膨大形成瘿瘤。瘿瘤呈不规则圆球形，紫红色或绿色，有时也在瘿瘤上长出畸形叶片。秋季变成橘黄色，每个瘿瘤上留下1个或数个圆形出蜂孔。自然干枯的瘿瘤在一两年内不脱落。栗树受害严重时，树上瘿瘤比比皆是，很少长出新梢，不能结实，造成树势衰弱，枝条枯死。

栗瘿蜂危害叶片（罗山县提供）

栗瘿蜂危害枝条（光山县提供）

形态特征

成虫 体长2～3 mm，翅展4.5～5.0 mm，黑褐色，有金属光泽。头短而宽。触角丝状，14节，基部两节为黄褐色，其余为褐色。胸部膨大，背面光滑，前胸背板有4条纵线，小盾片钝三角形向上突起。两对翅膜质白色透明，翅面有细毛。前翅脉褐色，无翅痣。足黄褐色，有腿节距，跗节端部黑色。产卵管褐色。仅有雌虫，无雄虫。

卵 椭圆形，乳白色，长0.1～0.2 mm。末端有细长柄，呈丝状，长约0.6 mm。

幼虫 体长2.5～3.0 mm，乳白色。老熟幼虫黄白色。体肥胖，略弯曲。头部稍尖，口器淡褐色。末端较圆钝。胴部可见12节，无足。

蛹 裸蛹，体长2～3 mm，初期为乳白色，渐变为黄褐色。复眼红色，羽化前变

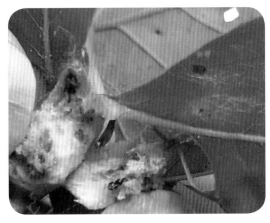

栗瘿蜂成虫（罗山县提供）

栗瘿蜂幼虫（平桥区提供）

为黑色。

生物学特性

信阳1年发生1代，以幼虫在被害芽内越冬。翌年4月初栗芽萌动时，幼虫开始取食为害，被害芽不能长出枝条而逐渐膨大形成坚硬的木质化虫瘿瘤。幼虫在瘿瘤内做虫室，继续取食为害，老熟后即在虫室内化蛹。每个瘿瘤内有1～5个虫室。5月下旬至7月上旬幼虫化为蛹。6月中旬至7月上旬成虫羽化，6月末至7月初为成虫羽化盛期。成虫羽化后在虫瘿内停留10～15天，完成卵巢发育，然后咬1个圆孔从瘿瘤中钻出来。成虫出瘿后即可产卵，孤雌生殖。成虫产卵在当年生枝条顶端的饱满芽内，一般从顶芽开始，向下可连续产卵5～6个芽。每个芽内产卵1～10粒。卵期15天左右。幼虫孵化后即在芽内为害，9月中下旬开始进入越冬状态。

栗瘿蜂生活史图（河南省信阳市）

月份	10月至翌年3月			4月			5月			6月			7月			8月			9月		
旬	上	中	下	上	中	下	上	中	下	上	中	下	上	中	下	上	中	下	上	中	下
虫态	(-)	(-)	(-)	—	—	—	—	—	⊙	⊙	⊙	⊙	⊙							(-)	(-)
											+	+	+								
											●	●	●								
												—	—	—	—	—	—	—			

注：●卵，—幼虫，⊙蛹，+成虫，(-)越冬幼虫。

栗瘿蜂的发生有周期性，影响因素有：一是天敌寄生蜂对其有较强的抑制作用。二是气象因子影响是其种群数量消长的主要因子之一，如降水、风向、风速等。成虫发生期若降雨量大、持续时间长，成虫溺死在瘿内或被冲刷到地上，死亡率高，翌年栗园受害轻。三是栗园管理不同，发生为害不同，管理粗放，危害严重。四是不同品种的栗树，抗虫害能力不同。

防控措施

（1）检疫措施。没有栗瘿蜂的地区种植栗类植物，要做好检疫工作，严防栗瘿蜂随苗木或种条携带传入，防止其人为传播扩散。

（2）营林措施。栗瘿蜂主要在树冠内膛郁闭的细弱枝的芽上产卵危害，因此在修剪时，进行清膛修剪，将细弱枝消除，能消灭其中的幼虫。在新虫瘿形成期，及时剪除虫瘿，消灭其中的幼虫。

（3）生物防治。保护和利用寄生蜂是防治栗瘿蜂的最好办法。在寄生蜂成虫发生期间，不要喷洒任何化学农药，据报道，栗瘿蜂的寄生蜂种类达12种以上，仅长尾小蜂寄生率达40%以上。

（4）化学防治。①在4月幼虫开始活动时，用10%吡虫啉乳油涂树干，或用其原药每株注射树木基部10～20 mL，利用药剂的内吸作用，杀死栗瘿蜂幼虫。②6月栗瘿蜂成虫发生期，可喷洒 50% 杀螟松乳油 1 000 倍液，或 90% 晶体敌百虫 1 000 倍液，或 2.5% 溴氰菊酯乳油 1 000 ~ 2 000 倍液喷雾，杀死栗瘿蜂成虫。

栗红蚧 *Kermes nawae* Kuwana

别名板栗大球蚧、栗绛蚧。半翅目蚧总科红蚧科。

分布

国内分布于河北、山东、山西、陕西、河南、安徽、湖北、江西、湖南、江苏、浙江、福建、广东、广西、贵州、四川等地。河南省主要分布于南阳、信阳、驻马店等地。信阳市各县（区）都有分布。

寄主植物与危害特点

寄主植物为板栗、油栗、茅栗和锥栗等，但主要危害板栗。以若虫和雌成虫在栗树 2 年生细枝条上汲取汁液进行危害。4 ~ 5 月危害严重，影响植株生长发育，降低结实量，严重时绝产甚至枯死。

形态特征

成虫 雌虫介壳扁圆球形，黄褐色，体径 4.5 ~ 6.5 mm。虫体近球形，初期为黄绿色，背面稍扁，体壁软而脆。虫体老熟后，体色加深，体背逐渐隆起，背面有 5 ~ 7 条黑色横带，前 3 条较宽，横带前、中部各有 1 对黑色圆斑。腹部与臀部分泌有白色絮状物。雄虫体径长 1.5 ~ 3.5 mm，棕褐色，触角丝状，10 节。前翅淡棕色，透明，翅面上密生细刚毛。腹部第 7 节背面两侧各有 1 根细长的白色蜡丝。

栗红蚧成虫（光山县提供）

栗红蚧雌成虫（罗山县提供）

卵 长椭圆形，初产时为白色，孵化前变为橙红色。

若虫 1 龄若虫扁椭圆形，长 0.45 mm，宽 0.2 mm；淡红褐色，触角和足淡橘黄色；

触角 6 节。2 龄雄若虫卵圆形，黄褐色，触角 7 节。2 龄雌若虫纺锤形，背面凸起，暗红褐色，被有蜡质刚毛，触角 6 节。3 龄雌若虫卵圆形，红褐色，触角线状。

雄蛹 在白色扁长圆形的茧内，茧后端有横羽化裂口。预蛹红褐色，长椭圆形，触角、足、翅都呈雏形。

生物学特性

信阳 1 年发生 1 代，以 2 龄若虫在枝条芽基或伤疤处越冬。翌年 3 月中旬越冬雄若虫开始爬行至皮缝、伤口等隐蔽处聚集结茧化蛹。越冬雌若虫在原处固定取食进入 3 龄。3 月下旬成虫开始羽化，4 月下旬为羽化盛期。雄虫寿命 1 天左右，交配后死亡。雌虫受精后发育快，背部隆起，近球形，当气温达 25 ℃以上开始产卵，每雌产卵在 2 000 余粒，卵期 15 ~ 20 天。5 月上旬为产卵盛期，5 月下旬为孵化盛期，幼虫孵化 1 周立即固定为害，分泌蜡质，形成蚧壳。6 月上旬脱皮进入 2 龄若虫期，7 月上旬开始陆续以 2 龄若虫越夏和越冬。定居在叶柄芽基的若虫发育为雌虫，寄生在枝条上的发育为雄虫。老树重于幼树，下层枝重于上层枝。若虫死亡率较高。

栗红蚧生活史图（河南省信阳市）

月份	1~2 月			3 月			4 月			5 月			6 月			7~12 月		
旬	上	中	下	上	中	下	上	中	下	上	中	下	上	中	下	上	中	下
若虫	(−)	(−)	(−)	(−)	(−)	(−)												
蛹				⊙	⊙	⊙	⊙	⊙	⊙									
成虫						+	+	+	+	+								
卵							●	●	●	●	●	●						
若虫							−	−	−	−	−	−	−	−	−	(−)	(−)	(−)

注：●卵，− 若虫，（−）越夏越冬若虫，⊙蛹，+ 成虫。

发生情况

2000 年 3 月下旬，栗红蚧在信阳市各板栗产区相继暴发，发生严重的板栗树，每个枝条上布满上千头栗红蚧，造成部分板栗树不能正常抽枝发叶，严重影响板栗生长和挂果。全市板栗园栗红蚧发生面积高达 4 万 hm²，给当地栗农造成了巨大的经济损失。近些年来，信阳市栗红蚧多以轻度发生为主，中度发生较少，仅个别年份、局部地块虫口密度高，并造成灾害，但均没有 2000 年严重。

防控措施

（1）营林措施。及时更新栗园衰老树，加强栗园管理，适时灌溉施肥，中耕除草，增强树势。结合修剪，及时剪除病虫枝，在栗红蚧若虫孵化前，剪除带虫枝条。冬季或春季，刮除栗树上的粗皮、翘皮，将刮下的粗皮、翘皮以及栗园的枯枝落叶、杂草清理出栗园，然后集中烧毁，以消灭越冬的虫源。

（2）物理防治。利用雄若虫寻找隐蔽处结茧化蛹的习性，3月中旬在栗树干或枝杈下方，用杂草或破布等缠绕树干、树枝，诱集雄虫，20天后收集诱集的雄若虫进行集中烧毁。

（3）生物防治。① 保护和利用天敌控制，天敌有红点瓢虫、黑缘红瓢虫、大草蛉、球蚧花角跳小蜂、隐尾跳小蜂、桑名花翅跳小蜂、红蚧象等益虫。② 初孵若虫期，喷洒2 000万孢子/mL芽枝状枝孢霉菌进行防治。

（4）化学防治。① 3月中下旬，用40%马拉硫磷乳油500倍液，或2.5%溴氰菊酯乳油、20%杀虫菊酯乳油3 000倍液喷雾防治。② 幼虫孵化期和若虫期，是化学药剂防治关键时期，此时虫体幼小，没有分泌蜡质层，药液容易接触虫体，喷洒3%苯氧威乳油或25%蚧虫好毖乳油1 000倍液喷雾防治。

淡娇异蝽 *Urostylis yangi* Maa

别名臭板虫。半翅目异蝽科。

分布

国内分布于河北、山东、安徽、江苏、福建、浙江、湖南、湖北、四川、云南等省区。河南省分布于新乡、洛阳、南阳、信阳等市部分县。信阳市除息县、淮滨县外，其他县（区）均有分布。

寄主植物与危害特点

主要危害板栗，也危害油栗、茅栗等。以若虫及成虫吸食板栗树嫩芽、幼叶汁液，使新梢停止生长，叶卷曲、枯萎，发生严重时，新梢和花序不能形成，枝条枯死，甚至整株死亡。

形态特征

成虫 雄虫体长9～10 mm，宽4.2 mm，宽梭形；雌虫体长10～12.5 mm，宽5.3 mm，椭圆形。体扁平，初羽化成虫为草绿色，交尾产卵前变为黄绿色。头、前胸背板侧缘及革片前缘米黄色。触角

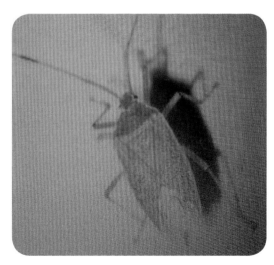

淡娇异蝽成虫（罗山县提供）

5 节，与体等长或稍长；第 1 节红褐色，外侧有 1 个褐色纵纹，其余各节浅褐色，第 3 ~ 5 节端部褐色。触角基部外侧有 1 眼状黑色斑点。前胸背板、小盾片内域小刻点天蓝色，前胸背板后侧角有 1 对黑色小斑点或沿缘脉具不规则天蓝色斑纹，革片外缘有 1 条连续或中间中断的黑色条纹。膜质部分无色透明。足浅黄色，10 月以后，胫节、附节、腿节的部分转为红色。身体腹面红褐色，略带草绿色。雄虫体较雌虫瘦小，前翅明显长于腹部；雌虫前翅与腹部等长。

卵 卵长 0.9 ~ 1.2 mm，宽 0.6 ~ 0.9 mm，呈长卵形，浅绿色，近孵化时变为黄绿色。单层双行，排列整齐，上有较厚的乳白色（后期变红棕色）蜡状保护物。

若虫 若虫 5 龄。1 ~ 2 龄若虫近无色透明，3 龄以后若虫体扁平形，草绿至黄绿色，触角黑色，复眼红色。5 龄若虫翅芽发达，小盾片分化明显，前胸和翅芽背面边缘有 1 黑色条纹，前胸腹面有 1 条黑色条纹伸达中胸。

生物学特性

信阳 1 年发生 1 代，以卵在落叶内越冬，少数在树皮缝、杂草或树干基部越冬。翌年 3 月初越冬卵开始孵化，3 月中旬为孵化盛期。若虫蜕皮 5 次。5 月中旬出现成虫，5 月下旬至 6 月上旬为羽化盛期，成虫于 10 月下旬至 11 月初开始交尾、产卵，11 月中旬为产卵高峰期，至 11 月下旬产卵结束。

越冬卵孵化后，1 龄若虫和 2 龄若虫群居卵壳上取食卵块上的胶状物，不具有危害性。3 龄若虫较为活泼，在栗树发芽时，群居芽及嫩叶上吸取汁液，以后在花序、叶背、苞梗基部嫩梢处取食。若虫发育历期 35 ~ 60 天。成虫多在白天羽化。成虫极为活泼，但飞翔力不强，白天静伏栗叶背面，傍晚开始活动。多取食叶背面叶脉边缘和 1 ~ 3 年生枝条皮孔周缘及芽，夜晚处于静伏状态，但口针仍刺入栗树组织内不动。成虫历期 145 ~ 210 天。经过长达 5 个多月的补充营养后，才交尾产卵。雌雄成虫一生仅交尾 1 次，雌虫当天便可产卵，9 天后死亡。成虫产卵于落叶内，卵块呈条状。每头雌虫产卵 1 ~ 3 块，每块有卵 10 ~ 60 粒，每头雌虫产卵量为 35 ~ 130 粒，平均 80 粒。卵期 100 ~ 135 天，其自然孵化率达 98%。

淡娇异蝽生活史图（河南省信阳市）

月份	1~2月			3月			4月			5月			6月			7~9月			10月			11月			12月		
旬	上	中	下	上	中	下	上	中	下	上	中	下	上	中	下	上	中	下	上	中	下	上	中	下	上	中	下
虫态	(●)	(●)	(●)	(●)	(●)	(●)																					
					−		−	−	−	−	−	−	−	−	−												
								+	+	+	+	+	+	+	+	+	+	+	+	+	+	+	+	+		
													●	●	●	●	●	(●)	(●)	(●)						

注：●卵，(●)越冬卵，−若虫，+成虫。

淡娇异蝽的发生与危害程度与管理水平有密切关系，栗园管理粗放，杂草丛生，落叶厚，卵容易越冬，自然孵化率高，危害重；相反，管理好，危害就轻。

发生情况

20世纪70年代末至80年代，淡娇异蝽先后在河南省信阳、安徽省六安、湖北省黄陂、江西省等板栗产区暴发成灾，从而导致大面积板栗树枯死。1979年信阳县（现信阳市浉河区）东双河、浉河港等乡暴发成灾，发生面积在666.7 hm^{2}以上，栗树死亡面积超过68 hm^2。1980年信阳县因该虫危害死掉约30年生栗树300多 hm^2，此外还有400多 hm^{2}绝收，给板栗农造成了巨大经济损失。该害虫同期还在罗山县、新县等板栗产区局部成灾，造成板栗果实大幅减产。近年来，淡娇异蝽在信阳呈轻度发生，没有出现严重灾害。

防控措施

（1）物理防治。① 在入冬至越冬卵孵化之前，彻底清除栗园杂草、落叶，集中烧毁或埋于树冠下，降低越冬卵基数。② 冬季剪除有卵枝条，或刮除树干上的越冬卵块，带出林外烧毁，以消灭越冬卵。

（2）生物防治。低龄若虫期，喷洒1%苦参碱乳油1 000～1 500倍液，或25%阿维·灭幼脲悬浮剂1 000～1 500倍液。

（3）化学防治。① 发生严重的栗园，3月下旬至4月上旬，为若虫开始上树期，要及时喷药防治。使用药剂有3%苯氧威乳油1 000～1 500倍液喷洒，或绿色威雷乳油300～400倍液，或2.5%溴氰菊酯乳油2 000～3 000倍液喷洒，或10%吡虫啉乳油800～1 200倍液，或90%晶体敌百虫1 000倍液，防治效果很好。② 春季越冬卵孵化盛期，用10%吡虫啉乳油2 000倍液喷洒防治初孵若虫。成虫产卵前，用20%杀虫菊酯乳油1份+轻钙粉50份进行喷粉防治。

栗实象甲 *Curculio davidi* Fairmaire

别名板栗实象鼻虫、栗实象鼻虫、象鼻虫。鞘翅目象虫科。

分布

全国各栗产区有分布。河南省分布于信阳、驻马店、南阳、洛阳、平顶山、三门峡、安阳、济源、新乡、焦作等地。信阳市浉河区、平桥区、罗山县、光山县、商城县、新县、固始县等有分布。

寄主植物与危害特点

主要危害板栗、毛栗等栗属植物，还危害榛、栎等植物。幼虫危害栗实为主。幼虫在栗实里面取食，形成较大坑道。粪便排于虫道内，而不排出果实外，这一习性区别于桃蛀螟。被害栗实容易霉烂变质，失去发芽能力和食用价值。老熟幼虫脱果后在果皮上留下圆形脱果孔。发生严重时，栗实被害率高达80%。

栗实象甲幼虫及危害状（新县提供）

形态特征

成虫 体长5~9 mm，宽2.6~3.7 mm。体梭形，深褐色至黑色，覆黑褐或灰白色鳞毛。喙圆柱形，前端向下弯曲，黑色有光泽。前胸背板宽略大于长，密布刻点。鞘翅肩较圆，向后缩窄，端部圆，鞘翅长为宽的1.5倍左右，各生由10条刻点组成的纵沟。主要特征是：前胸背板有4个白斑、鞘翅具有形似"亚"字形的白色斑纹。

卵 椭圆形，长约1 mm，初产时透明，近孵化时变为乳白色。

幼虫 成熟时体长8~12 mm，乳白色至淡黄色，头部黄褐色，无足，口器黑褐色。体常略呈"C"字形弯曲，体表具多数横皱纹，并疏生短毛。

蛹 体长7.0~11.5 mm，乳白色至灰白色，近羽化时灰黑色，喙管伸向腹部下方。

生物学特性

信阳2年发生1代，以老熟幼虫在土内约10 cm深处作土室越冬。翌年6月中下旬至7月在土内化蛹，蛹期10~15天。7月下旬为成虫羽化盛期。成虫羽化后在土室内潜居15~20天，然后出土。8月中旬为成虫出土盛期，至9月上中旬结束。成虫出土后取食嫩叶补充营养，然后交配产卵。成虫白天在树冠内活动，受惊后假死落地或飞走；夜间不活动。卵产于果实内部，卵期8~12天。幼虫孵化后，蛀入种仁取食，粪便排于其中。幼虫取食20余天，老熟后脱果入土越冬。早期被害果易脱落，后期的被害果通常不落。果实采收后，没有老熟的幼虫继续在种实内取食，直至老熟脱果入土越冬。

发生情况

栗实象甲在信阳栗产区分布较广，以轻、中度发生为主，个别年份局部危害较重，造成果实早落，影响栗园产量和栗实品质。

防控措施

（1）营林措施。新造林地，选栽栗苞大、苞刺密而长、质地坚硬、苞壳厚的抗虫品种，可以减轻危害。

（2）物理防治。① 栗果脱粒后用50~55 ℃热水浸泡10~15 min，杀虫率可达90%以上，捞出晾干后即可用砂贮藏。不会伤害栗果的发芽力，但必须严格掌握水温和处理时间，切忌水温过高或时间过长。② 利用成虫的假死性，在早晨露水未干时振动树枝，使其掉地后捕杀；及时拾净落地虫果，并集中深埋或销毁；栗苞成熟发黄后即采收，将采收回的栗苞堆放在水泥地上脱粒，阻止幼虫脱果入土越冬。

（3）化学防治。发生严重的栗园，可在成虫即将出土时或出土初期，地面撒施5%辛硫磷颗粒剂，用药量为150 kg/hm²，或喷施50%辛硫磷乳油1 000倍液，施药后及时浅锄，将药剂混入土中，毒杀出土成虫。成虫发生期，可在产卵之前树冠选喷80%敌敌畏乳油、50%杀螟硫磷乳油、50%辛硫磷乳油1 000倍液，或90%晶体敌百虫1 000倍液，或2.5%溴氰菊酯乳油、20%杀灭菊酯乳油3 000倍液等，每隔10天左右1次，连续喷2～3次，可杀死大量成虫，防止产卵危害。成虫期，也可用齐螨素或吡虫啉5倍液或10倍液打孔注射防治。

剪枝栗实象 *Cyllorhynchites ursulus*（Roelofs）

别名板栗剪枝象鼻虫、剪枝象甲。鞘翅目齿颚象科。

分布

国内主要分布于河北、山东、河南、安徽、湖北、湖南、江苏等栗产区。河南省主要分布在太行山、伏牛山、桐柏山和大别山区的产栗县（区）。信阳市浉河区、平桥区、罗山县、光山县、新县、商城县、固始县等有分布。

寄主植物与危害特点

主要寄主是板栗、毛栗等栗属植物，还可危害栎类植物。成虫咬断结果枝，造成大量栗苞脱落；幼虫在坚果内取食。为害严重时可减产50%～90%。

形态特征

成虫 体长6.5～8.2 mm，宽3.2～3.8 mm，蓝黑色，有光泽，密被银灰色绒毛，并疏生黑色长毛。鞘翅上各有10列刻点。头管稍弯曲与鞘翅等长。雄虫触角着生在头管端部1/3处，雌虫触角着生在头管的1/2处。雄虫前胸两侧各有1个尖刺，雌虫没有。腹部腹面银灰色。

剪枝栗实象危害状（罗山县提供）

卵 椭圆形，初产时乳白色，逐渐变为淡黄色。

幼虫 初孵化时乳白色，老熟时黄白色。体长4.5～8.0 mm，呈镰刀状弯曲，多横皱褶。口器褐色。足退化。

蛹 裸蛹。长约 8.0 mm，前期呈乳白色，后期变为淡黄色。头管伸向腹部。腹部末端有 1 对褐色刺毛。

生物学特性

信阳 1 年发生 1 代，以老熟幼虫在土中做土室越冬。翌年 5 月上旬开始化蛹，蛹期 1 个月左右。5 月底至 6 月上旬成虫开始羽化，成虫发生期可持续到 7 月下旬。成虫羽化后即破土而出，上树取食花序和嫩栗苞，约 1 周后即可交尾产卵。成虫上午 9 时到下午 4 时活跃，早晚不活动。成虫受惊扰即落地假死。成虫交尾后即可产卵，产卵前先在距栗苞 3 ~ 6 cm 处咬断果枝，但仍有皮层相连，使栗苞枝倒悬其上。然后再在栗苞上用口器刻槽，将卵产于刻槽中，产毕用碎屑封口。

剪枝栗实象成虫（商城县提供）

最后将倒悬果枝相连的皮层咬断，果实坠落。每只雌虫可剪断 40 多个果枝。栗树中下部的果枝受害较重。信阳栗产区，成虫产卵盛期在 6 月下旬。幼虫从 6 月中下旬开始孵化。初孵幼虫先在栗苞内为害，以后逐渐蛀入坚果内取食，最后将坚果蛀食一空，果内充满虫粪。幼虫期 30 余天。到 8 月上旬即有老熟幼虫脱果。幼虫脱果后入土做土室越冬。

发生情况

信阳是河南省板栗主产区，板栗栽植面积在 6.78 万 hm^2 以上。剪枝栗实象在信阳板栗产区分布较广泛，多以轻、中度发生危害，个别年份局部栗园危害较重，造成栗园果实大幅减产。

防控措施

（1）检疫措施。加强检疫，防止幼虫或蛹随苗木远距离传播。

（2）营林措施。可利用我国丰富的板栗资源选育出球苞大，苞刺稠密、坚硬，并且高产优质的抗虫品种。

（3）物理防治。①利用成虫聚集分布、夜晚和雨天静伏树冠隐蔽处、趋光性极差、有假死性等特性，在成虫发生期傍晚、夜晚、雨天，猛摇树枝，把成虫振落，集中消灭。②成虫出土上树期间，用粘虫带、胶环、透明胶等包扎树干或围绕树做"环形水槽"，阻止成虫上树，并将阻集在粘虫带下面或"环形水槽"内的成虫收集处理，至成虫绝迹后再取下胶环等。③6 ~ 7 月，将被害栗苞全部拣起，集中深埋或烧毁，以消灭其中的幼虫。

（4）化学防治。在虫口密度大的栗园，于成虫出土期（5 月底）在地面喷洒 5% 辛硫磷粉剂或 37% 巨无敌乳油。喷药后用铁耙将药、土混匀。在土质的堆栗场上，脱粒结束后用同样药剂处理土壤，杀死其中的幼虫。在成虫发生期，往树冠上喷75%辛硫磷乳油2 000倍液或90%晶体敌百虫1 000倍液，10天喷1次，喷2~3次。

栗雪片象 *Niphades castanea* Chao

别名板栗雪片象、雪片象鼻虫。鞘翅目象虫科。

分布

国内分布于河北、河南、陕西、江西、湖南等板栗产区。河南省分布于南阳、洛阳、信阳、驻马店等地。信阳市浉河区、平桥区、新县、罗山县、光山县、商城县、固始县等地有分布。

寄主植物与危害特点

主要危害栗属植物，其中板栗受害最严重，油栗也可受害。主要以幼虫危害栗实，幼虫沿果柄蛀入栗苞，在其中蛀食（但不蛀入栗实内），造成弯曲虫道，虫道内充满虫粪。栗实灌浆后，幼虫蛀入其中危害。老熟幼虫将栗实和苞皮咬成棉絮状，在其中越冬。其次，成虫可取食栗苞、叶柄、花序、嫩枝及皮层等。

形态特征

成虫 体长7~10 mm、宽4~4.5 mm。雌虫略大，体为长椭圆形，密被浅褐色短毛。头小，头管粗短，略弯曲，黑色。复眼黑色。头约为体长的1/4。触角膝状，基部壮大，赤褐色。前胸宽略大于长，背板黑色，稍有光泽，有许多瘤状突起。鞘翅浅黑褐色，基部有许多铁锈色与白色相间的小点，端部有1条白带纹，鞘翅上有许多间断的黑色刻点，近翅中缝处的两列较为明显。足腿节后端1/3处有钝齿。

栗雪片象成虫（张玉虎 提供）

卵 椭圆形，长约0.9 mm，宽0.7 mm，淡黄色。

幼虫 老熟幼虫体长约12 mm，头部褐色，体白色、肥胖，略弯曲，多皱褶。足退化。

蛹 长约10 mm，黄白色。裸蛹。

生物学特性

信阳1年发生1代，以老熟幼虫在脱落的栗苞内或土中越冬。越冬幼虫于4月上旬开始化蛹，4月中旬为化蛹盛期，5月中旬为末期。成虫于4月下旬开始羽化，5月上旬为羽化盛期，羽化可延续到8月。成虫羽化后先在栗苞中停留一段时间，然后咬破栗苞爬出。成虫只能短距离飞行，有假死性，受惊扰即落地。成虫以取食嫩叶、栗苞等来补充营养。交尾后的雌成虫用口器在果柄基部咬 1 个小洞，产卵于洞口，再用头管推到洞内，并用碎屑覆盖洞口。每个栗苞一般只产卵 1 粒，少数产 2 粒。成虫产卵期较长，每个雌虫产卵 5 ~ 30 粒。7 月中下旬为产卵盛期，卵期 15 ~ 25 天。初孵幼虫先在栗苞内取食，以后逐渐转入栗实内危害。蛀果早的幼虫可引起早期落果，8 月底 9 月初，栗苞落地严重，蛀果晚的幼虫多随果实采收时被带出栗园，继续蛀果危害。老熟幼虫脱果后入土越冬。

越冬幼虫耐低温而不耐干旱，秋冬长期干旱情况下幼虫死亡率高。秋冬雨量适中，栗园土壤湿润，对幼虫越冬有利。成虫羽化期遇雨有利于羽化。一般情况下，栗园管理差的受害较重。

栗雪片象生活史图（河南省信阳市）

月份	10月至翌年3月			4月			5月			6月			7月			8月			9月		
旬	上	中	下	上	中	下	上	中	下	上	中	下	上	中	下	上	中	下	上	中	下
虫态	(-)	(-)	(-)	(-)	(-)																
				⊙	⊙	⊙	⊙	⊙	⊙												
						+	+	+	+	+	+	+	+	+	+	+					
											●	●	●	●	●	●				
												—	—	—	—	—		—	—	—

注：●卵，– 幼虫，(-) 越冬幼虫，⊙ 蛹，+ 成虫。

发生情况

栗雪片象在信阳板栗产区都有分布，以新县个别年份或局部栗园危害较重，最严重的板栗园果实受害率高达 90%。其余县（区）多为轻度发生。

防控措施

（1）物理防治。从 8 月下旬至 10 月上旬捡拾、烧毁有虫的落地栗苞，减少虫源。

（2）生物防治。① 保护和利用天敌控制害虫，如雪片象抱缘姬蜂、斑螫对栗雪片象的发生有一定抑制作用。② 成虫产卵初期，对树冠喷洒 1% 苦参碱乳油 1 500 ~ 2 000 倍液，或 25% 甲维·灭幼脲悬浮剂、25% 阿维·灭幼脲悬浮剂 1 000 ~ 1 500 倍液。

（3）化学防治。在 5 月中下旬成虫羽化盛期和 7 月上中旬成虫产卵初期，对树冠喷洒 3% 苯氧威乳油 1 500 ~ 2 000 倍液，或 90% 晶体敌百虫 1 000 倍液，或 2.5% 溴氰菊酯乳油 2 000 ~ 3 000 倍液喷洒，或 25% 蛾芽灵可湿性粉剂 1 500 倍液，防治效果很好。

油茶毒蛾 *Euproctis pseudoconspersa* Strand

别名油茶毛虫、茶毛虫、毒毛虫、茶黄毒蛾、茶斑毒蛾。鳞翅目毒蛾科。

分布

国内分布于湖南、湖北、江西、江苏、安徽、河南、浙江、福建、广东、广西、云南、四川、西藏、甘肃、贵州、陕西、台湾、香港等省（区）。信阳市浉河区、平桥区、罗山县、光山县、潢川县、新县、商城县、固始县等地都有分布。

寄主植物与危害特点

寄主植物为油茶、茶树、柑橘、樱桃、柿树、枇杷、梨树、乌桕、油桐、玉米等。3龄前幼虫常数十头至百余头群集在树体中下部叶背，一起取食叶片下表皮和叶肉，形成半透明网型斑，3龄后分散危害，取食全叶，严重时仅留主脉及叶柄。

茶园被害状（信阳市农科院茶叶研究所提供）

形态特征

成虫 雄虫翅展 20～26 mm，雌虫翅展 30～35 mm。雌虫触角丝状，雄虫触角羽毛状。雄翅棕褐色，布稀黑色鳞片，前翅前缘橙黄色，顶角、臀角各具黄色斑1块。翅尖顶角黄斑上具2个黑色圆点，内横线外弯，橙黄色。雌蛾体黄褐色，前翅浅橙黄色至黄褐色，后翅橙黄色或淡黄褐色，外缘和缘毛呈黄色。

卵 扁圆形，浅黄色，直径0.8 mm，卵块被雌蛾腹末体毛。

油茶毒蛾雌、雄成虫（马向阳 摄）

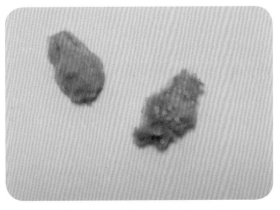

油茶毒蛾卵块及卵粒（马向阳 摄）

幼虫　老熟幼虫体长 10 ~ 25 mm，头黄褐色，布褐色小点，具光泽；体黄色，密生黄褐色细毛。背线暗褐色，亚背线、气门上线棕褐色，第 1 ~ 8 腹节亚背线上有褐色绒球瘤，上簇生黄白色毒毛；气门上线亦有黑褐色小绒球瘤，瘤上生黄白色长毛。

蛹　长 8 ~ 12 mm，圆锥形，黄褐色，有光泽，被黄褐色细毛；臀棘末端有 20 多根钩状尾刺。

茧　长椭圆形，黄色丝质，外壳较薄，土黄色。

生物学特性

信阳 1 年发生 2 代，以卵块越冬，多在树冠中下部的萌芽条或叶片背面上黏附着。幼虫通常为 6 龄；3 月中下旬越冬卵孵化，初孵和 2 龄幼虫有群集性，常常聚集在叶片背后，受惊会吐丝下垂，多取食叶片的下表皮，留下网状叶脉，受害叶片可枯黄脱落，3 龄后分散取食，可取食全叶，并成群迁移到树冠上部分散危害，同时吐丝结网，受惊仍吐丝下垂，4 龄幼虫怕高温，阳光强烈时多于树冠内部，待阴凉后再上树取食，5 龄取食量大增，可占幼虫取食量的 1/3，6 龄取食量则可达到 1/2，5 龄和 6 龄是幼虫危害油茶的重要时期，幼虫多在植物下部叶片背面或树干基部脱皮，进入下 1 个龄期，经约 2 天重新上树危害，老熟幼虫在地面落叶层或泥土缝隙中结茧化蛹。

发生情况

油茶毒蛾在信阳主要危害茶树，是信阳地区茶园的一种主要害虫，分布范围较广，危害较重，发生严重的年份，可将茶园叶片全部吃光，从而影响茶叶的产量。目前，该害虫对油茶危害较轻。

防控措施

（1）营林措施。林地要选择排水良好，土层深厚的阳坡或半阳坡地块，选用优质的苗木造林，施足有机肥，控制氮肥的使用，提高树体抗虫能力；及时修剪，剪去过密的交叉重叠枝和虫枝等，通过营造混交林，减少虫口。

（2）物理防治。① 成虫期，在茶林中利用高压汞灯或黑光灯诱杀油茶毒蛾成虫。② 在初龄幼虫期，发现枯黄叶或灰白膜状受害叶剪下，将幼虫集中进行灭杀，但要注意毒毛触及皮肤。

（3）生物防治。① 1 ~ 3 龄幼虫期，可用 Bt 制剂或 20% 阿维菌素乳油 2 500 ~ 3 000 倍液进行防治，也可在无风的阴天或雨后初晴时喷洒每毫升含 100 亿茶毛虫核型多角体病毒；也可用 2.5% 鱼藤酮乳油 500 ~ 600 倍液，杀虫率可达 90% 以上；或用木姜子液毒杀幼虫，用成熟的木姜子 1 份、水 5 ~ 10 份，煮沸 1 小时，至药液煮成黑褐色时，磨细木姜子，过滤成药液；或 0.36% 苦参碱乳油 1 000 倍液喷雾；在 4 月中下旬，当虫口密度较高时，可以在湿度较大的天气施放白僵菌粉；夏季可用青虫菌、杀螟杆菌或两种菌剂混合使用。② 保护和利用天敌，如伯劳、喜鹊、椿象、螳螂、蜘蛛、茶毛虫绒茧蜂、毒蛾绒茧蜂、茶毛虫黑卵蜂、赤眼蜂、寄生蝇等捕食性或寄生性天敌。

（4）化学防治。应选用高效、低毒、低残留和间隔期短的农药防治。可用 2.5%

功夫菊酯乳油 3 000 ～ 4 000 倍液或 2.5% 天王星乳油 3 000 ～ 4 000 倍液或 2.5% 溴氰菊酯乳油 3 000 ～ 4 000 倍液喷雾防治。3 龄幼虫前，喷施 90% 晶体敌百虫 2 000 倍液，或 50% 辛硫磷乳油 2 000 ～ 3 000 倍液，或 50% 马拉松乳油 1 500 ～ 2 000 倍液，或 10% 醚菊酯乳液 2 000 倍液，或 10% 联苯菊酯乳液 3 000 ～ 5 000 倍液，或 15% 吡·联苯 1 000 ～ 1 500 倍液进行防治。为防止产生抗药性，应须交替喷施农药，可提高防治效果。

油茶大枯叶蛾 *Lebeda nobilis sinina* Lajonquiere

别名油茶枯叶蛾、油茶毛虫、杨梅毛虫、杨梅老虎、大灰枯叶蛾。鳞翅目枯叶蛾科。

分布

国内主要分布于湖南、江西、浙江、江苏、福建、云南、四川、广西、陕西、河南、台湾等省（区）。河南省陕县、嵩县、栾川、信阳市浉河区等地有分布。

寄主植物与危害特点

寄主植物有油茶、马尾松、湿地松、杨梅、化香、枫杨、山毛榉、水青冈、苦槠、板栗、麻栎、锥栗。油茶树被害后，小枝枯死，不开花结果，给油茶生产造成较大的损失；危害马尾松常将老叶食尽，严重影响松树生长。危害杨梅，造成树势衰弱、杨梅减产；幼虫毒毛粗硬，常给上山作业人员造成伤害。

形态特征

成虫 体长：雄蛾 32 ～ 49 cm，雌蛾 40 ～ 52 cm。翅展：雌蛾 75 ～ 95 mm，雄蛾 50 ～ 80 mm。雄蛾触角黄褐色，雌蛾触角梗节米黄色，羽枝黄褐色。体色变化较大，有黄褐、赤褐、茶褐、灰褐等色，一般雄蛾体色较雌蛾深。前翅有 2 条淡褐色斜行横带，中室末端有 1 个银白色斑点，臀角处有 2 枚黑褐色斑纹；后翅赤褐色，中部有 1 条淡褐色横带。

卵 灰褐色，球形，直径 2.5 mm，上下球面各有 1 个棕黑色圆斑，圆斑外有 1 个灰白色环。

幼虫 共 7 龄，1 龄幼虫体黑褐色；头深黑色，有光泽，上布稀疏白色刚毛；胸背棕黄色；腹背蓝紫色；每节背面着生 2 束黑毛，第 8 节的较长；腹侧灰黄色。2 龄幼虫全体蓝黑色，间有灰白色斑纹；胸背开始露出黑黄 2 色毛丛。3 龄幼虫灰褐色，胸背毛丛比 2 龄时宽。4 龄幼虫腹背第 1 ～ 8 节上增生浅黄与暗黑相间的 2 束毛丛，静止时前一毛束常覆盖于后一毛束之上。5 龄幼虫全体麻色，胸背黄黑色毛丛全变为蓝绿色。6 龄幼虫体灰褐色；腹下方浅灰色，密布红褐色斑点。7 龄幼虫体显著增大增长，体长 11.3 ～ 13.4 cm。

蛹 长椭圆状，腹端略细，暗红褐色。头顶及腹部各节间密生黄褐色绒毛。

茧 黄褐色，上附有较粗的毒毛，茧面有不规则状的网状孔。

生物学特性

信阳1年发生1代，以初孵化幼虫在卵壳中蛰伏滞育越冬。翌年3月中旬当气温升至18～22℃时，幼虫破壳而出，初孵幼虫群集取食；3龄后逐渐分散取食，昼夜都取食；6龄后正处于高温季节，白天停止取食，常静伏于树干基部阴暗面，至黄昏和清晨方爬出来取食。幼虫7龄，老熟幼虫8月中旬开始吐丝、结茧化蛹，结茧化蛹场所多在油茶树叶和杂灌丛中。9月下旬至10月上旬成虫羽化后交尾，夜间产卵，卵产于油茶顶梢叶背，每只雌蛾产卵150～170粒，大部分3次产完卵。成虫夜间活动，有较强的趋光性，白天静伏不动，成虫产卵多喜于林缘和郁闭度较小的林内，因此林缘和稀疏林地虫口密度高，受害严重。

发生情况

信阳市油茶产区有零星分布，目前没有造成严重危害。

防控措施

（1）营林措施。加强经营管理，隔年进行垦复，补植稀疏残林并施肥，适当疏伐和修剪，增强树体抗虫能力，清除油茶林中的马尾松，以抑制油茶大枯叶蛾发生。

（2）物理防治。①油茶大枯叶蛾卵粒大，呈块状，很明显，冬季和早春进行人工摘除卵块；茧也较大，可人工摘茧，然后集中烧毁摘除的卵块和茧。采前在手上涂一些肥皂水，可防毒毛。②利用成虫具强趋光性，9月上旬，在成虫羽化前利用黑光灯进行诱杀，可降低虫口密度，减轻油茶大枯叶蛾的危害。

（3）生物防治。3～4龄幼虫期，用5亿多角体/mL油茶枯叶蛾NPV喷杀油茶大枯叶蛾或用1.8%阿维菌素乳油2 000倍液进行喷雾。此外，油茶大枯叶蛾卵的天敌有松毛虫赤眼蜂、油茶枯叶蛾黑卵蜂、平腹小蜂、啮小蜂、金小蜂等；幼虫的天敌有油茶枯叶蛾质型多角体病毒；蛹的天敌有松毛虫黑点瘤姬蜂、松毛虫匙鬃瘤姬蜂、蟆岭瘤姬蜂、松毛虫缅麻绳等，可通过保护和利用天敌控制害虫危害。

（4）化学防治。幼虫4龄前，用90%晶体敌百虫1 000倍液，或80%敌敌畏乳油1 000～2 000倍液，或50%杀螟松乳油1 500～2 000倍液进行喷洒防治，随着虫龄增加，浓度可适当加大。

油茶尺蠖 *Biston marginata* Shiraki

别名油茶尺蛾、相思叶尺蝶、量尺虫、吊丝虫。鳞翅目尺蛾科。

分布

国内主要分布于湖南、湖北、安徽、江西、广东、广西、浙江、福建、贵州、四川和台湾等地。河南省主要分布于信阳市光山县、新县、商城县等地。

寄主植物与危害特点

寄主植物主要为油茶、油桐、乌桕、茶树、板栗、杨梅等经济林植物。幼虫取食树叶，叶子常被吃得残缺不全，影响林木的正常生长和果实发育，降低产量，大量发生时可吃光全树叶片，被害严重时植株如火烧状干枯，造成果实不到成熟即脱落，常使林木早期落果，如连续2、3年严重受害，植株就会枯死，造成重大损失。

形态特征

成虫 体枯灰色，体长14～20 mm，翅展30～36 mm。一般雄蛾体色浅，雌蛾体色深。雌蛾触角丝状，腹部膨大，末端丛生黑褐色毛；雄蛾触角双栉形，腹部末端较尖细。前翅狭长，外线和内线隐约可见，较翅底色略深，后翅短小，外线黑褐色，较直。前翅灰褐色，杂生黑、白及灰黄色鳞片1个。前、后翅外线外侧附近到翅基均枯灰色。

卵 近圆形，细小，初产时草绿色，以后逐渐变为黄褐、黑褐色。

幼虫 初孵幼虫草绿色，老熟幼虫体长50～60 mm，黄褐色，杂有黑褐色斑点，头顶中央凹陷，行走时呈拱背状。

蛹 圆锥形，棕褐色，体具细点刻。头部细小，有2个角状突起；腹末两侧具2个小突，有分叉的臀棘1根。

生物学特性

信阳1年发生1代，以蛹在树蔸周围疏松土壤中或杂草枯叶中过夏越冬。翌年3月上旬羽化、产卵，4月中旬孵化。幼虫一般为6龄，5月下旬至6月中旬入土化蛹，入土深度一般为10～30 mm。幼虫期50～60天，蛹期250～270天。雌蛾平均寿命6天，雄蛾4天；昼伏夜出，飞翔力弱，无趋光性。雌蛾大多数交尾1次，交尾时间多在凌晨2～3时；雌蛾对雄蛾有明显的性引诱现象。卵呈块状产于树枝的阴暗面或枝杈处，卵块表面覆盖褐色茸毛。初孵幼虫有群栖性，嚼食嫩叶的表皮和叶肉，2龄后开始分散取食，食叶成缺刻，3龄前食量较小，4龄后食量逐渐增大，6龄幼虫食叶量最大。幼虫爬行时身体一伸一缩，农民称其为"量布虫"；静止时，后足紧抓树枝，口吐细丝，使身体斜竖，形如枯枝。4龄前幼虫受惊时常下垂脱逃。

发生情况

油茶尺蠖在信阳零星分布，目前危害较轻，个别年份仅局部地块虫口密度较高，如2014年5月，光山县凉亭乡"三八木油场"林场老油茶林内发生油茶尺蠖幼虫危害，发生面积约8 hm²，部分油茶树的叶子被吃得残缺不全，造成有些果实不到成熟即脱落。

防控措施

（1）检疫措施。加强对从外地调入油茶苗木和繁殖材料的复检，发现害虫立即处理，防止该虫传播。

（2）营林措施。秋季结合垦复，把挖出土面的蛹捡出除灭，或将蛹埋在 100 cm 以下土中，使之不易羽化。有灌溉条件的油茶林地，可在成虫羽化前灌溉，降低蛹的羽化率。

（3）物理防治。利用雌蛾对雄蛾有明显的性引诱现象，用性诱剂诱杀。油茶尺蠖无毒，且其幼虫和成虫都不很活跃，产卵集中成块，因此在油茶树不高的时候于清晨进行摘除和捕杀。

（4）生物防治。① 油茶尺蠖的天敌有山雀、棕头鸦雀、白头翁、鹟雉、竹鸡、姬蜂、土蜂、寄生蝇、菌类等，保护和利用天敌资源进行控制害虫种群数量。② 利用生物农药防治。2 ~ 3 龄幼虫期，可用 1 亿 ~ 2 亿孢子 /mL 的白僵菌、苏云金杆菌菌液，或 1.8% 阿维菌素乳油、3% 高渗苯氧威乳油 2 500 倍液进行喷雾防治；或用含孢子数 0.5 亿 ~ 0.7 亿 /mL 松毛虫杆菌菌液防治 4 龄幼虫，灭虫率可达 90% 以上；低龄幼虫期，还可用植物源药剂鱼藤精 300 ~ 400 倍液、1.2% 烟碱·苦参碱乳油 800 倍液喷雾防治。

（5）化学防治。幼虫 3 ~ 4 龄以前，喷洒 3% 的敌百虫粉剂 45 kg/hm^2、50% 二溴磷或 25% 亚胺硫磷或 40% 治螟灵 1 000 倍液或 90% 晶体敌百虫 1 200 倍液防治 2 ~ 3 龄幼虫。

油茶织蛾 *Casmara patrona* Meyrick

别名茶织镰蛾、油茶蛀茎虫、茶枝蛀蛾、茶钻心虫。鳞翅目织蛾科。

分布

国内分布于江西、湖南、湖北、浙江、安徽、河南、江苏、贵州、四川、云南、广东、广西等地。信阳市浉河区、罗山县、光山县、新县、商城县等地有分布。

寄主植物与危害特点

危害油茶、茶树。主要以幼虫蛀食枝干，初期枝上芽叶停止伸长，后叶子凋萎、蛀道上部枝叶全部枯死。幼虫从上向下蛀食枝干，导致枝干中空、枝梢萎凋，日久干枯，大枝也常整枝枯死或折断，进而严重影响油茶等寄主植物的长势。

形态特征

成虫 体长 12 ~ 20 mm，翅展 32 ~ 42 mm。触角丝状，灰白色，基部膨大，褐色。体淡黄褐色，头部及前胸背面密被灰褐色夹杂白色鳞毛；前翅近长方形，底色灰褐，散生黑色鳞毛，外缘及后缘有灰褐色缘毛，沿前缘基部 2/5 至顶角处有 1 条红色带纹，近基部有红色斑纹，前翅中央有 2 个圆圈白斑；后翅较宽，顶角尖，淡灰褐色；腹部密生淡黄褐色毛；下唇须镰刀形，向上弯曲，超过头顶。足褐色，前胫节灰白色，有黑色长毛；后胫节有褐色、灰色相间的长毛。

卵 扁圆形，长 1.1 mm，赭色。卵上有花纹，中间略凹。

幼虫 体长 25 ~ 30 mm，乳黄白色。头部黄褐色，前胸背板淡黄褐色，腹末 2 节背板骨化，黑褐色。趾钩三序缺环，臀足趾钩三序半环。

蛹 长 18 ~ 20 mm，黄褐色，长圆筒形，腹部第 5、6 节前后缘呈环状隆起，末节腹面有对小突起。

生物学特性

信阳 1 年发生 1 代，以幼虫在被害枝条内越冬。翌年 3 月上旬幼虫恢复取食，3 月下旬开始化蛹，4 月上旬至 5 月中旬为化蛹盛期，5 月上旬至 6 月中旬为成虫羽化盛期，6 月中下旬幼虫大量发生。卵期 10 ~ 23 天；幼虫期包括越冬幼虫在内长达 9 个月以上；蛹期 1 个月左右；成虫寿命 4 ~ 10 天。成虫一般都在傍晚羽化，如遇闷热天气，则下午也能大量羽化。成虫飞翔力强，昼伏夜出，具趋光性。雨天或有风天气活动减少，但细雨或微风对其活动无影响。成虫羽化后第 2 天晚上才可交尾。大多数雌蛾一生只交尾 1 次，每只雌蛾可产卵 30 ~ 80 粒。

发生情况

该害虫在信阳市各油茶产区有零星分布，目前偶尔见到，危害程度小。随着信阳油茶种植面积的增大、纯林增多，需加强虫情监测，做到早发现、早防治，减少灾害损失。

防控措施

（1）营林措施。油茶织蛾喜爱阴湿环境，因此对油茶林应及时疏伐与修剪，控制合理的密度，保证林内通风透光良好。修剪的最佳时间为 7 ~ 8 月，也可冬季农闲时进行修剪。修剪时，剪除害虫枝，把虫枝带出林地烧毁。

（2）物理防治。① 可用铁丝插入虫孔，捅死幼虫。② 在油茶织蛾羽化期，根据成虫有趋光性强的特点，用黑光灯诱杀成虫，每 2.7 hm² 安置 40 瓦黑光灯 1 盏，连续诱杀 2 ~ 3 年，防治效果较好。

（3）生物防治。① 天敌防治。油茶织蛾的天敌有长距茧蜂、小黄蚂蚁、大黑蚂蚁、蜘蛛、鸟类等，通过保护天敌，扩大天敌种群数量，达到控制害虫的目的。② 喷洒生物制剂。5 月上旬至 6 月上旬，用 Bt 粉剂 600 倍液或 1.8% 阿维菌素乳油 2 000 倍液喷雾，每 10 天喷 1 次，连续 2 ~ 3 次。

（4）化学防治。初孵幼虫期和幼虫潜居卷叶危害期，喷洒 50% 敌马合剂或甲敌松合剂，用药量为 1.5 kg/hm²，也可用 2.5% 溴氰菊酯乳油，用药量为 60 mL/hm²，兑水稀释进行低容量或超低容量喷雾。也可用 90% 晶体敌百虫 1 000 ~ 1 500 倍液常量喷雾毒杀幼虫。大面积郁闭林分，于成虫羽化盛期，施放 10% 敌马烟雾剂，用药量为 15 kg/hm² 为宜。

油茶象甲 *Curculio chinensis* Chevrolat

别名茶籽象甲、山茶象甲、中华山茶象、油茶果象。鞘翅目象甲科。

分布

国内分布于江苏、安徽、浙江、江西、湖北、湖南、福建、广东、广西、四川、云南、贵州、河南等省（区）。信阳市浉河区、光山县、罗山县、新县、商城县、固始县等地有分布。

寄主植物与危害特点

寄主植物为油茶、茶树、锥栗等。主要危害果实，造成大量落果。成虫将头管插入未成熟的茶果内取食，并且伤口易引起油茶炭疽病的发生，引起果实早期脱落；亦能危害嫩梢组织。幼虫在果内蛀食果仁，使果实早落或成空壳，严重影响油茶产量和质量。

形态特征

成虫 体长 6.7 ~ 11.0 mm。黑色，覆盖白色和黑褐色鳞片。前胸背板后角和小盾片的白色鳞片密集成白斑；鞘翅基部和近中部各有一白色鳞毛横带，近翅缝纵列较稀疏的白色鳞毛；腹面完全散布白毛。触角膝状，喙管细长、呈弧形。雌虫喙长几乎等于体长，触角着生于喙基部 1/3 处，雄虫喙较短，仅为体长的 2/3；触角着生于喙中间。前胸背板有环形皱隆线。鞘翅三角形，臀板外露，被密毛，各足腿节有 1 个三角形齿。

卵 长约 1 mm，宽 0.3 mm，黄白色，长椭圆形，一端稍尖。

幼虫 老熟幼虫体长 10 ~ 12 mm，老熟前乳白色，头深褐色，体弯曲呈半月形，无足，各节多横皱纹，背部及两侧疏生黑色短刚毛。

蛹 长椭圆形，乳白色或黄白色，体长 7 ~ 12 mm。头胸足及腹部背面均具毛突，腹末有短刺 1 对。

生物学特征

信阳 2 年发生 1 代，以幼虫或新羽化成虫在土壤中越冬。如以幼虫越冬，越冬幼虫在土室内滞育到第 2 年 8 月下旬化蛹，约经 1 个月羽化为成虫，仍留在土中越冬；第 3 年 4 ~ 5 月陆续出土。如以成虫越冬，则第 2 年 4 ~ 5 月间开始出土，6 月中下旬盛发，5 ~ 8 月成虫蛀食果实补充营养，约 1 个月后交尾产卵于果内。幼虫孵化后在果内危害、发育，8 月下旬开始幼虫陆续老熟，入土做土室越冬，并以此虫态在土壤中生活 1 年。各虫态历期为：卵期 7 ~ 20 天，幼虫期 1 年以上，蛹期 25 ~ 30 天，成虫期 36 ~ 70 天。

成虫喜荫蔽，常集中在四周有树木遮阴或向阴坡地茶丛的茶果上，具假死性。成虫取食时管状喙大部或全部插入茶果，摄取种仁汁液，被害茶果表面留有小黑点，受害重者引起落果。产卵前先以口器咬穿果皮，用管状喙插入并钻成小孔后，再将产卵管插入茶果种仁内产卵，每孔 1 粒。每雌平均产卵 98 粒左右。幼虫在胚乳内生长，随茶果成长，取食果仁，终至蛀空种子。幼虫共 4 龄。老熟幼虫陆续出果入土越冬。出果前在种壳和果皮上咬一近圆形出果孔，孔径约 2 mm，以果蒂和果腰附近为多。出果幼虫落到地面即钻入土中，在深 12 ~ 18 cm 处造一长圆形土室中越冬。

茶籽象甲成虫出现与温度有关。气温回暖早，越冬成虫出土则早。茶果发育不同时期对其的发生有一定的影响，一般果壳软，种仁储存物多为流质时，成虫大量出现，反之则少。茶园郁闭，虫口较多，受害也较重。茶园中间多于边缘。暗色红壤茶园虫口密度较大，易板结的黄壤茶园虫口较少。一般四周有树木遮阳或阴坡地的茂密茶园中虫口较高。

发生情况

目前，茶籽象甲在信阳呈零星分布，发生及危害均较轻微，没有出现大的灾害，但需加强虫情监测，防止出现局部危害严重现象。

防控措施

（1）营林措施。选育抗虫品种进行造林，一般早熟品种抗性强。加强茶园管理，冬挖夏铲，林粮间作，修枝抚育，以降低虫口密度，提高林分抗性。

（2）物理防治。① 定期收集落果，以消灭大量幼虫。② 采摘季节，将摘收的茶果堆放在水泥晒场上，幼虫出果后因不能入土而自然死亡；也可堆放在收割后的稻田里，幼虫出果入土，第 2 年放水灌田，可以淹死幼虫。③ 成虫盛发期，利用其假死性振落捕杀，也可用盆或瓶盛置糖醋液，诱杀成虫。

（3）生物防治。在高温高湿的 6 月用白僵菌防治成虫。将采收的果实集中堆放，让幼虫爬出茶果，放鸡啄食，或者油茶园内养鸡啄食成虫。

（4）化学防治。在成虫大量飞出期，可用 2.5% 天王星乳油 800 倍液，或 5% 锐劲特乳油 500 ~ 1 000 倍液，或 20% 杀灭菊酯乳油 2 000 ~ 3 000 倍液对树冠喷洒药液进行防治，每 10 天 1 次，连续喷施 2 ~ 3 次。

灰茶尺蠖 *Ectropis grisescens* Warren

别名茶尺蠖、拱拱虫、拱背虫、量尺虫、造桥虫、吊丝虫。鳞翅目尺蛾科。

分布

分布于浙江、江苏、福建、江西、湖南、湖北、河南、安徽、广东、广西等省（区）。河南省主要分布于信阳市平桥区、浉河区、光山县、商城县、新县、罗山县、固始县等茶叶产区。

寄主植物与危害特点

寄主植物主要是茶树、山茶花、乌桕、柿树、扁柏等树木，是我国茶树主要害虫之一。以幼虫取食茶树嫩叶为主，幼龄幼虫在嫩叶上咬成"C"字形缺口，1龄幼虫啮食芽叶上表皮和嫩叶叶肉，使叶呈褐色点状凹斑；2龄幼虫能吃成穿孔或自叶缘向内咬食形成缺刻；3龄幼虫食量大增，4龄后开始暴食，往往连叶脉、叶柄一块食光，发生严重时可将成片茶园叶片全部食尽，仅留秃枝，严重影响茶树的树势和茶叶的产量。

灰茶尺蠖危害状（丁国良　摄）

形态特征

成虫　雄成虫体长9～12.3 mm，翅展25.5～31 mm，雌成虫体长10～14 mm，翅展30.5～41.3 mm。头部小，复眼棕色近球形，触角丝状。体色有灰白色和黑色两种。灰白色个体体表被灰白色鳞片，并散布黑点；翅面灰白色，前翅内横线、外横线、亚外缘线、外缘线呈黑色波状，外横线中部外侧有1个黑斑，前缘中上部有1个黑褐色圆斑，外缘具黑色小点7个；后翅外横线、亚外缘线、外缘线呈黑褐色波状，外缘有6个小黑点；3对胸足灰白色，散布黑斑；腹部灰白色，各腹节背面均有1对黑斑，其中第2腹节上的两斑块最为明显；触角背面灰白色，腹面黄棕色。黑色个体体表覆有黑色鳞片，翅面无明显斑纹，仅可见翅脉；触角背面黑色，腹面黄棕色；胸足黑色，节间灰白色；腹面黑色。

卵　椭圆形，长不到1 mm。初产时青绿色，后变黄绿色，孵化前为黑色。常呈块状，每块有数十粒至几百粒卵不等，卵块上覆白色絮状物。

幼虫　幼虫体表较光滑，腹部只有第6腹节和臀节上具足，爬行时体躯一屈一伸，俗称拱背虫、量尺虫、造桥虫等。末龄幼虫体长26～30 mm，体圆筒形，头部褐色。初孵幼虫黑色，体长1.5 mm，头大，胸腹部各节均具白纵线及环列白色小点，1龄幼虫后期体褐色，白点白线逐渐消失。2龄幼虫体长4～6 mm，体黑褐色，白点白线消失，腹部第1、2节背面均有2个黑斑点，第8腹节黑斑不明显。3龄幼虫体长7～9 mm，黄褐色，腹部第1节背面的黑点明显，第2节背面有一黑纹呈"八"字形，第5节背面出现黑褐色斑块，第8节背面亦有不明显的倒"八"字形黑纹。4龄幼虫体长17.2～26.6 mm，浅茶褐色，4龄后期幼虫头至第4腹节背面体色较深，灰褐色，第5～10腹节背面黄褐色。5龄幼虫体长可达29.68 mm，特征与4龄幼虫相近，但较4龄幼虫明显。

蛹　长椭圆形，头端大，末端渐细，棕红色。雄蛹较雌蛹小，雄蛹体长9.4～13.2 mm，雌蛹体长11.8～16.0 mm。蛹前期为浅绿色，后变成棕黄色，最后变为棕红色。臀棘

灰茶尺蠖成虫及卵　（马向阳　摄）　　　灰茶尺蠖幼虫（丁国良　摄）

近三角形，雄蛹臀棘末端有一分叉的短刺。

生物学特性

信阳1年发生5～6代，以蛹在茶树根际土壤中越冬。翌年3月中下旬成虫羽化产卵，4月上旬第1代幼虫开始发生，4月中下旬为害春茶。第2代幼虫于5月上旬至中旬危害夏茶，5月下旬为第2代成虫羽化盛期。以后约每月发生1代，9月后以老熟幼虫陆续入土化蛹越冬。越冬蛹羽化进度不一，发生代数多、不整齐，第1、2代发生相对整齐，第3代后世代重叠严重。成虫多于黄昏至天亮前羽化，白天平展四翅，静息于茶丛中，受惊后迅速飞走。傍晚开始活动，雌虫飞翔力弱，雄虫活泼，飞翔力较强，具趋光性。成虫羽化后当日或次日前半夜交尾，翌日黄昏开始产卵，晚上8～12时产卵最多。卵成堆产在茶树枝干裂缝、土缝、土面落叶或枝叶间，上覆有白色絮状物。卵孵化整齐，孵化率高，初孵幼虫经半日后停息在嫩叶上取食。幼虫畏阳光，晴天白天多躲在叶背或茶丛荫蔽处，以尾足攀着枝干，体躯离枝，形似一枯枝，清晨、黄昏取食最盛。受惊动后可吐丝下垂。喜栖在叶片边缘，咬食嫩叶边缘呈网状半透膜斑；后期幼虫常将叶片咬食成较大而光滑的"C"字形缺刻。幼虫老熟后，沿树干向下爬行至地面，或吐丝下垂落地进入表土中化蛹，越冬蛹则多在茶树的向阳面。

发生情况

灰茶尺蠖是信阳产茶区茶园的一种主要害虫，分布范围广，发生频率高，危害较重，特别是浉河区、光山县、商城县、新县等茶叶主产区，灰茶尺蠖曾多次局部暴发成灾，大发生年份，全市发生面积在1万 hm² 以上，使茶农遭受巨大经济损失。

防控措施

（1）营林措施。结合秋冬深耕，清园培土灭蛹。在灰茶尺蠖越冬期间，结合秋冬季茶园深耕施基肥进行灭蛹，清除树冠下表土中的蛹，减少虫源。将茶丛树冠下和表土耕翻12～15 cm，使蛹受机械损伤致死外，尚能将蛹翻出土面，被其他生物吃掉或冬寒冻死，或深埋土中，成虫不能羽化出土。深耕后，在茶丛根颈四周培土9～12 cm，稍加镇压结实，效果更好。

（2）物理防治。① 利用成虫的趋光性，设置频振杀虫灯或黑光灯诱杀成虫，每2 hm² 安装一盏；② 利用幼虫受惊后吐丝下垂的习性，可在傍晚人工打落并收集后消灭幼虫，当蛹的密度大时，也可组织力量挖蛹。

（3）生物防治。① 灰茶尺蠖的天敌较多，幼虫期有寄生蜂（茶尺蠖绒茧蜂、单白绵绒茧蜂、茶尺蠖瘦姬蜂）、茶尺蠖寄蝇、蜘蛛、真菌、病毒和线虫、蚂蚁及鸟类等，通过保护和利用天敌控制害虫发生数量。② 在 1 ～ 2 龄幼虫期，每 667 m² 喷洒 150 亿 ～ 300 亿的茶尺蠖核型多角体病毒制剂，或喷洒杀螟杆菌、青虫菌和苏云金杆菌制剂（每克含孢子数 100 亿）200 ～ 300 倍液，对灰茶尺蠖亦有较好的防治效果。此外，用黄独、苍耳、枫杨等茎叶煎汁喷施也有一定效果。③ 幼虫 3 龄前，喷洒 2.5% 鱼藤酮乳油 300 ～ 500 倍液，或 0.36% 苦参碱 1 000 ～ 1 500 倍液，或 20% 除虫脲悬浮剂 2 000 倍液。④ 成虫羽化期，在茶园挂灰茶尺蠖性诱捕器诱杀雄蛾，挂设密度为 60 个 /hm²。

（4）化学防治。该虫第 1、2 代发生较整齐，第 3 代后有世代重叠现象，施药适期掌握在 2 ～ 3 龄幼虫期，生产上一般消灭 3 代前的茶尺蠖，对控制全年为害具重要作用，在此基础上重视 7～8 月防治。发生期施药方式以低容量蓬面喷雾为宜，药剂可选用低毒高效的 0.6% 清源保水剂 1 000 倍液、50% 辛硫磷乳剂 1 500 ～ 2 000 倍液、2.5% 联苯菊酯 1 500 倍液、15% 吡·联苯 1 000 ～ 1 500 倍液、10% 氯氰菊酯 6 000 倍液等药剂进行喷雾防治。该虫喜在清晨和傍晚取食，最好安排在 4 ～ 9 时及 15 ～ 20 时喷洒效果好。也可选用 24% 虫螨腈悬浮剂，剂量 450 g/hm²，或 15% 茚虫威悬浮剂，剂量 240 g/hm²，或 24.6% 噻虫·高氯氟微囊悬浮剂，剂量 300 g/hm²，兑水量为 675 kg/hm²，然后均匀喷雾。

茶刺蛾　*Iragoides fasciata* Moore

别名茶角刺蛾、茶奕刺蛾，俗称火辣子、痒辣子、毛辣子。鳞翅目刺蛾科。

分布

我国南方大部分产茶区省份均有发生。河南省南阳、洛阳、三门峡、信阳等地有分布。信阳市主要产茶区平桥区、浉河区、新县、商城县、罗山县、光山县发生较多。

寄主植物与危害特点

除危害茶树外，还危害油茶、油桐、咖啡、柑橘、桂花、玉兰等多种植物。茶刺蛾幼虫栖居叶背取食，低龄幼虫取食下表皮和叶肉，留下枯黄半透膜，中龄以后咬食叶片成缺刻，常从叶尖向叶基锯食，留下平如刀切的半截叶片。幼虫多食性，是茶树、果树等经济作物上的一大类重要害虫。

形态特征

成虫　体肥壮，全体密生绒毛和厚鳞粉，体长 12 ～ 16 mm，翅展 24 ～ 30 mm，成虫体和前翅浅灰红褐色，前翅生有雾状黑色点状物，前翅从前缘至后缘有 3 条不明显的暗褐色波状斜纹，基部 1/3 浓红褐色，外缘较直，中线、亚外缘线为一模糊的影状带，中带两侧、外缘衬浅蓝灰色；后翅灰褐色，近三角形，具较长缘毛。

卵 长 1 mm 左右，椭圆形，扁平，浅淡黄白色，单产，半透明。

幼虫 幼虫体扁，椭圆形，体上有 4 列毒刺，俗称火辣子、痒辣子、毛辣子。头小收缩在前胸下，足短小退化。幼虫共 6 龄，末龄幼虫体长 30～35 mm，长椭圆形，前端略大，背面稍隆起，黄绿至灰绿色。体前背中具 1 个绿色或红紫色角状突起，明显向前方倾斜，体背中部和后部还各有 1 个紫红色斑纹。体侧沿气门线有一列红点。低龄幼虫无角状突起和红斑，体背前部 3 对刺、中部 1 对刺、后部 2 对刺较长。每个体节上有枝状丛刺 2 对，着生在亚背线上方和气门上线的上方，其中背侧 2、3、7、10、11 对较长。

蛹 长 15 mm 左右，黄褐色，椭圆形，翅芽伸达第 4 腹节。化蛹前结石灰质硬茧壳，茧卵圆形，褐色。

生物学特性

信阳 1 年发生 3 代，以老熟幼虫在茶丛根际落叶和表土中结茧越冬，在适宜的环境条件下，第 3 代极易暴发成灾。各代幼虫分别在 5 月中旬至 6 月下旬，7 月中下旬至 8 月中旬，9 月中下旬进入危害盛期，其中 7～8 月受害重。成虫喜在黄昏前后羽化和活动，成虫羽化当天晚间即能交配、产卵，产卵期 2～3 天，主要栖息在茶丛下部叶片背面，有较强的趋光性。幼虫分散危害，幼虫共 6 龄，初孵幼虫活动性弱，一般停留在卵壳附近取食；1~2 龄幼虫取食茶树叶片下表皮及叶肉，残留上表皮，被害叶呈现嫩黄色、渐变成枯焦状半透明膜枯斑块；3 龄后取食叶片成缺口，并逐渐向茶丛中上部转移，夜间及清晨爬至叶面活动；4 龄起可食尽全叶，但一般食去叶片的 2/3 后，即转另叶取食。幼虫喜食成、老叶，但当成、老叶被食尽后，则爬至蓬面取食嫩叶，当一丛茶树被蚕食尽后，逐渐向四周茶丛扩散。幼虫期一般长达 20～30 天，老熟后爬至土表茶荄分杈处或枯叶下结茧化蛹。

发生情况

茶刺蛾幼虫具有多食性，是茶树、果树等经济作物上的一种重要害虫。近年来信阳主要产茶区平桥区、浉河区、罗山县、新县多有发生，局部茶园危害较重，给茶农造成了较大经济损失。

防控措施

（1）营林措施。加强茶园肥水管理，铲除茶园杂草，增强树势；在冬季对茶树培土时梳出茶丛下 10 cm 表土层，翻入施肥沟底，消灭茶刺蛾的越冬蛹；此外，还可用新土把茶丛培高 10 cm 压紧，可阻碍越冬蛹羽化出土，减轻次年害虫的发生量。

（2）物理防治。利用茶刺蛾成虫的趋光性，悬挂频振杀虫灯或黑光灯诱杀成虫。

（3）生物防治。① 保护与利用天敌，天敌有寄生蝇、姬蜂、真菌、病毒等，茶刺蛾核型多角体病毒对茶刺蛾的制约作用明显；此外，释放寄生天敌——棒须刺蛾寄蝇防治茶刺蛾效果很好。② 低龄幼虫期，可用 25% 灭幼脲Ⅲ号胶悬剂 1 000 ~ 2 000 倍液喷杀幼虫。

（4）化学防治。选择在低龄幼虫期防治，此时虫口密度小，危害小，且虫的抗药性相对较弱。防治时用 45% 丙溴辛硫磷 1 000 倍液，或 40% 啶虫毒 1 500 ~ 2 000 倍液，或 50% 辛硫磷乳液 1 500 ~ 2 500 倍液，或 2.5% 联苯菊酯乳液 1 500 ~ 2 500 倍液喷杀幼虫，可连用 1 ~ 2 次，间隔 7 ~ 10 天。可轮换用药，以延缓抗性的产生。

茶小绿叶蝉 *Empoasca onukii*（Matsuda）

俗称浮尘子、叶跳虫等。半翅目叶蝉科。茶小绿叶蝉是假眼小绿叶蝉 [*Empoasca vitis* (Goethe)] 经鉴定更名后的物种。

分布

全国各产茶省（市、区）均有分布。河南省主要分布于南阳、洛阳、信阳、驻马店、平顶山、三门峡等产茶区。信阳市平桥区、浉河区、罗山县、光山县、新县、商城县、固始县等主要产茶区均有分布。

寄主植物与危害特点

主要危害茶树、桃树、李树、梨树、樱桃、苹果、葡萄、油茶、桑树等林木，同时还危害大豆、蚕豆、豌豆、猪屎豆、花生、十字花科蔬菜及稻、麦、棉、烟草、甘蔗和多种杂草等。

危害状（信阳市农科院茶叶研究所提供）

茶小绿叶蝉以成虫、若虫针形口器刺吸茶树幼嫩芽叶汁液，消耗养分与水分；雌虫产卵于嫩梢组织内，使芽生长受阻。危害后使受害芽叶叶缘变黄枯焦，叶脉发红，生长停滞硬化，甚至脱落，受害的芽叶制茶易碎，味涩，品质差。

形态特征

成虫 体长头至翅端长 3 ~ 4 mm，淡绿至淡黄绿色，头顶中央有 1 个白纵纹，两侧各有 1 个不明显的黑点，复眼内侧和头部后缘也有白纹，并与前一白纹连成"山"字形；前胸近前缘常有 3 个白斑，小盾片前缘有 3 条白色纵纹；前翅黄绿色半透明，后翅无色透明；后足胫节细长，具刺 2 列。雌成虫腹面草绿色，雄成虫腹面黄绿色。

卵　长约 0.8 mm，香蕉形，头端略大，初产时乳白色，后逐渐变浅黄绿色，孵化前出现 1 对红色眼点。

若虫　共 5 龄。1 龄体长 0.8 ～ 0.9 mm，体乳白，头大、体纤细，体疏覆细毛。2 龄体长 0.9 ～ 1.1 mm，体淡黄色。3 龄体长 1.5 ～ 1.8 mm，体淡绿色，腹部明显增大，翅芽开始显露。4 龄体长 1.9 ～ 2.0 mm，体淡绿色，翅芽明显。5 龄体长 2.0 ～ 2.2 mm，体草绿色，翅芽伸达腹部第 5 节，接近成虫形态。除翅尚未形成外，体形和体色与成虫相似。

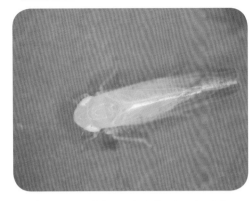

茶小绿叶蝉成虫（余华洋　提供）

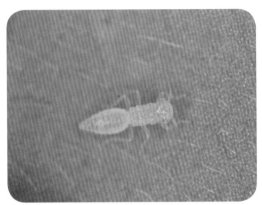

茶小绿叶蝉 1 龄若虫（余华洋　提供）

茶小绿叶蝉 2 龄末若虫（余华洋　提供）

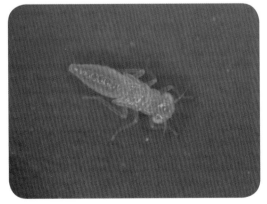

茶小绿叶蝉 3 龄若虫（余华洋　提供）

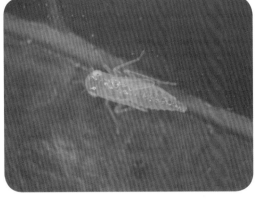

茶小绿叶蝉 4 龄若虫（余华洋　提供）

生物学特性

信阳 1 年发生 10 代左右，多以成虫在茶树丛内叶背面、冬作物豆类、杂草和其他植物上越冬。翌年早春转暖时，成虫开始取食，补充营养，茶树发芽后开始产卵繁殖。

秋末冬初茶树芽梢停止生长，成虫也停止产卵，进入越冬期。成虫有陆续孕卵和分批产卵习性，尤其越冬代成虫的产卵期可长达 1 个月之久，因此世代重叠十分严重。茶小绿叶蝉在全年有 2 次发生高峰，第 1 次高峰期在 5 月下旬至 6 月上中旬，第 2 次高峰期在 9 月下旬，虫口数量比第 1 次少。成虫和若虫在雨天和晨露时不活动，时晴时雨、留养及杂草丛生的茶园利其发生。成虫在茶园中多栖息在茶丛叶层，卵一般产在芽下第 1 ～ 3 节嫩梢组织中。若虫常栖息在嫩叶背面。

发生情况

茶小绿叶蝉是豫南地区茶园的主要害虫之一，年发生量大，代数多，且世代交替严重。该虫严重危害夏、秋茶，受害茶树芽叶蜷缩、硬化、叶尖和叶缘红褐枯焦，芽梢生长缓慢，对茶叶产量和品质影响很大。2011 ～ 2015 年信阳产茶区每年发生面积在 0.67 万 hm² 以上，局部暴发成灾，该害虫对信阳茶叶生产构成严重威胁。

防控措施

（1）营林措施。11 月下旬至 12 月上旬，全园进行 1 次修剪，把鸡爪枝、病虫枝等剪除干净，修剪下的枝叶埋入沟中或集中烧毁。修剪后，对茶园道路两旁及茶园四周的杂草与枯枝落叶、小杂木等进行 1 次清理，结合积肥集中沤堆作堆肥。清园后，对茶蓬喷洒 0.3 ～ 0.5 波美度的石硫合剂液 1 ～ 2 次进行封园，以降低越冬虫源基数。

（2）物理防治。① 分批及时人工采摘卵块，减少成虫产卵的场所和有卵嫩梢，抑制虫害发生。② 害虫发生期，用频振式杀虫灯诱杀，用灯量为 1 盏 /hm²，能显著降低该虫危害，灯的高度以高出茶树顶梢 20 ～ 30 cm 为宜。③ 利用黄板诱杀。利用茶小绿叶蝉的趋黄色性，在茶园设置黄色粘虫板进行诱杀，每 1 hm² 茶园用黄板 450 ～ 600 片，悬挂高于茶树顶梢 20 cm。

（3）生物防治。① 虫口较低时，选用植物源农药和仿生农药进行防治，如用 0.5% 藜芦碱可湿性粉剂 600 ～ 800 倍液，或 0.2% 苦参碱 250 ～ 600 倍液，或 0.3% 印棟素乳油 600 倍液，或 7.5% 鱼藤酮乳油 1 000 倍液，或 30% 茶皂素水剂 1 125 ～ 1 500 mL/hm²，兑水 750 kg，稀释后均匀喷雾；也可用苏云金杆菌 800 倍液进行喷洒。② 利用茶小绿叶蝉信息素进行引诱控制。

（4）化学防治。越冬基数较大的茶园，于 11 月至翌年 3 月喷施 50% 杀螟松乳剂、50% 马拉松乳剂 1 000 倍液或除虫菊酯类，减少越冬虫口基数；采茶期应在成虫第 1 次盛发期高峰前用药防治，如高效低毒的辛硫磷等。发生高峰期前，若虫占 80% 时，使用 3% 啶虫脒乳油 1 000 ～ 1 500 倍液，或 25% 噻嗪酮可湿性粉剂 800 ～ 1 500 倍液，或 10% 吡虫啉可湿性粉剂 1 500 ～ 2 000 倍液，或 25% 联苯菊酯乳油 1 500 ～ 2 000 倍液等，防治效果较好。

茶蚜 *Toxoptera aurantii* Boyer

别名茶二叉蚜、可可蚜、橘二叉蚜，俗称蜜虫、腻虫、油虫。半翅目蚜科。

分布

中国各产茶地区均有分布。河南省信阳、南阳、洛阳、平顶山、三门峡、驻马店等产茶区也有分布。信阳市平桥区、浉河区、罗山县、光山县、新县、商城县、潢川县、固始县等产茶区有发生。

寄主植物与危害特点

危害茶树、油茶、柑橘、香蕉、咖啡、可可、无花果等植物。成虫、若虫聚集在新梢嫩叶背及嫩茎上刺吸汁液，受害芽叶萎缩，伸展停滞，甚至枯竭；其排泄的蜜露，可诱发煤污病。

形态特征

有翅成蚜 体长约 2 mm，黑褐色，有光泽；触角暗黄色，第 3 ~ 5 节依次渐短，第 3 节一般有 5 ~ 6 个感觉圈排成一列，前翅中脉二叉，腹部背侧有 4 对黑斑，腹管短于触角第 4 节，而长于尾片，基部有网纹。

无翅成蚜 近卵圆形，稍肥大，棕褐色，体表多细密淡黄色横列网纹，触角黑色，第 3 节上无感觉圈，第 3 ~ 5 节依次渐短。

卵 长椭圆形，初产时浅黄色，后转棕色至黑色，一端稍细，有光泽。

若蚜 外形和成虫相似，浅棕色或淡黄色。

生物学特性

信阳 1 年发生 20 代左右，以卵在茶树上部叶片背面越冬。翌年早春 3 月下旬平均气温持续在 5 ℃以上时，越冬卵开始孵化，4 月上中旬可达到孵化高峰，经连续孤雌生殖，到 4 月下旬至 5 月上中旬出现第 1 次危害高峰，此后随气温升高而虫口骤降，直至 9 月下旬至 10 月中旬，出现第 2 次危害高峰，并随气温降低出现两性蚜，交配产卵越冬，产卵高峰一般在 11 月上中旬。茶蚜趋嫩性强，以芽下第 1、2 叶上的虫量最大。早春虫口以茶丛中下部嫩叶上较多，春暖后以蓬面芽叶上居多，炎夏锐减，秋季又增多。茶蚜聚集在新梢嫩叶背及嫩茎上刺吸汁液，受害芽叶萎缩，伸展停滞，甚至枯竭，其排泄的蜜露可招致煤菌寄生，影响茶叶产量和质量。冬季低温对越冬卵的存活无明显影响，但早春寒潮可使若蚜大量夭折。茶蚜喜在日平均气温 16 ~ 25 ℃、相对湿度 70% 左右的晴暖少雨的条件下繁育。

发生情况

茶蚜是信阳茶园的一种主要害虫，各产茶区均有分布，发生及危害情况不尽相同，局部地块发生量大、危害较严重。近年来，信阳市茶叶主产区每年茶蚜累计发生面积在 1 340 hm² 以上，个别年份局部危害重。

防控措施

（1）营林措施。秋冬季修剪茶园并及时清理茶园，将茶园内枯枝落叶、杂草清出，并集中烧毁。

（2）物理防治。一般茶蚜集中分布在 1 芽 2、3 叶上，人工及时分批多次采摘是有效的防治措施。

（3）生物防治。①茶蚜的天敌资源十分丰富，春季随茶蚜虫口增加，天敌数量也随之增加，如七星瓢虫、异色瓢虫、大草蛉、门氏食蚜蝇、黑带食蚜蝇、大灰食蚜蝇、四条食蚜蝇等捕食性天敌和蚜茧蜂等寄生性天敌，对茶蚜种群的消长可起到明显的抑制作用。②虫口密度低时，喷施 2.5% 鱼藤酮乳油 300 ～ 500 倍液进行防治。

（4）化学防治。危害较重的茶园应采用高效低毒低残留农药防治，施药方式以低容量蓬面扫喷为宜。当茶蚜的有蚜茶梢率发生达 10% 时，或有蚜茶梢芽下第 2 叶平均虫口达 20 头以上时，可喷洒 3% 啶虫脒乳油 1 500 ～ 2 000 倍液，或 25% 噻虫嗪可湿性粉剂 7 000 ～ 8 000 倍液，或 10% 吡虫啉可湿性粉剂 2 000 ～ 3 000 倍液，或 15% 吡·联苯 1 500 倍液，或 10% 联苯菊酯乳液 4 000 ～ 5 000 倍液，或 2.5% 溴氰菊酯乳油 3 000 倍液。

茶橙瘿螨 *Acaphylla theae* Watt

别名茶刺叶瘿螨、茶紫瘿螨、茶紫锈壁虱、茶紫蜘蛛。蜱螨目瘿螨科茶橙瘿螨属。

分布

国内分布于江苏、浙江、安徽、山东、江西、福建、湖南、湖北、广东、广西、海南、台湾等全国各产茶省份。河南省南阳市、驻马店市、洛阳市、信阳市等所属产茶县（区）有分布。

寄主植物与危害特点

主要危害茶树，还危害油茶、檫树、漆树等树木。常与叶瘿螨混合发生，茶橙瘿螨的成螨、幼螨和若螨均能刺吸茶树叶片汁液，使被害叶片失去光泽，叶正面主脉变红，叶背出现褐色锈斑，芽

茶橙瘿螨危害状
（信阳市农科院茶叶研究所提供）

叶萎缩、芽梢停止生长；发生严重的茶园呈现一片红铜色，造成大量落叶、树枝干枯，似火烧状，严重影响茶叶的品质和质量。

形态特征

成虫 成螨体长约 0.14 mm，黄色或橙红色，长圆锥形。前体段有足 2 对，后体段有很多环纹，体上具刚毛，末端 1 对较长。

卵 球形，初产时无色透明，呈水球状，近孵化时浑浊。

幼螨 无色至淡黄色。

若螨 浅橙黄色，均有 2 对足，体形与成螨相似。

生物学特性

信阳 1 年发生 20 余代，以卵、幼螨、若螨和成螨等各种螨态在茶树叶背越冬，世代重叠严重。翌年 4 月上中旬气温回升后，成螨开始由叶背转向叶面为害。成螨有陆续孕卵分次产卵的习性，大量地进行孤雌生殖，卵散产于嫩叶背面，尤以侧脉凹陷处最多。茶橙瘿螨在茶树上的分布，以茶丛上部为主，叶的背面居多，在 1 芽 2 叶的芽叶上，以芽下第 2 叶最多，芽上最少。适宜温度在 18 ～ 21 ℃，气温升高，螨虫的增长速度减慢；相对湿度在 75% ～ 90% 时，螨虫发展呈稳定迅速上升趋势，但相对湿度在 25% 时螨虫几乎呈负增长。

发生情况

茶橙瘿螨是信阳茶树的一种主要害虫，危害程度呈逐年上升趋势，发生面积越来越大，防控任务越来越重。信阳市浉河区、平桥区、罗山县、光山县、新县、商城县等主要产茶区全年有 2 次明显的发生高峰，第 1 次在 5 月中旬至 6 月下旬，第 2 次在 8 ～ 10 月高温干旱季节。发生严重时影响夏茶和秋茶产量，如 2011 年夏季，光山县大面积发生茶橙瘿螨危害，造成较大损失。

防控措施

（1）营林措施。加强茶园管理，冬季清除落叶烧毁，根际培土壅根，铲除茶园杂草，减少虫源。加强肥水管理，防旱抗旱以增强树势；及时采摘茶叶，直接带走栖息于茶树嫩叶中的茶橙瘿螨，减轻茶橙瘿螨的发生危害。

（2）物理防治。在茶园遍插粘虫板、悬挂杀虫灯诱杀成螨。

（3）生物防治。① 对于只是螨害较重而其他病虫发生较轻的茶园，可释放捕食螨，控制害螨危害，每 667 m² 地挂放捕食螨 20 袋左右，或释放胡瓜钝绥螨 102 万头 /hm²。挂放捕食螨后，千万不要再使用任何农药，以免杀死捕食螨。② 发生高峰期前，用 20% 复方浏阳霉素 1 000 倍液，或 1.8% 阿维菌素 3 000 ～ 4 000 倍液进行喷雾防治。

（4）化学防治。① 发生茶橙瘿螨严重的茶园，每 667 m² 用 10% 四螨嗪悬浮剂 50 g+20% 哒螨灵可湿性粉剂 100 g 稀释后喷洒；或使用 15% 扫螨净乳油 2 000 倍液或 73% 克螨特乳油 1 500 ～ 2 000 倍液或 24% 螨危悬浮剂 3 000 ～ 5 000 倍液（药后 15 天内防治效果达 100%）喷雾防治，均匀喷雾，可直接杀死各龄期的茶橙瘿螨并兼治其螨卵。②在发生高峰期出现前，用20%速螨酮2 000～3 000倍液，或5%唑螨酯1 500～2 000倍液，或50%溴螨酯3 000倍液进行喷雾防治，药剂轮用或混用，防治效果更好。③茶橙瘿螨重发茶园周围的田块，每667 m²用20%哒螨灵可湿性粉剂100 g，兑水均匀喷雾，消灭虫源，以减轻对茶园的传播危害。

美国白蛾 *Hyphantria cunea*（Drury）

别名美国灯蛾、秋幕毛虫、秋幕蛾。鳞翅目灯蛾科。

分布

美国白蛾原产北美洲，1979年传入中国。目前，国内分布于辽宁、吉林、北京、天津、河北、内蒙古、山东、江苏、河南、安徽、湖北等11个省（区、市）。河南省郑州、开封、安阳、鹤壁、新乡、濮阳、许昌、商丘、周口、信阳、驻马店、南阳等市有分布。2014年传入信阳，目前已扩散至信阳市浉河区、平桥区、罗山县、光山县、淮滨县、潢川县、固始县、息县、商城县。

寄主植物与危害特点

美国白蛾食性杂，繁殖量大，适应性强，传播途径广，是世界性检疫害虫，危害果树、林木、园林植物、农作物等370多种植物，主要危害树种多为阔叶树，喜食桑树、糖槭、白蜡、樱花、法国梧桐、李树等树种。初孵幼虫有吐丝结网、群居危害的习性，每株树上多达几百只、上千只幼虫危害，常把树叶食光，严重影响树木

美国白蛾网幕（戴慧堂　摄）

生长，造成树势衰弱、早期落果，甚至造成幼树死亡。

形态特征

成虫　体白色，雌虫体长9.5～17.5 mm，雄虫体长小于雌虫，为8～13.5 mm，越冬代雄虫前翅有黑褐色斑点，越夏代大多无斑点。复眼黑褐色，雌虫触角锯齿形，褐色；雄虫双栉齿形，黑色。前足基节及腿端部橘黄色，胫节和跗节外侧为黑色。这是识别白蛾成虫的最简便特征。

卵 单层排列于叶背，呈块状，圆球形，有规则凹陷刻纹，常覆盖雌虫白色体毛，单卵直径约 0.5 mm；初产时浅黄绿色或淡绿色，有光泽，孵化前变灰绿色至灰褐色。

幼虫 幼虫有两型：黑头型和红头型，我国为黑头型。

1 龄幼虫：头宽约 0.3 mm，体长 1.6 ~ 2.7 mm，具光泽，体色黄绿色。2 龄幼虫：头宽 0.5 ~ 0.6 mm，体长 2.7 ~ 4.1 mm，体色黄绿色。3 龄幼虫：头宽 0.7 ~ 0.9 mm，体长 3.9 ~ 8.5 mm，头部黑色，有光泽，体色淡黄色，背部有 2 行毛瘤，瘤上生有白色长毛。4 龄以上的老熟幼虫：头部黑色，有光泽，体长 25 ~ 35 mm，体色黄绿色至灰黑色，背部 2 行明显黑色毛瘤，每个毛瘤上有一簇白毛，其中 1 个特别长。

蛹 体长约 13 mm，宽约 5 mm，暗红褐色。雄蛹瘦小，雌蛹较肥大，蛹外被有幼虫体毛织成的网状物。

美国白蛾成虫（李玲 摄）　　　美国白蛾成虫头部腹面
　　　　　　　　　　　　　　（李玲 摄）

美国白蛾成虫及卵块（马向阳 摄）　　美国白蛾幼龄幼虫（马向阳 摄）

美国白蛾不同龄幼虫（马向阳　摄）

美国白蛾老龄幼虫（马向阳　摄）

美国白蛾蛹1（李玲　摄）

美国白蛾蛹2（淮滨县提供）

生物学特性

信阳1年发生3代，以蛹越冬。翌年4月中旬越冬成虫开始羽化，4月下旬至5月初羽化达到高峰期；卵期3～7天；5月初至6月中旬为第1代幼虫发生期；6月中旬至下旬老熟幼虫化蛹；6月下旬至7月上旬为第1代成虫羽化期。第2代卵期3～15天；7月上旬至下旬进入第2代幼虫期；7月下旬至8月上旬为第2代蛹期；8月上旬至中旬为第2代成虫羽化期。第3代卵期3～11天；8月中旬至9月下旬进入第3代幼虫发生期；9月下旬以后进入蛹期，老熟幼虫下树化蛹，以蛹在枯枝落叶、树皮、树洞或隐蔽场所越冬，直到次年4月中旬。美国白蛾第1代发生相对整齐，以后各代发生不整齐，世代重叠严重。

成虫有趋光性和趋味性，对腥臭味比较敏感。因此，一般在树木稀疏、光照条件好的道路、绿化带、院落及有灯光或腥臭味的村庄、学校、农贸市场等区域的树木危害较重。雄虫比雌虫羽化早2～3天，成虫交尾多在傍晚和黎明，一般在交尾结束1～2小时后产卵，卵产于叶背面，1只雌蛾产卵为600～2 000粒，产卵后的雌蛾静伏于卵块上直到死亡。幼虫有吐丝结网的习性，第1代幼虫网幕较低，主要在树冠中下部，第2、3代幼虫网幕逐渐上移，多在树冠中上部。3龄前幼虫在网幕内取食叶肉，仅留叶脉，呈白膜状而枯黄。3龄以后破网取食，5龄以后进入暴食期，食叶呈缺刻和孔洞，严重时把整株树叶吃光，然后转移危害。

发生情况

2014年9月，美国白蛾疫情在信阳市淮滨县城区白露河路樱花树上首次发现，与疫情发生区安徽省阜南县交界的王岗家乡较严重，其他乡镇也有零星分布。同期，与阜南县相邻的固始县也有美国白蛾零星分布。2015年5月，淮滨县大发生的同时，潢川县、息县也有美国白蛾发生，8月，美国白蛾疫情在信阳市逐渐蔓延到罗山县、光山县、平桥区、浉河区。2016年，全市除新县外均有美国白蛾发生。2015～2017年，信阳市美国白蛾疫情主要沿公路两侧呈点、线状分布，点多面广，分布面积较大，年发生面积在1.36万 hm² 以上，2015年局部危害严重，造成灾害。

美国白蛾危害状（戴慧堂 摄）

防控措施

（1）检疫措施。美国白蛾属世界性检疫害虫，目前，已被列入我国首批外来入侵物种和农林业重要检疫性有害生物。加强检疫工作是防止美国白蛾人为传播扩散的重要手段，为此，要搞好外地调入种苗复检工作，严禁疫区种苗携带美国白蛾疫情调入非疫区；已发生疫情的县区，做好产地检疫和调运检疫，严防疫情人为传播扩散。

（2）物理防治。①灯光诱杀。利用成虫趋光性，在上一年美国白蛾发生比较严重区域悬挂诱虫灯诱杀成虫。②剪除网幕。在幼虫3龄前人工剪除网幕，并集中销毁，此方法是最好的一种物理防治措施，既环保，效果又好。③围草诱蛹。老熟幼虫化蛹前，在树干离地面1～1.5 m处，用麦秆、稻草或草帘上松下紧围绑起来，诱集幼虫化蛹。化蛹期间每隔 1 周换 1 次草把，解下的草把要集中烧毁。④ 人工挖蛹。化蛹期间，可组织人员在枯枝落叶、树皮内或树根周围的表层土中挖蛹，然后集中销毁。

（3）生物防治。① 利用美国白蛾周氏啮小蜂防治。在美国白蛾老熟幼虫期和化蛹初期，选择天气晴朗、微风天气放蜂，以 10:00 ~ 16:00 为宜，片林地每 667 m² 放 3 ~ 5 个蜂茧，林带每隔 8 株林木放 1 个蜂茧，将茧悬挂在离地面 1.5 m 处的枝干上。② 利用美国白蛾性信息素防治。成虫期，在美国白蛾发生区悬挂美国白蛾性诱捕器，诱杀美国白蛾雄蛾，阻止雌雄交尾，间接消灭害虫，同时，利用美国白蛾性诱捕器又是一种最好的监测手段。③ 喷洒生物制剂。4 龄前幼虫期，用 Bt（1 亿孢子 /mL）喷雾防治；或用 1.2% 烟碱·苦参碱乳油 1 000 ~ 2 000 倍液、20% 除虫脲悬浮剂 4 000 ~ 5 000 倍液、25% 甲维（阿维）·灭幼脲Ⅲ号悬浮剂 1 000 ~ 2 000 倍液，或 1% 苦参碱可溶性液剂 1 000 ~ 1 500 倍液、5% 氟虫脲乳油 1 000 ~ 2 000 倍液等进行均匀喷雾。大面积发生时，可采用飞机超低容量喷雾防治作业，25% 甲维（阿维）·灭幼脲悬浮剂用药量为 600 g/hm²，20% 除虫脲悬浮剂用药量为 300 ~ 450 g/hm²。

（4）化学防治。幼虫期，喷洒 2.5% 溴氰菊酯乳油 2 500 倍液，或 5% S- 氯氰菊酯 4 000 倍液，或 5% 溴氰菊酯可湿性粉剂 4 000 倍液进行防治。对于高大的孤立木或行道树，在各代幼虫孵化末期，用打孔机在树干基部每隔 15 cm 打一孔，每孔注入 5% 吡虫啉乳油等内吸性杀虫剂原液 2 mL 进行毒杀幼虫。树干胸径 10 cm 以下打 1 个孔，胸径每增加 5 cm 增打 1 个孔。

黄杨绢野螟 *Diaphania perspectalis*（Walker）

别名黄杨绢螟、黑缘透翅蛾、黄杨黑缘螟蛾。鳞翅目螟蛾科。

分布

国内分布于青海、甘肃、陕西、河北、天津、山东、河南、安徽、江苏、浙江、上海、江西、福建、湖北、湖南、广东、广西、贵州、重庆、四川、西藏等。河南省分布于郑州、洛阳、开封、许昌、南阳、信阳等地。信阳市浉河区、平桥区、罗山县、潢川县、光山县等地有分布。

寄主植物与危害特点

主要危害黄杨科植物，如大叶黄杨、小叶黄杨、雀舌黄杨、瓜子黄杨、北海道黄杨、朝鲜黄杨等，此外还危害冬青、卫矛等植物。以幼虫危害嫩芽和叶片，常吐丝缀合叶片作为临时巢穴，在其内取食，受害叶片枯焦，暴发时可将叶片吃光，树冠上仅剩丝网、叶表皮和碎片，造成黄杨整株枯死。

黄杨绢野螟危害状（马向阳 摄）

形态特征

成虫 体长 14 ~ 30 mm，翅展 32 ~ 50 mm。头部暗褐色，头顶触角间鳞毛白色。触角丝状，褐色，长可达腹部末端。下唇须第1节白色，第2节下部白色、上部暗褐色，第3节暗褐色。胸、腹部背面白色有棕色鳞片，胸部有棕色鳞片，腹部末端深褐色。翅白色半透明，有紫色闪光，前翅前缘黑褐色；中室内有1个白点，中室端斑弯月形，白色；前翅外缘与内缘均有1个褐色带，外缘褐带较内缘的宽，后翅外缘有1个褐色阔带。雌蛾翅缰2枚，腹部较粗大，腹末无毛丛；雄蛾翅缰1枚，腹部较瘦，腹部末端有黑色毛丛。

黄杨绢野螟成虫（马向阳 摄）

卵 椭圆形，长 0.8 ~ 1.2 mm，底面光滑，表面微隆，初产时白色至乳白色，孵化前为浅褐色。

幼虫 初孵时乳白色。老熟时体长 42 ~ 60 mm，头部黑褐色，胸、腹部浓绿色，表面有具光泽的毛瘤及稀疏毛刺，前胸背面具较大黑斑，三角形，两块；背线绿色，亚背线及气门上线黑褐色，气门线淡黄绿色，基线及腹线淡青灰色；背线两侧黄绿色，亚背线与气门上线之间淡青灰色。胸足深黄色，腹足淡黄绿色。

蛹　纺锤形，长 18 ~ 26 mm，宽 6 ~ 8 mm；初化蛹时为翠绿色，后为淡青色至白色；腹部尾端有臀刺 6 枚，排成 1 列，先端卷曲成钩状。

茧　以丝缀叶成茧，卵圆形，长 25 ~ 27 mm。

黄杨绢野螟幼虫（马向阳　摄）　　　　　黄杨绢野螟蛹（马向阳　摄）

生物学特性

生活史　信阳 1 年发生 3 代，以第 3 代低龄幼虫在寄主植物叶苞内吐丝结茧越冬。翌年 3 月中旬越冬幼虫开始危害，4 月下旬至 5 月上旬开始陆续在缀叶中化蛹，蛹期14 天左右，5 月上旬可见成虫。越冬代相对整齐，以后世代重叠严重。第 1 代卵始见于 5 月中旬，止于 6 月上旬，幼虫危害期 5 月下旬至 7 月上旬，化蛹期在 6 月中旬至 7月中旬，成虫羽化期为 6 月下旬至 7 月中旬。第 2 代产卵期为 6 月下旬至 8 月上旬，幼虫危害期为 7 月上旬至 8 月下旬，化蛹期为 7 月下旬至 9 月上旬，成虫羽化期 8 月上旬至 9 月中旬。第 3 代产卵期为 8 月上旬至 9 月下旬，幼虫危害期为 8 月中旬至 10月上旬，10 月中旬开始进入越冬期。

生活习性　成虫具趋光性，白天隐藏，傍晚活动，飞翔力弱，夜间出来交尾、产卵。成虫羽化次日交配，第 2 天即产卵，卵成块状产于寄主植物叶片背面或枝条上。幼虫孵化后，分散取食嫩叶，初孵幼虫于叶背取食叶肉；2 ~ 3 龄幼虫吐丝将叶片、嫩枝缀结成巢，在其内取食叶片，呈缺刻状；3 龄后取食范围扩大，食量增加，危害加重，受害严重的植株仅残存丝网、蜕皮、虫粪，少量残存叶边、叶缘等；幼虫昼夜取食危害，4 龄后转移危害；性机警，遇到惊动立即隐匿于巢中，幼虫老熟后吐丝缀合叶片作薄茧化蛹。越冬代蛹较大，其他各代蛹较小。

黄杨绢野螟生活史图（河南省信阳市）

月份 旬	1~2月			3月			4月			5月			6月			7月			8月			9月			10月			11~12月		
	上	中	下	上	中	下	上	中	下	上	中	下	上	中	下	上	中	下	上	中	下	上	中	下	上	中	下	上	中	下
越冬代	（—）	（—）	（—）	（—）	—	—	—	—	— ⊙	⊙ +	⊙ +	⊙ +																		
第1代											●	● —	● —	— ⊙	⊙ +	⊙ +	⊙ +													
第2代														⊙	●	● —	● —	●	● — ⊙ +	⊙ +	— ⊙	⊙ +	+							
第3代																			●	●	● —	● + ⊙	● +	● —	（—）	（—）	（—）	（—）	（—）	（—）

注：●卵，—幼虫，（—）越冬幼虫，⊙蛹，＋成虫。

发生情况

信阳地区主要危害瓜子黄杨、雀舌黄杨，尤以苗圃、绿化带、绿地等处栽植的黄杨科植物危害严重。

防控措施

（1）检疫措施。黄杨绢野螟成虫飞翔力弱，远距离传播主要靠人为的种苗调运，因此搞好调运检疫和复检是控制该害虫传播的重要环节，可有效防止害虫随苗木调运而扩散蔓延。

（2）物理防治。① 发生期，采取人工摘除卵块、幼虫苞、蛹茧等措施，然后集中深埋或烧毁。② 利用幼虫吐丝缀叶巢居的习性，冬季结合修剪和抚育管理，清除树上及地面的枯枝落叶，搜杀越冬虫巢，以减少第2年虫源。③ 利用成虫的趋光性和趋化性，可在黄杨集中的绿色区域设置黑光灯诱杀或者用糖醋液诱杀其成虫。

（3）生物防治。① 保护利用天敌，对寄生性凹眼姬蜂、跳小蜂、茧蜂、螳螂、蜘蛛、虎甲、步甲以及寄生蝇等自然天敌进行保护利用；或人工饲养天敌，在集中发生区域进行释放，可有效地控制其发生危害。② 喷洒生物制剂药，1代幼虫低龄阶段及时喷洒100亿孢子/g的Bt乳油，或20%除虫脲悬浮剂2 000倍液，或1.8%阿维菌素乳油2 000倍液，或25%阿维·灭幼脲悬浮剂1 000～2 000倍液，或25%灭幼脲Ⅲ号悬浮剂3 000～4 000倍液，或1.2%烟碱·苦参碱乳油1 000倍液。

（4）化学防治。搞好虫情测报，适时用药，用药防治的关键期为越冬幼虫出蛰期和第1代幼虫低龄阶段，可选用20%灭扫利乳油2 000倍液、2.5%功夫乳油2 000倍液、2.5%敌杀死乳油2 000倍液、5%锐劲特1 000倍液、50%辛硫磷乳油1 000倍液、50%杀螟松乳油1 000倍液、5%抑太保乳油1 000～2 000倍液、4.5%高效氯氰菊酯乳油2 000倍液、2.5%溴氰菊酯乳油4 000倍液等进行均匀喷雾防治。

银杏超小卷叶蛾 *Pammene ginkgoicola* Liu

鳞翅目小卷叶蛾科。

分布

国内分布于浙江、江苏、广西、安徽、湖北、河南、山东等省（区）。河南省主要分布在南阳、信阳、洛阳、郑州等市。信阳市浉河区、平桥区、罗山县、光山县、新县、商城县、固始县等地均有发生。

寄主植物与危害特点

目前发现银杏超小卷叶蛾只危害银杏树。幼虫蛀食短枝和在当年生长枝嫩茎内危害，导致短枝上的叶片和幼果全部枯死脱落，长枝嫩茎枯断，被害的短枝第2年不再萌发，形成枯枝。幼果脱落严重时显著降低产量。

银杏超小卷叶蛾危害状（平桥区提供）

形态特征

成虫 体长 5 mm 左右，翅展 12 mm 左右，全体黑褐色，头部灰褐色，下唇须向上伸展，灰褐色，第 3 节很短。触角背面暗褐色，腹面黄褐色。前翅黑褐色，前缘自中部至顶角有 7 组较明显的白色沟状纹，后缘中部有一白色指状纹；翅基部有稍模糊的 4 组白色沟状纹。肛纹明显，黑色 4 条，缘毛暗黑色。后翅前缘色浅，外围褐色。雌性外生殖器的产卵瓣略呈棱形，两端较窄；囊突 2 枚，呈粗齿状。雄性外生殖器的抱器长形，中间具颈部。

卵 表面光滑，扁平，椭圆形，初产卵时为枯黄色，后全卵呈淡绿色。

幼虫 老熟幼虫体长 11 mm 左右，淡灰色，头部、前胸背板和臀板均为黑褐色，各节气门上线和下线具黑色毛斑 1 个，每节背面有黑色毛斑 2 对，臀节带刺 5～7 根。

蛹 体长 5～7 mm，黄色，羽化前黑褐色，复眼黑色，腹部末端有 8 根细弱的臀刺，呈半环状排列于肛周。

生物学特性

信阳 1 年发生 1 代，以蛹在树枝裂缝或树皮内等处越冬。次年 4 月为成虫羽化期，4 月中旬为羽化盛期，羽化时蛹半露于孔外，容易辨认，羽化期约半个月，成虫白天活动，善于爬行及短距离飞行。4 月中旬至 5 月上旬为产卵期，成虫交尾以中午为主，卵产单粒较为分散，产卵 3～7 粒，卵呈暗黄色，卵期 7 天左右，孵化率可达 80%。4 月下旬至 6 月下旬为幼虫危害期，初孵幼虫体长约 1.3 mm，爬行迅速，行动活泼，可吐丝织薄网，潜伏在短枝凹处取食，两天后由叶柄基部、叶柄与短枝间或从长枝的基部到中部之间的部位蛀入树枝内，横向取食，虫道长约 50 mm，每条幼虫可危害两条短枝。5 月下旬至 6 月中旬后，老熟幼虫转入树皮内滞育，11 月上中旬陆续化蛹，幼虫多在粗树皮表面下 2～3 mm 处做薄茧化蛹。蛹壳为淡黄色，一半隐藏于粗皮裂缝中，一半裸露于外。该虫对老龄和生长衰弱的树木危害最为严重。

银杏超小卷叶蛾发生与外界环境条件的关系密切。树势差的老龄树容易受害。因为超小卷叶蛾喜光怕荫，所以林缘危害较林内严重。幼虫滞育期（6～7 月）干旱不利于该虫的生存。年平均温度低于 14 ℃的北方地区，都没有见到超小卷叶蛾的危害。有该虫危害的地方，虫口密度也随着纬度和海拔的升高而降低。

银杏超小卷叶蛾生活史图（河南省信阳市）

月份	1~3月			4月			5月			6~10月			11月			12月		
旬	上	中	下	上	中	下	上	中	下	上	中	下	上	中	下	上	中	下
虫态	⊙	⊙	⊙	+	+ ●	+ ● —	+ ● —	—	—	—	—	—	— ⊙	— ⊙	⊙	⊙	⊙	⊙

注：●卵，—幼虫，⊙蛹，+成虫。

发生情况

近年来银杏超小卷叶蛾在信阳地区发生有蔓延趋势，主要发生在平桥区、浉河区、罗山县、光山县、新县、商城县等银杏主产区，目前，以危害老龄银杏树为主，特别是古银杏树受害严重。如 2010 年 5 月，光山县净居寺门前 1300 多年的古银杏树发生该虫危害，随着调查深入陆续发现全县境内老龄银杏树均有该虫危害，且危害较严重；2015 年，平桥区五里办事处郝堂村银杏树也发现有银杏超小卷叶蛾危害；2012 ～ 2017 年，浉河区李家寨镇千年古银杏树每年不同程度地遭受银杏超小卷叶蛾危害，危害严重的年份，造成树枝枯死，果实、叶片大量脱落。

防控措施

（1）检疫措施。对调入的银杏大树、种苗、种条加强复检工作，杜绝输入性传播危害。

（2）营林措施。加强经营管理，促进植株生长，增强抗虫能力。

（3）物理防治。① 根据成虫羽化后 9 时前栖息树干的这一特性，于 4 月上旬至下旬每天 9 时前进行人工捕杀。在初次发生和危害较轻地区，从 4 月开始，当被害枝上的叶及幼果出现枯萎时，人工剪除被害枝并随时清扫落叶，然后集中烧毁，消灭被害枝内及落叶中的幼虫。② 利用成虫趋光性，在成虫开始羽化时悬挂光控型诱虫灯，对成虫进行诱杀。③ 药剂涂干，根据老熟幼虫转移到树皮内滞育的习性，于 5 月底至 6 月初，用 2.5% 溴氰菊酯乳油或 10% 氯氰菊酯乳油，与柴油按 1：20 的比例混合，在树干基部和骨干枝上涂刷 4 ～ 5 cm 宽的毒环，对树皮内老龄幼虫致死率达 100%。

（4）生物防治。① 在幼虫危害期（4 月下旬至 6 月中旬），用 25% 灭幼脲 500 倍液，或森得保可湿性粉剂 2 000 ～ 3 000 倍液，或 5% 杀铃脲悬浮剂 2 000 ～ 3 000 倍液，或 3% 高渗苯氧威乳油 3 000 ～ 4 000 倍液，或 1.8% 阿维菌素乳油 3 000 ～ 4 000 倍液，或 0.3% 苦参碱可溶性液剂 1 000 ～ 1 500 倍液，或 1.2% 苦·烟乳油植物杀虫剂稀释 800 ～ 1 000 倍液，喷雾防治。② 4 月初成虫羽化盛期前，用 5% 杀铃脲悬浮剂 1 500 倍液和 0.2% 苦参碱乳油 1：1 混合液，喷洒树干。

（5）化学防治。① 在幼虫危害期时以树皮穿透剂为载体，喷洒 48% 毒死蜱乳油

500 ~ 1 000 倍液，通过树液传导，使药液传导至整个树干和枝条，最终达到杀虫效果；对零星高大树体采用根部复壮施药，在树体周围 2 m 处分别打 1 ~ 3 个孔，放置速壮根密度棒药剂，通过树根吸收，使药液传导至整个树干和枝条，幼虫啃食时进行毒杀。② 成虫羽化盛期（4 月中旬）用 50% 杀螟松乳油 250 倍液和 2.5% 溴氰菊酯乳油 500 倍液按 1：1 的比例混合用喷雾器喷洒树干，对刚羽化出的成虫杀死率可达 100%。③ 在幼虫危害期（4 月下旬至 6 月中旬），用 80% 敌敌畏乳油 800 倍液，或 90% 敌百虫与 80% 敌敌畏按 1：1 的比例稀释 800 ~ 1 000 倍液喷洒受害枝条，对消灭初龄幼虫效果很好。也可于 5 月底至 6 月初，用 2.5% 溴氰菊酯乳油 2 500 倍液，喷雾树干基部，消灭树皮内滞育的老熟幼虫。

国槐尺蠖 *Semiothisa cinerearia*（Bremer et Grey）

别名槐庶尺蛾、槐尺蠖，俗称"吊死鬼"。鳞翅目尺蛾科。

分布

国内主要分布于北京、天津、内蒙古、河北、陕西、山西、河南、安徽、江苏、浙江、江西、湖北、湖南、新疆、宁夏、甘肃、青海、西藏等省（区、市）。河南省各地均有发生。信阳市各县（区）有分布。

寄主植物与危害特点

主要寄主为国槐、龙爪槐等树种。以幼虫取食叶片呈缺刻，严重时把叶片吃光，并吐丝下垂。低龄幼虫食叶片呈网状，3 龄后取食叶肉仅留中脉。大发生时，短时间内能把整株大树叶片食光，严重阻碍树木的生长，并影响美观。食料不足时，也取食刺槐。

国槐尺蠖危害状（张玉虎　摄）

形态特征

成虫 雌雄相似，体灰黄褐色。雌虫体长 12 ~ 15 mm，翅展 30 ~ 45 mm。雄虫体长 14 ~ 17 mm，翅展 30 ~ 43 mm。前翅亚基线及中横线为深褐色，靠近前缘处均向外转急弯成一锐角；亚外缘线为黑褐色，由紧密排列的 3 列黑褐色长形斑块组成，顶角呈黄褐色，靠近前缘处有一褐色三角形斑块。后翅亚基线不明显；中线及亚外缘线均呈弧形状，浓褐色，展翅时与前翅的中线和亚外缘线相接，构成 1 个完整的曲线。中室外缘有一黑色斑点，外缘呈明显的锯齿状缺刻。触角丝状，长度约为前翅的 2/3。

卵 钝椭圆形，长 0.8 ~ 0.7 mm，宽 0.4 ~ 0.7 mm。初产时为绿色，后渐变为暗红色直至灰黑色，卵壳白色透明。

幼虫 初孵幼虫为黄褐色，取食后变为绿色。部分个体体侧两面有黑褐色条状或圆形斑块。老熟幼虫 20 ~ 40 mm，体背变为紫红色。

蛹 长 5.6 ~ 16.5 mm。初期时为粉绿色，渐变为紫色，臀棘具钩刺 2 枚。

国槐尺蠖幼虫（张玉虎　摄）

生物学特性

信阳 1 年发生 3 代，以蛹在树下浅土层中越冬。翌年 4 月中旬陆续化蛹羽化，羽化的成虫将卵散产于树叶、叶柄和小枝上，一般以树冠的南面最多，产卵时间一般在每日的 19 ~ 24 时之间，幼虫孵化一般在每日的 19 ~ 21 时之间。第 1 代幼虫始见于 5 月上旬，5 月中旬进入第 1 代幼虫危害盛期，7 月上中旬和 8 月中下旬分别是第 2 代和第 3 代幼虫危害盛期。各代化蛹盛期分别是 5 月中下旬、7 月中旬和 8 月下旬。至 9 月底、10 月上旬仍有少量幼虫化蛹。初孵幼虫羽化后即开始取食，啃食叶片呈零星白点，即网状，随着虫龄的增加，食量剧增。大发生时，短期内就能把整树的叶片全部吃光。低龄幼虫能吐丝下垂随风转移危害或借助胸足和两对腹足的攀附习性，在树上作弓形运动。5 龄幼虫成熟后，失去吐丝能力，沿树干下行，入土化蛹。化蛹的范围一般位于树冠垂直投影内，以树冠的东南面最多。幼虫入土深度大多为 3 ~ 12 cm。城市行道树的老熟幼虫一般在绿篱下或墙边的浮土中化蛹。

发生情况

2014 ~ 2016 年，信阳市沪陕高速公路罗山县、光山县、潢川县段两边栽植的国槐树及三县境内局部地块国槐上发生国槐尺蠖危害，特别是沪陕高速公路两侧危害较严重，出现部分路段国槐树叶被吃光的现象。

防控措施

（1）营林措施。大面积造林时，要积极营造混交林，可利用法桐、香樟、桂花等阔叶树或雪松、柏树等针叶树进行块状、带状混栽，也可单株间隔混栽，在行道树种设计中，要采用多树种合理配植，加强水肥管理，增强树木个体和群体的抗性。

（2）物理防治。① 灯光诱杀。每年4月底至10月底，利用成虫的趋光性特性，进行灯光诱杀，以降低虫口密度，达到防治效果。② 挖蛹。在每年3月之前，在树冠以下范围及其周围疏松土层中挖蛹，集中销毁。③ 扑杀卵、幼虫。在成虫产卵后，及时组织人力摘除卵块，利用幼虫受惊吓有吐丝下垂的习性，或采取突然振动树体或喷水等方式，使害虫受惊吓，吐丝坠落地面，然后清扫收集并销毁。

（3）生物防治。① 喷施生物制剂。第1代和第2代幼虫发生期喷洒100亿孢子/g的苏云金杆菌菌粉1 500 ～ 2 000倍液，气温30 ℃以上效果最好。5月、7月两次用药，防治效果更佳。② 释放天敌。7月底8月初，释放胡蜂、草蛉等天敌进行防治。③ 喷洒生物农药。低龄幼虫期，喷洒25%甲维·灭幼脲悬浮剂1 000 ～ 1 500倍液，或1%苦参碱水分散剂1 000 ～ 1 500倍液。

（4）化学防治。在幼虫危害期，喷洒25%溴氰菊酯乳油、10%氯氰菊酯乳油1 500 ～ 2 000倍液，或50%杀螟松乳油1 000 ～ 1 500倍液，或50%辛硫磷乳油1 500倍液。化蛹时，可在树下撒施5%辛硫磷颗粒剂，用药量为3 ～ 5 g/m^2，然后浅锄一遍，使药剂颗粒进入土壤，可杀死化蛹幼虫。

油桐尺蠖 *Buzura suppressaria* Guenee

别名油桐尺蛾、大尺蠖、大尺蛾，俗称拱背虫、量尺虫等。鳞翅目尺蛾科。

分布

国内分布于安徽、江苏、浙江、江西、湖北、湖南、四川、贵州、广东、广西、福建、陕西、河南、上海、云南、海南、台湾等省（区、市）。河南省南阳（桐柏、西峡、淅川、内乡、南召）、洛阳（栾川、汝阳）、平顶山（鲁山）、三门峡（卢氏）、驻马店（确山）、信阳等有分布。信阳市分布于平桥区、浉河区、罗山县、商城县、新县、光山县、固始县等地。

寄主植物与危害特点

主要危害油桐、油茶、茶树、乌桕、柑橘、板栗、柿树、杨梅、枣树、花椒、山核桃、枇杷、扁柏、侧柏、松树、杉木、刺槐、漆树、桉树、麻栎、杨树等多种林木。幼虫咀食叶片呈缺刻或孔洞，严重时把叶片吃光，仅余叶脉及秃枝，致上部枝梢枯死，亦能啃食嫩枝皮层和果实。严重发生时，可将成片林木叶片吃光，影响树木生长和结实，甚至导致林木整株枯死。

形态特征

成虫 雌成虫体长24 ～ 25 mm，翅展67 ～ 76 mm。触角丝状，黄褐色。体翅灰白色，密布灰黑色小点。翅基线、中横线和亚外缘线系不规则的黄褐色波状横纹，有时不明显，翅背面灰白色，中央有 1 个黑色斑点。翅外缘波浪状，具黄褐色缘毛。足黄白色。腹部肥大，末端具黄色毛丛。雄蛾体长 19 ~ 23 mm，翅展 50 ~ 61 mm。触角双栉齿状，黄褐色，翅基线、亚外缘线灰黑色，腹末尖细。雄蛾体翅纹与雌蛾大致相同。

卵 长约 0.7 mm，椭圆形，蓝绿色或鲜绿色，孵化前变黑色。常数百至千余粒聚集成堆，上覆黄色茸毛。

幼虫 初孵幼虫灰褐色，背线、气门线白色。2 龄后变为绿色，体色随环境变化，有深褐、灰绿、青绿色。幼虫共 5 龄，末龄幼虫体长 56 ~ 65 mm。头部布棕色颗粒状小点，头顶中央凹陷，两侧呈角状突起。前胸背面生有 2 个小突起，腹面灰绿色，区别于云尺蠖。腹部第 8 节背面微突，胸腹部各节均具颗粒状小点，气门紫红色。

蛹 长 19 ~ 27 mm，近圆锥形，深褐色，有刻点。头顶有黑褐色小突起 1 对，翅芽达第 4 腹节后缘。腹部末端基部有 2 个小突起，臀棘明显，基部膨大，端部针状。

生物学特性

生活史 信阳 1 年发生 2 代，以蛹在树干基部附近松土中越冬。翌年 4 月中旬开始羽化，4 月下旬至 5 月中旬成虫交配产卵。第 1 代幼虫在 5 ~ 6 月发生，6 月下旬至 7 月中旬化蛹，7 月成虫羽化交配、产卵。第 2 代幼虫发生期为 7 月中旬至 9 月上旬，8 月下旬至 9 月上旬化蛹越冬。

油桐尺蠖生活史图（河南省信阳市）

月份	1~3月			4月			5月			6月			7月			8月			9月			10~12月		
旬	上	中	下	上	中	下	上	中	下	上	中	下	上	中	下	上	中	下	上	中	下	上	中	下
越冬代	(⊙)	(⊙)	(⊙)	(⊙)	(⊙)	(⊙)	(⊙)																	
					+	+	+	+																
第1代						●	●	●																
								—	—	—	—												
											⊙	⊙	⊙										
												+	+	+									
第2代													●	●	●	●								
														—	—	—	—	—						
																		⊙					
																			(⊙)	(⊙)	(⊙)	(⊙)	(⊙)

注：●卵，—幼虫，⊙蛹，+成虫，(⊙)越冬蛹。

生活习性 成虫多在晚上羽化，白天栖息在叶背、枝干、杂草、灌木丛等处，受惊后落地假死不动或做短距离飞行，晚上出来活动，有趋光性。成虫羽化后当夜即交尾，翌日晚上开始产卵，卵多产于缝隙中或丛枝间、叶片背部等处，用尾端黄毛将卵覆盖。幼虫孵化后向树木上部爬行，后吐丝下垂，借风转移。幼虫共 6 ~ 7 龄。喜在傍晚或清晨取食，低龄幼虫仅取食嫩叶和成叶的上表皮或叶肉，使叶片呈不规则红褐色网膜斑，

3龄后从叶尖或叶缘向内咬食成缺刻，4龄后食量大增，仅留叶脉，虫口密度大时，能将整片林木叶片食光。3龄后幼虫畏强光，中午阳光强时常隐蔽起来。幼虫老熟后在距树干基部半径30 cm内入土2～5 cm做土室化蛹。

发生情况

油桐尺蠖在信阳地区主要危害油桐、茶树、油茶等树种，个别年份局部地块虫口密度较高，危害严重。

防控措施

（1）营林措施。在发生严重的林地，各代蛹期进行人工挖蛹，秋冬季深耕施基肥，清除树冠下表土中的蛹，减少虫源；结合培土，根颈四周培土10 cm，并加镇压，阻止蛹成功羽化，效果也很好。

（2）物理防治。① 利用成虫趋光性，设置黑光灯诱杀。② 根据成虫多栖息于高大树木或建筑物上，及受惊后有落地假死习性，各代成虫期于清晨进行人工捕杀。③ 根据卵多集中产在高大树木的树皮缝隙间，可在成虫盛发期人工刮除卵块。④ 幼虫化蛹前，在树干周围铺设薄膜，上铺湿润的松土，引诱幼虫化蛹，加以杀灭。

（3）生物防治。① 保护与利用天敌，油桐尺蠖的天敌种类较多，如卵期有黑卵蜂，幼虫期有各种姬蜂、寄生蝇寄生；鸟类啄食幼虫、蛹、蛾的能力也较强。② 虫口密度低时，在低龄幼虫期用0.5亿～1亿孢子/mL的140菌剂（武汉杆菌），或茶尺蠖核型多角体病毒制剂1 000倍液喷洒防治；第1～2龄幼虫期，每666.7 m² 用1 000亿～1 500亿个油桐尺蠖核型多角体病毒喷雾防治。③ 低龄幼虫期，也可选用2.5%鱼藤酮乳油500倍液，或0.2%苦参碱乳油1 000～1 500倍液，或25%灭幼脲Ⅲ号悬浮剂1 500倍液，或20%除虫脲悬浮液1 500～2 000倍液进行均匀喷雾防治。

（4）化学防治。低龄幼虫期，用45%丙溴·辛硫磷乳油1 000倍液，或2.5%溴氰菊酯乳油2 000～3 000倍液，或10%氯氰菊酯乳油3 000倍液，或90%晶体敌百虫1 000倍液，或50%杀螟硫磷乳油500倍液，或20%克螨虫乳油1 000倍液，或40%啶虫·毒1 500～2 000倍液喷杀幼虫，可连用1～2次，间隔7～10天。可轮换用药，以延缓抗性的产生。

重阳木锦斑蛾　*Histia rhodope* Cramer

别名重阳木斑蛾。鳞翅目斑蛾科。

分布

国内主要分布于江苏、浙江、湖北、河南、湖南、重庆、福建、台湾、广东、广西、云南等省份。河南省郑州、信阳、洛阳、南阳、许昌、平顶山、驻马店等地均有发生。

信阳市浉河区、平桥区、罗山县、潢川县、光山县等县（区）有分布。

寄主植物与危害特点

主要危害重阳木等。以幼虫取食叶片，严重时将树叶吃光，仅残留叶脉。

形态特征

成虫 体长 17 ~ 24 mm，翅展 47 ~ 70 mm，黑色，形如凤蝶。头部较小，红色，有黑斑。触角黑色，齿状，雄蛾触角较雌蛾宽。前胸背面褐色，前、后端中央红色。中胸背板黑褐色有光泽，前端红色；近后端有 2 个红色斑纹，或连成"U"字形。前翅黑色，反面基部有蓝光。后翅亦黑色，自基部至翅室近端部（占翅长的 3/5）蓝绿色。前后翅反面基斑红色。后翅第 2 中脉和第 3 中脉延长成一尾角。腹部红色，有黑斑 5 列，自前而后渐小，但雌者黑斑较雄者为大，以致雌腹面的 2 列黑斑在第 1 至第 5 或第 6 节合成 1 列。

重阳木锦斑蛾成虫（马向阳　摄）　重阳木锦斑蛾成虫背面（马向阳　摄）

卵 长 0.7 ~ 0.9 mm，宽 0.4 ~ 0.6 mm。卵圆形，略扁，表面光滑。初为乳白色，后为黄色，近孵化时为浅灰色。

幼虫 老熟幼虫体长 22 ~ 24 cm，体肥厚而扁，肉黄色，头部常缩在前胸内，背线浅黄色。从头至腹末节背线上每节有一大一小椭圆形的黑斑；亚背线上每节各有 1 个椭圆形黑斑，背线、亚背线上黑斑两端具有肉黄色的小瘤，瘤上有黑色短毛 1 根，气门下线每节生有较长的肉瘤，上生有较长的黑色斑 2 个。

蛹 体长 15.5 ~ 20 mm。初化蛹时全体黄色，腹部微带粉红色。随后头部变为暗红色，复眼、触角、胸部及足、翅黑色，腹部桃红色。茧丝质，黄白色。

生物学特性

信阳 1 年发生 4 代，以老熟幼虫在树洞、树皮、石块下、附近建筑物的缝隙中等处结茧越冬。4 月下旬至 5 月上旬可见越冬代成虫。4 代发生期分别为 5 月上中旬至 6 月中下旬；6 月中下旬至 8 月上旬；8 月上中旬至 9 月中旬；9 月中下旬至次年 4 月中下旬。以第 2、3 代幼虫危害最重。成虫白天羽化，以中午为多。成虫白天在重阳木树冠或其他植物丛上飞舞，吸食补充营养。成虫常于羽化当天或次日 14 ~ 20 时交尾。卵聚产于寄主叶背或树干皮下，卵粒紧密排列成片。幼虫取食叶片，严重时将叶片吃光，仅残留叶脉。低龄幼虫群集叶背危害，并吐丝下垂，借助风力扩散危害；高龄后分散危害。老熟幼虫部分吐丝坠地在枯枝落叶中结茧化蛹，也有在叶片上结薄茧化蛹。10 月中旬幼虫老熟，陆续进入越冬场所结茧越冬。

发生情况

近些年，信阳市城区街道或庭院栽植的重阳木上，常有重阳木锦斑蛾发生，发生严重年份，短时间内将树叶吃光，树冠下落一层虫粪。随着寄主植物重阳木栽植的增多，重阳木锦斑蛾发生面积呈上升态势，需加强虫情监测，以便及时采取防治措施。

防控措施

（1）人工措施。对幼虫在树皮越冬的，涂白树干。结合修剪，剪除有卵枝梢和有虫枝叶。冬季清除园内枯枝落叶以消灭越冬虫茧。利用草把诱杀幼虫，并清除枯枝落叶及石块下的越冬虫蛹。

（2）生物防治。保护和利用天敌，如捕食竹小斑蛾幼虫的钩红鳌蛛，寄生蛹的驼姬蜂等。

（3）化学防治。尽量选择在低龄幼虫期防治，3 龄前用 45% 丙溴辛硫磷 1 000 倍液，或 20% 氰戊菊酯 1 500 倍液 + 5.7% 甲维盐 2 000 倍混合液，40% 啶虫·毒（必治）1 500 ~ 2 000 倍液喷杀幼虫，可连用 1 ~ 2 次，间隔 7 ~ 10 天。1.2% 烟碱·苦参碱乳油 800 ~ 1 000 倍液，或 1% 杀虫素乳油 2 000 ~ 2 500 倍液喷洒，或 25% 灭幼脲Ⅲ号 1 500 倍液，或 4.5% 高效氯氰菊酯 1 000 ~ 1 500 倍液。可轮换用药，以延缓抗性的产生。

樗蚕蛾 *Philosamia cynthia Walker* et Felder

别名椿蚕、乌桕樗蚕蛾。鳞翅目天蚕蛾科。

分布

国内分布于东北、华北、华中、华东、华南、西南各地，信阳市各县（区）均有分布。

寄主植物与危害特点

主要危害核桃、石榴、蓖麻、臭椿（樗）、乌桕、银杏、马褂木、喜树、槐树、泡桐、柳树等。幼虫食叶和嫩芽，轻者食叶成缺刻或孔洞，严重时把叶片吃光。

形态特征

成虫 体长 25 ~ 33 mm，翅展 127 ~ 130 mm。体青褐色。头部四周、颈板前端、前胸后缘、腹部背面、侧线及末端都为白色。腹部背面各节有白色斑纹 6 对，其中间有断续的白纵线。前翅褐色，前翅顶角后缘呈钝钩状，顶角圆而突出，粉紫色，具有黑色眼状斑，斑的上边为白色弧形。前后翅中央各有1个较大的新月形斑，新月形斑上缘深褐色，中间半透明，下缘土黄色；外侧具1条纵贯全翅的宽带，宽带中间粉红色、外侧白色、内侧深褐色、基角褐色，其边缘有1条白色曲纹。

卵 灰白色或淡黄白色，有少数暗斑点，扁椭圆形，长约 1.5 mm。

樗蚕蛾幼虫危害状（平桥区提供）

幼虫 幼龄幼虫淡黄色，有黑色斑点。中龄后全体被白粉，青绿色。老熟幼虫体长 55 ~ 75 mm。体粗大，头部、前胸、中胸对称蓝绿色棘状突起，此突起略向后倾斜。亚背线上的比其他两排更大，突起之间有黑色小点。气门筛淡黄色，围气门片黑色。胸足黄色，腹足青绿色，端部黄色。

樗蚕蛾成虫（张萍 摄）

樗蚕蛾幼虫（张玉虎 摄）

蛹 棕褐色，长 26 ~ 30 mm，宽 14 mm。椭圆形，体上多横皱纹。

茧 呈口袋状或橄榄形，长约 50 mm，上端开口，两头小中间粗，用丝缀叶而成，土黄色或灰白色。茧柄长 40 ~ 130 mm，常以1张寄主的叶包着半边茧。

生物学特性

信阳1年发生2代，以蛹越冬。越冬蛹于4月下旬开始羽化为成虫，成虫有趋光性，并有远距离飞行能力，飞行可达 3 000 m 以上。羽化出的成虫当即进行交配。卵产在寄主的叶背和叶面上，聚集成堆或成块状，每雌产卵 300 粒左右，卵历期 10 ~ 15 天。初孵幼虫有群集习性，3 ~ 4 龄后逐渐分散危害。在枝叶上由下而上，昼夜取食，并可迁移。第1代幼虫在 5 ~ 6 月危害，幼虫历期 30 天左右。幼虫蜕皮后常将所蜕之皮食尽或仅留少许。幼虫老熟后即在树上缀叶结茧，树上无叶时，则下树在地被物上结褐色粗茧化蛹。第1代茧期约 50 多天，8 月上中旬是第1代成虫羽化产卵时间。8 月下旬至 10 月为第 2 代幼虫危害期，以后陆续作茧化蛹越冬，蛹藏于厚茧中，越冬代常在枝条密集的灌木丛的细枝上结茧。

樗蚕蛾生活史图（河南省信阳市）

月份	4月			5月			6月			7月			8月			9~10月			11月至翌年3月		
旬	上	中	下	上	中	下	上	中	下	上	中	下	上	中	下	上	中	下	上	中	下
虫态	(⊙)	(⊙)	(⊙) + ●	+ ●	●	—	—	— ⊙	— ⊙	⊙	⊙	⊙	⊙ + ● —	+ ● —	—	—	—	—	(⊙)	(⊙)	(⊙)

注：●卵，—幼虫，⊙蛹，+成虫，(⊙)越冬蛹。

发生情况

在信阳市，樗蚕蛾分布较广泛，目前没有出现大面积成灾现象，主要在乌桕、臭椿、马褂木等植物上零星发生相对较重，轻者食叶成缺刻或孔洞，严重时把叶片吃光。

防控措施

（1）物理防治。① 成虫产卵或幼虫结茧后，可组织人力摘除，也可直接捕杀，摘下的茧可用于缫丝和榨油。② 成虫有趋光性，在各代成虫的羽化期，适时用黑光灯进行诱杀，可收到良好的治虫效果。

（2）生物防治。① 可利用绒茧蜂、喜马拉雅聚瘤姬蜂、稻苞虫黑瘤姬蜂、樗蚕黑点瘤姬蜂等天敌昆虫进行防治。保护和招引啄木鸟等天敌。② 在幼虫孵化期，喷施除虫脲 8 000 倍液，或 100 亿孢子 /g 的 Bt 乳剂 400 倍液，或 3% 高渗苯氧威乳油 3 000 倍液。

（3）化学防治。幼虫期，喷洒 25% 西维因可湿性粉剂 400 ～ 600 倍液，或 90% 晶体敌百虫 800 倍液。

黄刺蛾 *Cnidocampa flavescens*（Walker）

别名洋辣子、刺毛虫等。鳞翅目刺蛾科黄刺蛾属。

分布

国内除新疆、西藏目前尚无记录外，其余的省（市、区）均有分布。河南省主要分布于安阳、新乡、南阳、濮阳、郑州、周口、信阳等地，信阳市各县（区）均有分布。

寄主植物与危害特点

黄刺蛾食性复杂，以幼虫危害枫杨、乌桕、杨树、柳树、榆树、梨树、苹果、杏树、海棠、桃树、板栗、油桐、核桃、石榴、枣树、柿树等120多种树木叶片，严重影响树势和果实产量，是林木、果树重要害虫。初孵幼虫一般群集在叶片背面取食叶下表皮和叶肉，剥离上下表皮，形成圆形透明小斑；4龄时取食叶片形成很多孔洞、缺刻；5～6龄幼虫能将叶片吃光仅留叶柄、主脉。

形态特征

成虫 体橙黄色。雌蛾成虫体长15～17 mm，翅展35～39 mm；雄蛾成虫体长13～15 mm，翅展30～32 mm。虫体肥厚、短粗，鳞片较厚，头部小，触角丝状，头和胸背黄色，腹部背面黄褐色；前翅内半部黄色，外半部为黄褐色，有两条暗褐色斜线，在顶角处汇合于一点，呈倒"V"字形，内面1条的下部和内侧各有1个棕褐色斑点，此斑点雌蛾尤为明显。后翅灰黄色或赭褐色。

卵 扁平，椭圆形，一端略尖，长1.4～1.5 mm，宽0.9 mm，初产时黄白色，后转为黄绿色，卵膜上有龟状刻纹。

幼虫 老熟幼虫体长19～25 mm，体粗大，前身宽大于后身；头小、黄褐色，隐藏于前胸下。胸、腹部肥大，黄绿色。体自第2节起，各节背线两侧有1对枝刺，枝刺上长有黑色刺毛；体背有一大型的紫褐色斑纹，前后宽大，中部狭细，呈哑铃形，边缘常带蓝色，末节背面有4个褐色小斑，胸部斑块较大，上面着生2对枝刺也较大，末节哑铃褐色小斑上也有1对较大枝刺；体两侧各有9个枝刺，体侧中部两排枝刺之间有2条蓝色纵纹组成扁环形；气门上线淡青色，气门下线淡黄色。

蛹 椭圆形，体长12～15 mm。淡黄褐色，头、胸部背面黄色，腹部各节背面有褐色背斑。

茧 椭圆形，灰白色，质地坚硬，表面光滑，茧壳上有几道不规则的纵纹，形似雀卵。

黄刺蛾成虫（平桥区提供）

黄刺蛾低龄幼虫及危害状
（潢川县提供）

黄刺蛾老熟幼虫及危害状（熊娟 摄）　　　黄刺蛾茧（任文静 摄）

生物学特性

生活史 信阳 1 年发生 2 代，以老熟幼虫在小枝的分权处、主侧枝以及树干的粗皮上结茧过冬。越冬代成虫于翌年 5 月下旬至 6 月下旬开始出现，6 月为第 1 代卵期，卵散产或块产于叶背，常十几粒或几十粒集中成块。第 1 代幼虫于 6 月中旬开始孵化。7 月上旬为危害盛期，7 月至 8 月中旬为蛹期，7 月下旬至 8 月为成虫期。第 2 代幼虫 8 月上旬发生，8 月中、下旬危害盛期。9 月上旬幼虫老熟，在树体上结石灰质硬茧越冬。

黄刺蛾生活史图（河南省信阳市）

月份	1~4月			5月			6月			7月			8月			9月			10~12月		
旬	上	中	下	上	中	下	上	中	下	上	中	下	上	中	下	上	中	下	上	中	下
越冬代	(⊙)	(⊙)	(⊙)	(⊙)	(⊙)	(⊙) +	(⊙) +	(⊙) +	+												
第1代							●	● —	● —	—	— ⊙	⊙ +	⊙ +	⊙ +	+						
第2代												●	● —	● —	● —	—	(⊙)	(⊙)	(⊙)	(⊙)	(⊙)

注：●卵，—幼虫，⊙蛹，+成虫，(⊙)越冬蛹。

生活习性 卵散产或连片（数十粒）产于叶背，卵期约 8 天，卵多于白天孵化。初孵幼虫先食卵壳，然后开始食叶危害，幼虫共 7 龄，第 1 代各龄幼虫的龄期分别为 1～2天、2～3 天、2～3 天、2～3 天、4～5 天、5～7 天、6～8 天。幼虫枝刺毛有毒，人体皮肤接触后感觉疼痛奇痒。初结茧为灰白色，不久变棕褐色，并显露出白色纵纹。第1代幼虫结小而薄的茧，第2代茧则大而厚。成虫昼伏夜出，羽化多于傍晚进行，以 17 ~ 22 时为盛，趋光性不强，羽化后不久即可交尾产卵，成虫寿命 4 ~ 7 天。

发生情况

黄刺蛾在信阳各地均有分布，危害树种也较多，但多以零星分布或者轻度发生，仅局部地块个别年份有中度以上发生现象。

防控措施

（1）物理防治。① 结合冬季整枝，彻底清除或刺破越冬虫茧。② 夏秋季结合林园管理，摘除虫叶并集中销毁。③ 利用成虫有趋光性的习性，可结合防治其他害虫，在成虫羽化盛期，设黑光灯诱杀成虫。

（2）生物防治。① 黄刺蛾的天敌主要有上海青蜂、黑小蜂、螳螂、刺蛾紫姬蜂、刺蛾广肩小蜂、健壮刺蛾寄蝇、爪哇刺蛾姬蜂、绒茧蜂等。将越冬茧收集于天敌保护笼内，待天敌成虫羽化飞出后，将害虫集中处理。其中上海青蜂是黄刺蛾优势天敌种群，应加以保护和利用。② 在幼虫初发期，向叶面喷施 300 ~ 500 倍 Bt 乳剂，10 天后再喷洒 1 次 25% 灭幼脲Ⅲ号 2 000 倍液。幼虫盛发期，可喷洒白僵菌、青虫菌、质型多角体病毒等生物农药。

（3）化学防治。虫口密度较大时，可用药剂防治。用药期应在卵孵高峰期后，在低龄阶段喷洒 40% 啶虫·毒死蜱 1 500 ~ 2 000 倍液，或 50% 马拉硫磷乳油、50% 杀螟硫磷乳油 1 000 ~ 1 200 倍液，或 90% 晶体敌百虫 1 000 ~ 1 500 倍液，或 45% 丙溴辛硫磷 1 000 倍液，或 50% 辛硫磷乳油 1 500 倍液。在幼虫初发期，向叶面喷施 30% 蛾螨灵 2 000 倍液。

中国扁刺蛾 *Thosea sinensis*（Walker）

别名扁刺蛾、黑点刺蛾。鳞翅目刺蛾科。

分布

国内分布于黑龙江、吉林、辽宁、内蒙古、北京、天津、河北、山西、陕西、四川、重庆、山东、河南、安徽、湖北、湖南、上海、江苏、浙江、福建、江西、云南、贵州、广东、广西、海南、甘肃、西藏、台湾等地。黄河故道以南、江浙太湖沿岸及江西中部发生较多。河南省分布于南阳、三门峡、郑州、济源、新乡、信阳等市部分县。信阳市各县（区）均有分布。

寄主植物与危害特点

危害杨树、柳树、梧桐、枫杨、泡桐、榆树、苹果、枣树、柑橘、枇杷、核桃、李树、梨树、桃树、柿树、茶树、油茶、乌桕、桑树、海棠、月季、香樟、桂花、梅花、樱花等60多种果树和林木。以幼虫取食叶片成孔洞，发生严重时被害叶片仅残留叶柄或主脉，影响树木观赏，致树势衰弱，严重影响林木生长，造成果树严重减产，甚至致使树木枯死。

形态特征

成虫 雌蛾体长16.5～17.5 mm，翅展30～38 mm；雄蛾体长13～16 mm，翅展26～34 mm。体暗灰褐色，腹面及足色较深。头部灰褐色，复眼黑褐色；触角褐色，雌蛾触角丝状，雄蛾触角短双栉齿状。前翅灰褐色至淡灰色，中室外侧有1个明显的暗褐色斜纹，自前缘近翅顶直向后斜伸到后缘中央前方；雄蛾中室上角有一黑点，雌蛾不明显。后翅暗灰褐色。

卵 长椭圆形，扁平光滑，长1.2～1.4 mm，宽0.9～1.2 mm，初产时为淡黄绿色，孵化前呈灰褐色。

幼虫 初孵时体长1.1～1.2 mm，色淡，可见中胸到腹部第9节上的枝刺。老熟幼虫体长22～26 mm，宽12～13 mm，体扁椭圆形，背部稍隆起，形似龟背。虫体翠绿色或黄绿色，背线白色、边缘蓝色。虫体两侧各有10个瘤状突起，上生有刺毛，每一体节的背面有2小丛刺毛，中、后胸枝刺明显较腹部枝刺短，腹部各节背侧和复侧间有1条白色斜线，第4节背面两侧各有一红点。幼虫共8龄。

蛹 长10～15 mm，宽7.5～8.5 mm。前端肥钝，后端略尖削，近纺锤形。初为乳白色，近羽化时变为黄褐色。

茧 长11.5～16 mm。椭圆形，黑褐色，形似鸟蛋。

中国扁刺蛾成虫（马向阳 摄）

中国扁刺蛾低龄幼虫（马向阳 摄）

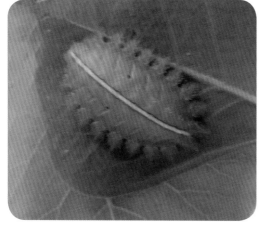

中国扁刺蛾高龄幼虫（任文静　摄）　　　　　中国扁刺蛾茧（熊娟　摄）

生物学特性

信阳 1 年发生 1 代，以老熟幼虫在树下 3 ~ 6 cm 土层内结茧越冬。5 月中旬老熟幼虫开始化蛹，6 月上旬开始羽化、产卵，发生期不整齐，6 月中旬至 8 月上旬均可见初孵幼虫，8 月危害最重，8 月下旬开始陆续老熟入土结茧越冬。

成虫有强趋光性。成虫多在黄昏羽化出土，昼伏夜出，羽化后即行交配，2 天后产卵，卵多散产于叶面，卵期为 6 ~ 8 天。初孵化的幼虫停息在卵壳附近，并不取食，2 龄幼虫先取食卵壳，再啃食叶肉，仅留 1 层表皮，形成透明枯斑，4 龄以后逐渐咬穿表皮，6 龄起，取食全叶。幼虫期共 8 龄。老熟幼虫下树入土或在杂草及石缝中结茧，下树时间多在晚 8 时至翌日清晨 6 时，而以后半夜 2 ~ 4 时下树的数量最多。结茧入土深度一般在 3 cm 以内，但在砂质壤土中可深达 13 cm 左右。

中国扁刺蛾生活史图（河南省信阳市）

月份	1~4月			5月			6月			7月			8月			9~12月		
旬	上	中	下	上	中	下	上	中	下	上	中	下	上	中	下	上	中	下
虫态	(-)	(-)	(-)	(-)	(-)	(-)	(-)	(-)										
					⊙	⊙	⊙	⊙	⊙	⊙								
							+	+	+	+	+							
							●	●	●	●	●	●						
									—	—	—	—	—	—	—	(-)	(-)	(-)

注：●卵，—幼虫，（—）越冬幼虫，⊙蛹，+成虫。

发生情况

中国扁刺蛾在信阳呈零星分布，虽分布较广，但目前发生程度较轻，没有造成大面积发生或者成灾现象，但需加强虫情监测，防止局部突发。

防控措施

（1）营林措施。结合施肥、修剪，挖除或剪去树干上的茧壳及土中虫茧。在冬耕施肥时，将林下落叶及表土埋入施肥沟底，或者结合培土防冻，在树干基部 30 cm 范围内培土 10 cm 左右，并加压实，以扼杀越冬虫茧。

（2）物理防治。① 低龄幼虫多在叶片上群集为害，食叶后叶片白膜状明显，可以摘除群集大量幼虫的叶片集中处理，能消灭大量食叶幼虫。② 成虫发生期，利用其强趋光性，可在杨树林、苗圃架设黑光灯或振频式诱蛾灯，诱杀成虫，减少下代发生量，效果很好。

（3）生物防治。① 利用生物农药杀螟杆菌、白僵菌 1 000 ~ 1 500 倍液或 0.5 亿 /mL 芽孢的青虫菌液喷洒，既经济有效，又不造成环境污染。② 低龄幼虫期，可选用 1% 苦参碱可溶性液剂 1 000 ~ 1 500 倍液，或 1.8% 阿维菌素乳油 5 000 倍液，或 25% 甲维·灭幼脲悬浮剂 1 500 倍液，或 25% 高渗苯氧威可湿性粉剂 300 倍液进行喷雾防治。

（4）化学防治。在幼虫发生危害期，可选用 90% 晶体敌百虫或马拉硫磷乳油 1 000 ~ 2 000 倍液，或 50% 杀螟松乳油 1 000 倍液，或 10% 吡虫啉可湿性粉剂 2 000 倍液，或 50% 辛硫磷乳油 1 500 ~ 2 000 倍液进行喷雾防治。发生严重的年份，在卵孵化盛期和低龄幼虫期喷洒 50% 杀螟松乳油 1 000 倍液，或 4.5% 高效氯氰菊酯乳油 1 500 ~ 2 000 倍液，或 40% 啶虫·毒死蜱乳油 1 500 倍液。

绿刺蛾　*Parasa consocia* Walker

别名青刺蛾、棕边绿刺蛾、四点刺蛾、曲纹绿刺蛾、洋辣子。鳞翅目刺蛾科。

分布

国内分布于黑龙江、辽宁、北京、天津、河北、山东、河南、湖北、江苏、浙江、江西、广东、福建等地。河南省登封、嵩县、栾川、辉县、济源、桐柏以及信阳市平桥区、浉河区、商城县、新县、罗山县等地有分布。

寄主植物与危害特点

危害油桐、油茶、茶树、苹果、梨树、李树、杏树、枣树、柿树、杧果、桑树、樱桃、山楂、板栗、核桃、刺槐、白杨、柳树、梧桐、白蜡、乌桕、冬青、法桐等多种树木。幼虫危害叶片，低龄幼虫取食叶片表皮或叶肉，致使叶片呈半透明枯黄色斑块；大龄幼虫食叶呈较平直缺刻，严重时把叶片全部吃光。

形态特征

成虫　翅展 20 ~ 43 mm，头部、胸背青绿色，胸背中央具 1 条红褐色纵线，腹部灰黄色；前翅绿色，基部有红褐色大斑在中室下缘和 A 脉上呈钝角曲线；外缘为深棕色宽带；后翅浅黄色，外缘带褐色。雌蛾触角基部丝状，雄蛾双栉齿状；雌、雄蛾触角上部均为短单相齿状。

卵 扁椭圆形，浅黄绿色。

幼虫 老熟幼虫体长 24 ～ 28 mm，头红褐色，体翠绿色，前胸盾片上有 1 对黑斑，背线黄绿至浅蓝色，两侧有深蓝色点。中胸及第 8 腹节各有 1 对蓝黑色斑；后胸至第 7 腹节各节有 2 对蓝黑色斑；亚背线带红棕色；中胸至第 9 腹节各节着生棕色枝刺 1 对，刺毛黄棕色，并夹杂几根黑色毛。腹部第 8、9 节各着生黑色绒球状毛丛 1 对。

绿刺蛾成虫（马向阳 摄）　　　　绿刺蛾幼虫（马向阳 摄）

蛹 椭圆形，棕褐色。

茧 椭圆或纺锤形，棕褐色。

生物学特性

信阳 1 年发生 2 代，以老熟幼虫在枝干上或树干基部周围的土中结茧越冬。翌年4 月下旬至 5 月上中旬化蛹，5 月下旬至 6 月中旬成虫羽化、产卵；第 1 代幼虫危害期为 6 月至 7 月下旬，7 月中旬后第 1 代幼虫陆续老熟结茧化蛹；8 月初第 1 代成虫开始羽化、产卵，第 2 代幼虫危害期为 8 月中旬至 9 月下旬。9 月中旬后，幼虫陆续老熟结茧越冬。

成虫有趋光性，雌蛾喜欢晚上把卵产在叶背面，十多粒或数十粒排列成鱼鳞状卵块，上覆一层浅黄色胶状物。卵期 5 ～ 7 天，低龄幼虫有群集性，3 ～ 4 龄开始分散取食，吃穿叶表皮；6 龄后自叶缘向内蚕食，幼虫期约 30 天。老熟幼虫在树中下部枝干上、浅松土层、草丛中等处结茧化蛹。

绿刺蛾生活史图（河南省信阳市）

月份	1~3月			4月			5月			6月			7月			8月			9月			10~12月		
旬	上	中	下	上	中	下	上	中	下	上	中	下	上	中	下	上	中	下	上	中	下	上	中	下
越冬代	(-)	(-)	(-)	(-)	(-)	⊙	⊙	⊙	⊙＋	⊙＋	＋													
第1代									●	●	●—	—	—	—⊙	⊙	⊙＋	⊙＋	＋						
第2代																●	●	●—	—	—(-)	(-)	(-)	(-)	(-)

注：●卵，—幼虫，（—）越冬蛹，⊙蛹，＋成虫。

发生情况

绿刺蛾在信阳呈零星分布，危害杨树、茶树、樱桃、柿树等，虽分布较广，但目前没有造成较严重危害的现象。

防控措施

（1）营林措施。结合营林措施，清除枝干上、杂草中的越冬虫体，破坏地下的蛹茧，以减少下代的虫源。

（2）物理防治。① 利用成虫有趋光性的习性，在 6 ~ 8 月羽化盛期，设置诱虫灯诱杀成虫。② 夏季低龄幼虫群集危害时，人工摘除有幼虫的叶片，然后集中销毁。

（3）生物防治。① 保护和施放天敌，天敌有紫姬蜂、爪哇刺蛾寄蝇等。② 喷洒生物制剂。1 ~ 2 龄幼虫期，喷施扁刺蛾质型多角体病毒悬浮剂 100 亿 /mL，或在雨湿条件下用含孢子 100 亿 /g 的白僵菌粉喷洒防治；2 ~ 3 龄幼虫期喷洒 25% 灭幼脲Ⅲ号悬浮剂 1 000 ~ 2 000 倍液，或 2.5% 鱼藤酮 300 ~ 400 倍液。

（4）化学防治。在低龄幼虫期，用 45% 丙溴·辛硫磷乳油 1 000 倍液，或 40% 啶虫·毒（必治）1 500 ~ 2 000 倍液，或 90% 晶体敌百虫 1 000 倍液，或 50% 辛硫磷乳油 1 400 倍液，或 5% 吡虫啉乳油 1 500 倍液，或 10% 天王星乳油 5 000 倍液，或 50% 马拉硫磷乳油、25% 亚胺硫磷乳油、50% 杀螟松乳油、90% 巴丹可湿性粉剂等900 ~ 1 000 倍液喷杀幼虫，可连用 1 ~ 2 次，间隔 7 ~ 10 天。可轮换用药，提高防治效果。

核桃举肢蛾 *Atrijuglans hetaohei* Yang

俗称核桃黑、黑核桃。鳞翅目举肢蛾科。

分布

国内分布于河北、山东、山西、陕西、四川、甘肃、河南等省的核桃产区。河南省南阳、洛阳、三门峡、安阳、信阳、济源等地核桃产区均有发生。信阳市平桥区、浉河区、光山县等核桃栽植区也有发生。

寄主植物与危害特点

此虫危害核桃及核桃楸。主要危害果实，幼虫蛀入果实后，蛀孔初期透明，后变为琥珀色。幼虫在表皮内纵横蛀食危害，虫道内充满虫粪，1个果内幼虫可达几头，多者30余头。早期钻入硬壳内的部分幼虫可蛀种仁，有的蛀食果柄，破坏维管束组织，受害果逐渐变黑而凹陷，引起早期落果。有的被害果全部变黑干缩在枝条上。

形态特征

成虫 体长5～7 cm，翅展13～15 cm。头部褐色，被银灰色大鳞片；下唇颚内侧白色，外侧淡褐；触角褐色，密被白毛，雄虫触角较长。胸背黑褐色，中胸中部小盾片被白鳞毛。前翅黑褐色，端部1/3处有一内弯的白斑带直达前缘，翅基部1/3处还有一小白斑，缘毛黑褐色。后翅褐色，有金属光泽，前缘基部约1/3为灰白色，缘毛黑褐色，很长。腹背黑褐色，第2～6节密生横列的金黄色小刺；体腹面银白色，腹节和足基均被大鳞片。足白色，后足很长，胫节和跗节具有环状黑色毛刺，静止时胫、跗节向侧后方上举，并不时摆动，故名"举肢蛾"。

卵 椭圆形，长0.3～0.4 mm，初产时乳白色，渐变黄白色、黄色或淡红色，近孵化时呈红褐色。

幼虫 初孵时体长1.5 mm，乳白色，头部黄褐色。老熟幼虫体长7.5～9 mm，头部暗褐色，胴部淡黄白色，背面稍带粉红色，被有稀疏白刚毛。腹足趾钩间序环，臀足趾钩为单序横带。

蛹 体长4～7 mm，纺锤形，黄褐色。

茧 椭圆形，长8～10 mm，褐色，常黏附草屑及细土粒。

生物学特性

信阳1年发生2代，以老熟幼虫在树冠下1～2 cm的土壤中、杂草里、石块下结茧越冬，少数在树干的粗皮裂缝内结茧越冬。越冬代成虫最早出现于4月下旬，5月中下旬为盛期，6月上中旬为末期；5月上中旬出现幼虫危害，6月出现第1代成虫。6月下旬开始出现第2代幼虫危害，8月初至9月间幼虫先后老熟，大部分钻出果皮掉在地上，钻入土中作茧过冬，少数幼虫随果实采收被带到贮藏场所越冬。

成虫略有趋光性，昼伏夜出，白天多栖息于核桃树冠下部叶片背面和树冠下的草丛中活动和交配，静止时后脚向侧后方上举，用前、中足行走，故称举肢蛾。产卵多在下午 6～8 时，卵大部分产在两果相接的缝隙内，其次是产在梗洼、叶腋或叶柄上。一般每 1 个果上产卵 1～4 粒，后期数量较多，每 1 个果上可产卵 7～8 粒。1 只雌蛾可产卵 30～40 粒。成虫寿命约 7 天。卵期 4～6 天。幼虫孵化后在果面爬行 1～3 小时，然后蛀入果实内，纵横取食危害，形成蛀道，粪便排于其中。蛀孔外流出透明或琥珀色水珠，此时果实外表无明显被害状，后则青果皮皱缩变黑腐烂，引起大量落果。1 个果内有幼虫 5～7 头，最多 30 余头，在果内危害 30～45 天成熟，咬破果皮脱果入土结茧化蛹。第 2 代幼虫发生期间，正值果实发育期，内果皮已经硬化，幼虫只能蛀食中果皮，果面变黑凹陷皱缩。至核桃采收时有 80% 左右的幼虫脱果结茧越冬，少数幼虫直至采收被带入晒场。

温、湿度对果内幼虫生长发育的影响不显著，但对老熟幼虫在土壤中结茧、化蛹及成虫羽化有影响，降雨的作用最为显著。核桃举肢蛾的发生与土壤湿度有密切关系：凡是土壤湿度大、杂草丛生处发生必重；一般深山区发生重，避风向阳干燥处和浅山区发生轻；阴坡地比阳坡地、沟里比沟外发生重；荒坡地比经常耕作地发生较重；成虫羽化期多雨潮湿的年份发生重，干旱年份较轻。

防控措施

（1）营林措施。林粮间作与垦复树盘对减轻危害均有很好效果。覆土 1 cm，95% 的成虫不能出土；覆土 2～4 cm，成虫全部死亡；但在自然情况下，98% 可羽化出土。据调查，农耕地比非农耕地虫茧减少近 1 倍，黑果率可降低 10%～60%。间作地区，核桃长势旺盛，新梢长度、粗度、叶色、平均高生长、平均根径生长都比未间作地区要好，且不需额外支付防治费用，可因地制宜采用。冬季上冻前，将林地枯枝落叶和杂草彻底清理，刮除树干基部翘皮，集中烧毁，消灭越冬虫源。

（2）物理防治。晚秋季或早春深翻树冠下的土壤，破坏冬虫茧，可消灭部分越冬虫蛹，或使成虫羽化后不能出土。受害轻的树，在 8 月上旬幼虫脱果前及时摘除变黑的被害果并集中处理，可减少下一代的虫口密度。

（3）生物防治。幼虫孵化盛期喷洒每毫升含 2 亿～4 亿个白僵菌的菌液，或用"青虫菌"、"7216"杀螟杆菌（每克含 1 000 亿孢子）1 000 倍液，防治幼虫，连续喷药 3～4 次，效果更好。

（4）化学防治。① 地面喷药。成虫羽化前或个别成虫开始羽化时，在树干周围地面喷施 35% 蛾蚜灵可湿性粉剂 1 500～2 000 倍液，或 50% 辛硫磷乳油 300～500 倍液，每 667 m² 用药 0.5 kg；或撒施 4% 敌马粉剂，每株 0.4～0.75 kg，或每株树冠下撒 25% 西维因粉 0.1～0.2 kg，或每 667 m² 撒杀螟松粉 2～3 kg，然后浅锄或盖一薄层土，以毒杀出土成虫。在幼虫脱果期树冠下施用辛硫磷乳油或敌马粉剂，毒杀幼虫亦可收到良好效果。② 树冠喷药。掌握成虫产卵盛期及幼虫初孵期，每隔 10 ～ 15 天喷 1 次 10% 吡虫啉可湿性粉剂 4 000 ～ 6 000 倍液，或 5% 吡虫啉乳油 2 000 ～ 3 000 倍液，或 50% 杀螟硫磷乳油、50% 辛硫磷乳油 1 000 倍液，或 2.5% 溴氰菊酯乳油、20% 杀灭菊酯乳油 3 000 倍液，或喷灭幼脲Ⅲ号 1 000 倍液，或 30% 桃小灵乳油 2 000 倍液等。抓住盛期连喷 2 次，将幼虫消灭在蛀果之前，效果很好。

桃小食心虫 *Carposina niponensis* Walsingham

别名桃蛀果蛾、桃小食蛾、桃蛀虫、苹果食心虫、桃食卷叶蛾等。鳞翅目蛀果蛾科。

分布

国内黑龙江、吉林、辽宁、内蒙古、北京、天津、河北、山东、山西、江苏、上海、安徽、湖北、湖南、浙江、福建、河南、陕西、甘肃、宁夏、青海、四川、台湾等省（市、区）均发现其为害。河南全省分布，信阳市各县（区）均有发生。

寄主植物与危害特点

主要危害桃、苹果、枣、梨及山楂和酸枣等植物果实。幼虫蛀入后在果内纵横串食或直入果心蛀食。早期危害严重时，使果实变形，表面凹凸不平，俗称猴头果。被害果实渐变黄色，果肉僵硬，又俗称黄病。果实近成熟期被害，一般果形不变，但果内虫道充满大量虫粪，俗称豆沙馅。幼虫老熟后，在果面咬一直径 2 ～ 3 mm 的圆形脱果孔，虫果容易脱落。

形态特征

成虫 雌蛾体长 7 ～ 8 mm，翅展 15 ～ 18 mm；雄蛾体长 5 ～ 6 mm，翅展 12 ～ 14 mm，体灰白至淡褐色，复眼红褐色。前翅前缘近中央处有 1 个近三角形蓝褐色有光泽的大斑纹，翅基部和中部有 7 簇黑色斜立的鳞片，后翅灰色。雌虫唇须较长，向前直伸，雄虫唇须较短并向上翘。

卵 近椭圆形，长 0.45 mm，一般 1 ～ 3 粒，最多的有 20 多粒直立在果实萼凹茸毛中，卵顶端的"Y"字形刺毛 2 ～ 3 圈，刚产下卵橙红色，渐变深红色，近孵卵顶部显现幼虫黑色头壳，呈黑点状，卵壳表面有不规则的多角形网状刻纹。

幼虫 老熟幼虫体长 13 ～ 16 mm，桃红色，腹部色淡，无臀栉，头黄褐色，前胸盾黄褐至深褐色，臀板黄褐或粉红。前胸"K"字形毛群只 2 根刚毛。腹足趾钩单序环 10 ～ 24 个，臀足趾钩 9 ～ 14 个，无臀栉。幼龄幼虫黄白色。

蛹 长 6 ～ 9 mm，刚化蛹黄白色，近羽化时灰黑色，翅、足和触角端部游离，蛹壁光滑无刺。

茧 分冬、夏两型。冬茧扁圆形，长 5 mm，茧丝紧密，包被老龄休眠幼虫；夏茧长纺锤形，长 8 mm，茧丝松散，包被蛹体，一端有羽化孔。两种茧外表粘着土砂粒。

生物学特性

信阳 1 年发生 1 ~ 2 代。以老熟幼虫结茧在堆果场和果园土壤中越冬。越冬幼虫在茧内休眠半年多，到第 2 年 6 月中旬开始咬破茧壳陆续出土。幼虫出土后就在地面爬行，寻找树干、石块、土块、草根等缝隙处结夏茧化蛹。蛹经过 15 天左右羽化为成虫。一般 6 月中下旬陆续羽化，7 月中旬为羽化盛期至 8 月中旬结束。成虫多在夜间飞翔、不远飞，常停落在背阴处的果树枝叶及果园杂草上，羽化后 2 ~ 3 天产卵。卵多产于果实的萼洼、梗洼和果皮的粗糙部位，有时也在叶子背面、果台、芽、果柄等处产卵。卵经 7 ~ 10 天孵化为幼虫，幼虫在果面爬行，寻找适当部位后，咬破果皮蛀入果内。幼虫在果内经过 20 天左右，咬一扁圆形的孔脱出果外，落地入土越冬。一般在树干周围 60 cm 范围内越冬的较多，但山地果园因地形复杂、杂草较多，过冬茧的分布不如平地集中。

桃小食心虫历年发生量变动较大，越冬幼虫出土、化蛹、成虫羽化及产卵，都需要较高的湿度。如幼虫出土时土壤需要湿润，天干地旱时幼虫几乎全不能出土，因此每当雨后出土虫量增多。成虫产卵对湿度要求高，高湿条件产卵多，低湿产卵少，干旱之年发生轻。成虫无趋光性和趋化性，但雌蛾能产生性激素，可诱引雄蛾。成虫有夜出昼伏现象和世代重叠现象。发生与温、湿度关系密切。越冬幼虫出土始期，当旬平均气温达到 16 ℃、地温达到 19 ℃左右时，如果有适当的降水，即可连续出土。温度在 21 ~ 27 ℃，相对湿度在 75% 以上，对成虫的繁殖有利；高温、干燥对成虫的繁殖不利，长期下雨或暴风雨抑制成虫的活动和产卵。

发生情况

信阳各地虽都有桃小食心虫分布，但由于桃树、枣树、梨树种植面积不是太大，多为零星栽植，因而发生面积小，仅局部个别年份危害稍严重，如 2016 年光山县斛山乡桃小食心虫发生面积近 20 hm²，主要发生在晚熟的桃品种上，而在中熟、中晚熟的品种上则较少发生。

防控措施

（1）营林措施。① 清洁果园、合理修剪。初冬或早春季节，清扫落叶、杂草及其他覆盖物，剪除病虫枝条，刮除老翘皮。清理后的落叶、杂草等和病虫枝条集中烧毁或深埋。② 深翻土壤。封冻前将果园树冠下土壤深翻 20 ~ 30 cm，破坏在土中越冬的桃小食心虫的生态环境，造成死亡。

（2）物理防治。① 拍土压实，在树干 1 m 内压 3 ~ 7 cm 新土，并拍实，压死夏茧中的幼虫和蛹。② 筛除冬茧，用直径 2.5 mm 的筛子筛除距树干周围 1 m，深 14 cm 范围内土壤中的冬茧。③ 石块诱集，整平地面，堆放石块诱集幼虫，随时捕捉。④ 地膜覆盖，用宽幅地膜覆盖在树盘地面上，防止越冬代成虫飞出产卵。⑤ 人工摘除，在第 1 代幼虫脱果前，及时人工摘除虫果，并带出果园集中处理。⑥ 在害虫未产卵危害时，及时给果实套袋或防虫网覆盖果园，可阻止害虫危害。

（3）生物防治。① 保护利用天敌。桃小食心虫的天敌很多，如草蛉、瓢虫、花蝽、松毛虫赤眼蜂、中国齿腿姬蜂和甲腹茧蜂等寄生性、捕食性昆虫，白僵菌、绿僵菌等是其寄生菌。在适宜地区自然寄生率可达 30% ~ 50%。桃小甲腹茧蜂产卵在桃小食心虫卵内，以幼虫寄生在桃小食心虫幼虫体内，当桃小食心虫越冬幼虫出土做茧后被食尽。因此可在越冬代成虫发生盛期，释放桃小寄生蜂。在幼虫初孵期，喷施细菌性农药800 IU/mg 苏云金杆菌悬浮剂 200 倍液，使桃小食心虫罹病死亡；每 667 m² 用白僵菌（粗菌剂）2 kg + 20% 虫酰肼 0.1 kg，兑水 150 kg 喷洒树盘，喷后覆草或浅锄；或用绿僵菌（每克含 200 亿活孢子，每 667 m² 用量 400 ~ 600 g）喷雾防治。② 合理使用仿生制剂农药。发现少量成虫时喷洒 25% 灭幼脲Ⅲ号 1 500 倍液，或虫酰肼 2 000 倍液，或 2% 甲氨基阿维菌素苯甲酸盐乳剂 1 500 倍液，每 10 ~ 15 天喷 1 次，连续喷洒 2 ~ 3 次，杀灭虫卵及初孵幼虫效果好。③ 另外，从澳大利亚引进的新线虫和我国山东发现的泰山 1 号线虫，对桃小食心虫的寄生能力都很强，杀虫效果分别为 90% ~ 95% 和 70.8%。因此，应注意在枣园中严禁喷洒剧毒农药，以便保护好以上自然天敌。④ 性诱剂诱杀，在成虫高发期使用性诱剂诱捕器诱杀雄成虫，减少其成虫数量，干扰其交配产卵。

（4）化学防治。① 撒毒土。每 667 m² 果园用 15% 毒死蜱颗粒剂 2 kg 或 50% 辛硫磷乳油 0.5 kg 与细土 15 ~ 25 kg 充分混合制成毒土，均匀地撒在树干下地面，用手耙将药土与土壤混合、整平。毒死蜱使用 1 次即可，辛硫磷应连施 2 ~ 3 次。② 地面喷药。用 45% 毒死蜱乳油 300 ~ 500 倍液，或 40% 毒死蜱微乳剂 300 ~ 400 倍液，或48% 毒·辛乳油 200 ~ 300 倍液，在越冬幼虫出土前喷湿地面，耙松地表即可。③ 树上防治。防治适期为产卵期，喷施 48% 毒·辛乳油 1 000 ~ 1 500 倍液，对卵和初孵幼虫有强烈的触杀作用；也可喷施 20% 杀灭菊酯乳油 2 000 倍液，或 10% 氯氰菊酯乳油1 500 倍液，或 20% 氯氰菊酯乳油 2 000 倍液，或 5% 高效氯氟氰菊酯微乳油 2 000 倍液，或 2.5% 溴氰菊酯乳油 2 000 ~ 3 000 倍液。一星期后再喷 1 次，可取得良好的防治效果。

斑衣蜡蝉 *Lycorma delicatula*（White）

别名椿皮蜡蝉、樗鸡、斑衣、花媳妇、花姑娘、灰花蛾等。半翅目蜡蝉科。

分布

国内分布于东北、华北、华东、西北、西南、华南以及台湾等地。河南省各地有分布；信阳市各县（区）均有分布。

寄主植物与危害特点

主要危害臭椿、樱花、梅花、红叶李、桂花、法桐、女贞、合欢、黄杨、珍珠梅、海棠、棟树、杨树、榆树、刺槐、桃树、李树、杏树、葡萄、猕猴桃、苹果、核桃、石榴、香椿等数十种树木，特别喜欢危害臭椿。以成虫、若虫刺吸嫩梢幼叶汁液，口器深入寄主组织颇深，伤口常流出汁液，造成叶片枯黄，嫩梢萎蔫，枝条变畸形，诱发煤污病，严重影响植株的生长和发育，削弱树势。

形态特征

成虫 体长 18 mm，翅展 50 mm 左右，全身灰褐色；前翅革质，基部约 2/3 为淡褐色，翅面具有 20 个左右的黑点；端部约 1/3 为深褐色；后翅膜质，基部鲜红色，具有黑点；端部黑色。体翅表面附有白色蜡粉。头角向上卷起，呈短角突起。翅膀颜色偏蓝色为雄性，翅膀颜色偏米色为雌性。

斑衣蜡蝉雄成虫（潢川县提供）

斑衣蜡蝉雌成虫（淮滨县提供）

斑衣蜡蝉成虫（马向阳 摄）

斑衣蜡蝉若虫（马向阳 摄）

卵 长圆形，褐色，排列成块状，卵块表面有层灰褐色蜡粉。

若虫 若虫体形似成虫，初孵时白色，后变为黑色，体上有许多小白斑，1～3龄为黑色斑点，4龄体背呈红色，具有黑白相间的斑点。

生物学特征

信阳1年发生1代，以卵块在枝干或附近建筑物上越冬。翌年4月中下旬孵化为若虫，群集于嫩茎和叶背危害，5月上旬为卵孵化盛期；若虫稍受惊动即跳跃而去，若虫期60天，经过3～4次脱皮，6月下旬至7月上旬羽化为成虫，活动危害至10月。8月中旬开始交尾产卵，卵多产在树干的避风向阳处，或树枝分叉处。成虫和若虫常常数十头乃至数百头栖息枝干或叶片上危害，以叶柄基部、嫩枝上聚集多，此期间苗木受害严重。每块卵有50粒左右，多时可达百余粒，卵块排列整齐，覆盖有黄褐色分泌物，类似黄土泥块贴在皮上。成虫寿命达4个月，10月成虫逐渐死亡，留下卵块越冬。秋冬季节高温少雨雪时，第2年易暴发成灾。

发生情况

斑衣蜡蝉在信阳市各县（区）普遍发生，局部虫口密度较高，危害较重，但目前没有出现大面积严重危害现象。

防控措施

（1）营林措施。斑衣蜡蝉喜食臭椿、苦楝等植物，在经营的林分附近不要种植这些喜食植物；在危害严重的纯林内，应改种其他树种或营造混交林。

（2）物理防治。冬季刮除树干上的卵块，减少虫源。产卵期由于成虫行动迟缓，极易捕捉成虫，可有效降低越冬卵基数。结合冬季修剪和管理，人工将水泥柱上的越冬卵块压碎，彻底消灭越冬卵。

（3）生物防治。保护利用若虫的寄生蜂等天敌。如斑衣蜡蝉1～2龄若虫期，利用寄生性天敌——螯蜂抑制其危害，效果显著。

（4）化学防治。1龄若虫孵化期，喷洒2.5%溴氰菊酯乳剂4 000倍液，若在药液中加入0.3%～0.4%的柴油乳剂或黏土柴油乳剂，可提高防治效果。若虫、成虫发生期，交替使用50%啶虫脒水分散粒剂3 000倍液，或喷洒5%吡虫啉乳油2 000～3 000倍液，或50%辛硫磷乳油1 000倍液，或40%啶虫·毒乳油1 500～2 000倍液喷雾防治。

柿广翅蜡蝉　*Ricania sublimbata* Jacobi

半翅目广翅蜡蝉科。

分布

国内分布于黑龙江、山东、江西、湖北、湖南、河南、福建、台湾、重庆、广东等地。

河南省分布于南阳、三门峡、信阳等地。信阳市各地有分布。

寄主植物与危害特点

寄主植物有油茶、茶树、柑橘、梨树、李树、小叶青冈、猕猴桃、板栗、喜树、樟树、女贞、香樟、广玉兰、重阳木、栾树、桂花、石榴、杜鹃、水杉等近80种植物。以成虫、若虫密集在嫩梢、嫩叶、花蕾、果柄上吸汁造成枯枝、落叶、落花、落果，导致树势衰退。雌成虫产卵于枝条内，造成枝条损伤开裂，伤口处易折断或枝条上部分枯死，其排泄物还导致煤污病，严重影响寄主的生长及经济植物的产量和质量。

形态特征

成虫 体长7～10 mm，翅展24～36 mm，全体褐色至黑褐色。前翅宽大，不透明，前缘外侧深褐色，逐渐向中域及后缘变浅，外缘近顶角1/3处稍凹入，并有1个三角形至半圆形淡黄褐色斑；后翅暗黑褐色，半透明，脉纹黑色，脉纹边缘有灰白色蜡粉。头、胸部及前翅面散生绿色蜡粉。前胸背板具中脊，两边分布有刻点；中胸脊板具纵脊3条，中脊直而长，侧脊斜向内，端部互相靠近，在中部向前外方伸出一短小的外叉。

卵 椭圆形，初产时乳白色。

若虫 体长3～6 mm，呈钝菱形，黄褐色，翅芽处最宽，体被白色蜡粉，腹部末端有10条白色棉毛状蜡丝，呈扇状伸出，其中两条向上向前弯曲并张开，体两侧各有3条斜向上举起，其余2条与虫体平行向后伸展，蜡丝丛可将全身覆盖。1～4龄若虫为白色，5龄若虫中胸背板及腹背面为灰黑色，头、胸、腹、足均为白色，中胸背板有3个白斑。

柿广翅蜡蝉成虫（张玉虎　摄）　　　　柿广翅蜡蝉若虫（马向阳　摄）

生物学特性

信阳1年发生2代，以卵在寄主受害组织内越冬。越冬卵一般在4月上旬开始陆续孵化，若虫发生期在4月中旬至6月上旬，6月下旬开始老熟羽化，7月上旬为羽化盛期。第2代卵期7月中旬至8月中旬，第2代若虫盛发期在8月至9月。越冬卵在9月上旬至10月下旬。若虫5个龄期，每个虫龄约15天，孵卵在晚上21时至次日2时，初孵若虫10小时出现白色蜡丝，12小时后转移至叶背，2龄前群集叶背危害，3龄后开始分散到枝及叶片上危害，还可跳跃到周围其他寄主上，同时危害果实。若虫有群集性，常数头在一起，爬行迅速善于跳跃。白天活动危害，晴朗温暖天气活跃，早晨或阴雨活动少。

成虫全天均可羽化，刚羽化的成虫全身白色，眼呈灰褐色，12小时后逐渐转为黑褐色，15小时后即能飞翔。雌虫产卵于叶背主脉、叶柄或枝梢上，用产卵器在表皮上划一长条状产卵痕，进行产卵，产卵痕覆以棉絮白色蜡质，卵粒排列成2列，少有单行排列，每只雌成虫平均产卵量68粒，最多可达108粒。

发生情况

柿广翅蜡蝉在信阳主要危害茶树，零星分布，目前危害较轻。

防控措施

（1）营林措施。冬季至春季，加强林地管理，合理增施饼肥等有机肥，改善通风条件，增强树势；结合修剪，剪除有卵块的枝条和叶片，集中烧毁枯枝、落叶、杂草等物，减少虫源。

（2）生物防治。① 柿广翅蜡蝉的天敌种类较多，现已查明有24种，其中卵期的天敌有小蚂蚁、赤眼蜂、舞毒蛾卵平腹小蜂等，若虫的天敌有异色瓢虫、龟纹瓢虫、八斑瓢虫、七星瓢虫、螳螂、中华草蛉、大草蛉、步甲、猎蝽、蜘蛛、麻雀、蝙蝠等捕食性天敌，可通过保护生态环境，或释放天敌，提高天敌的种群数量，达到抑制害虫的目的。② 若虫发生盛期，喷洒1%阿维菌素乳油2 000倍液进行防治。

（3）化学防治。在若虫发生盛期，采用40%毒死蜱乳油1 000～1 500倍液，或10%吡虫啉可湿性粉剂2 000倍液，或50%啶虫脒水分散粒剂3 000倍液，或40%啶虫·毒乳油1 500～2 000倍液，或90%晶体敌百虫800～1 000倍液，或20%吡虫啉可湿性溶液剂5 000倍液，或2.5%溴氰菊酯乳油2 500～3 000倍液，或50%多灭灵乳油1 500倍液等进行喷洒防治。若虫被有蜡粉，药液中加入0.3%柴油乳液或0.2%洗衣粉，可显著提高防治效果。

紫薇绒蚧 *Eriococcus lagerostroemiae* Kuwana

别名石榴毡蚧、石榴绒蚧、石榴粉蚧、紫薇毡蚧等。半翅目绒蚧科。

分布

主要分布于辽宁、河北、内蒙古、山西、北京、天津、山东、河南、湖南、湖北、安徽、江苏、浙江、上海、四川、贵州、新疆等地。河南省郑州、开封、许昌、信阳等部分地区有分布，信阳各县（区）均有发生。

寄主植物与危害特点

危害紫薇、石榴、苹果、大豆等植物。以若虫和雌成虫寄生于植株枝、干和芽腋等处，吸食汁液。常造成树势衰弱、生长不良，而且其分泌的大量蜜露会诱发严重的煤污病，导致叶片、小枝呈黑色，失去观赏价值。如虫口密度过大，枝叶会发黑，叶片早落，开花不正常，甚至全株枯死。

紫薇绒蚧危害状（马向阳 摄）

形态特征

成虫 雌成虫扁平，椭圆形，长2~3 mm，暗紫红色，老熟时外包白色绒质介壳；触角7节。雄成虫体长约0.3 mm，翅展约1 mm，头、胸紫红色，腹橘黄色。前翅膜质，后翅退化为平衡棒。触角丝状，10节，每节密生长毛。

卵 呈卵圆形，长约0.25 mm。初产时为淡红色，后逐渐变成鲜红色、紫红色。

若虫 椭圆形，紫红色，虫体周缘有刺突。

蛹 雄蛹紫褐色，长卵圆形，外包以袋状绒质白色茧。触角丝状，10节。

生物学特性

该虫发生代数因地区而异，1年发生2~4代；如北京地区1年发生2代，上海1年发生

紫薇绒蚧（马向阳 摄）

3代，山东1年能发生4代。绒蚧越冬虫态有受精雌虫、2龄若虫或卵等，各地不尽相同；通常是在枝干的裂缝内越冬。次年3月中旬开始活动，雄若虫化蛹，雌若虫不化蛹。每年的6月上旬至7月中旬以及8月中下旬至9月为若虫孵化盛期。像上海、山东等1年发生3～4代的地区，在3月底4月初就能发现第1代若虫危害。紫薇绒蚧在温暖高湿环境下繁殖快，干热对它的发育不利。

发生情况

该害虫在信阳各县（区）园林绿地中均有发生，目前多为轻度发生。

防控措施

（1）物理防治。结合冬季整形修剪，清除虫害危害严重、带有越冬虫态的枝条，并配合冬季涂白，减少虫源。

（2）生物防治。① 保护和利用紫薇绒蚧的天敌，如红点唇瓢虫、异色瓢虫、黑缘红瓢虫、豹纹花翅蚜小蜂、黑带食蚜蝇、大草蛉、中华草蛉和捕食螨等天敌，可达到控制其虫口密度的目的。② 第1代若虫孵化高峰期，使用1.8%阿维菌素乳油1 500倍液，或者1.2%烟碱·苦参碱乳剂1 000倍液喷雾防治，均有较好的防治效果。

（3）化学防治。① 在早春萌芽前喷洒3～5波美度石硫合剂，杀死越冬若虫。② 苗木生长季节，要抓住若虫孵化期用药，可选用喷洒65%噻嗪酮可湿性粉剂2 000～3 000倍液，或40%速蚧克（速扑杀）乳油1 500倍液，或40%啶虫·毒乳油2 000～3 000倍液，或50%杀螟松乳油800倍液，均能取得较好防治效果；发生较重的树木，可用10%吡虫啉可湿性粉剂4 000倍液，或25%强力杀蚧乳油1 000倍液，或肥皂粉200倍液，或5波美度石硫合剂，兑水均匀喷雾枝干，或用毛刷蘸药液涂刷被害处。③ 夏季选用2.5%高效氯氟氰菊酯悬浮剂+5.0%阿维菌素300～500倍液喷雾防治1～2龄若虫。

樟脊网蝽 *Stephanitis macaona* Drake

别名樟脊冠网蝽。半翅目网蝽科。

分布与危害

国内主要分布于华南、华中、华东等地。随着香樟南树北移栽植，河南省信阳、南阳、驻马店、郑州、许昌等地有发生，信阳市各县（区）均有分布。主要危害香樟、油梨等，以成虫、若虫群集于叶片背面刺吸汁液危害，被害叶正面呈浅黄白色小点或苍白色斑块，背面为褐色小点或柏油状污斑，导致油污病发生。被害严重时，可导致全叶失绿，全株叶片苍白焦枯，植物长势衰弱，影响景观。

形态特征

成虫 体长 3.5 ～ 3.8 mm，宽 1.6 ～ 1.9 mm，体小而扁平，椭圆形，茶褐色。头小，腹眼黑色，单眼较大，触角稍长于身体，黄白色。头卵形网膜状，其前端较锐，盖没头；前胸背板发达，后部平坦，褐色，密被白色蜡粉，侧背板白色网膜状，向上极度延展；中脊亦呈膜状隆起，延伸至三角突末端，三角突白色网状。前翅膜质网状，白色透明有光泽，翅脉黑褐色，翅前缘有许多颗粒状突起，中部稍凹陷，翅中部稍前和近末端各有 1 个褐色横斑，翅末端钝圆。足淡黄色，跗节浅褐，臭腺孔开口于前胸侧板的前缘角上。胸部腹板中央有一长方形薄片状的突环。雌虫腹末尖削，黑色；雌虫较钝，黑褐色。

卵 初产时乳白色，后期淡黄，稍弯曲。

若虫 1 龄体长 0.5 mm，宽 0.2 mm 左右，椭圆形。初时乳白色，取食后为淡黄色，腹背暗绿，各足基节黑色，头圆鼓，腹眼稍突出，红色，触角 4 节，头部前端具长刺 3 枚，呈三角形排列，头顶两侧及前、中胸侧角上各有长刺 1 枚，中胸背板上有短刺 2 枚，腹部背板上有短刺 4 枚，两侧缘各具长刺 6 枚；2 龄体长 0.9 mm，宽 0.3 mm 左右，腹部两侧缘的长刺变为枝刺；3 龄体长 1 ～ 1.2 mm，宽 0.4 mm 左右，体稍扁平，黄褐色，腹部墨绿色，触角第 3 节端部膨大，第 4 节略呈纺锤形，前翅芽达第 2 腹节前缘，体上刺均成枝刺；4 龄体长 1.4 ～ 1.5 mm，宽 0.5 ～ 0.6 mm，黄褐色，翅芽和腹部墨绿色，触角第 3、4 节端部稍膨大，前胸背板后缘中部稍向后延，延伸部分的中央两侧各具白色短刺 1 枚，翅芽达第 3 腹节中部；5 龄体长 1.7 ～ 1.8 mm，宽 0.9 mm，触角第 2 节极短，近圆形，第 3、4 节端部不膨大，前胸背板中央两侧各具长刺 1 枚。

生物学特性

信阳 1 年发生 4 代，以卵在寄主的叶片背面主脉两侧的叶肉组织内越冬，世代重叠现象明显。第 1 代 4 月下旬越冬卵孵化，5 月中旬羽化，5 月下旬至 6 月上旬产卵，6 月中旬成虫死亡。第 2 代若虫于 6 月上旬末至 6 月中旬孵出，6 月下旬至 7 月上旬羽化，7 月上旬至 7 月下旬产卵，8 月上旬成虫死亡。第 3 代若虫于 7 月中旬至 8 月上旬孵出，8 月上旬至 8 月下旬羽化，8 月中旬至 9 月中旬初产卵，9 月中旬成虫死亡。第 4 代若虫 8 月下旬至 9 月下旬孵出，9 月中旬至 10 月中旬羽化，9 月底至 11 月中间产卵过冬，12 月上旬成虫全部死亡。

成虫和若虫喜荫蔽，不甚活泼，卵成行产于叶背主脉和第 1 分脉两侧的组织内，疏散排列，上覆灰褐色胶质或褐色排泄物。

樟脊网蝽生活史图（河南省信阳市）

月份	旬	第1代	第2代	第3代	第4代
12月至翌年3月	上	(●)			
	中	(●)			
	下	(●)			
4月	上	(●)			
	中	(●)			
	下	—			
5月	上	—			
	中	+			
	下	+	●		
6月	上	+	● —		
	中	+	—		
	下		— +		
7月	上		+	●	
	中		+	● —	
	下		+	● —	
8月	上		+	— +	
	中			+	●
	下			+	● —
9月	上			+	● —
	中			+	● —
	下	(●)		—	+
10月	上	(●)			+
	中	(●)			+
	下	(●)			+
11月	上	(●)(●)			+
	中	(●)(●)			+
	下	●			+

注：●卵，—若虫，+成虫，(●)越冬卵。

发生情况

樟脊网蝽为信阳地区近年来新发生的一种害虫。近些年来，随着香樟树种的引入，樟脊网蝽也随之传入信阳。目前，香樟在信阳城市园林绿化中广泛栽植，部分苗圃也培育了大量香樟幼苗，由于樟脊网蝽危害较隐蔽，加之城市园林管理部门对其危害性重视不够，导致该害虫发生及危害呈逐年加重趋势，有的地块香樟树上樟脊网蝽危害率达60%以上。危害严重时，全株叶片失绿、枯黄，提早落叶，甚至造成树体长势衰弱。

防控措施

（1）检疫措施。对调入香樟树严格进行复检，源头预防，严防该害虫人为传播蔓延。

（2）营林措施。加强养护，成虫出蛰前，及时清除树下的杂草、枯枝叶并烧毁或深埋处理，以减少虫源；注意通风透光，创造不利于该虫的生活条件。

（3）物理防治。利用其以卵在叶片背面主脉两侧的叶肉组织内越冬的特性，组织人工摘除越冬卵。

（4）生物防治。①零星发生时，保护和利用天敌螳螂、草蛉、小花蝽、蜘蛛、蚂蚁、瓢虫类等捕食性天敌昆虫，以虫治虫。②大面积发生时，4月初第1代若虫孵化期可用2%烟碱乳剂900～1 500倍液，或0.3%印楝素乳油1 000～2 000倍液，或27.5%油酸烟碱乳油400～1 000倍液，或1.1%烟百素乳油1 000～1 500倍液，或27%皂素烟碱溶剂400倍液，或0.3%苦参碱水剂500～800倍液等高效低毒的仿生制剂、植物源农药喷雾。

（5）化学防治。发生严重时，在成虫、若虫发生危害初期，对树冠均匀喷洒10%吡虫啉可湿性粉剂600～800倍液或4.5%高效氯氰菊酯乳油1 000倍液或90%晶体敌百虫1 000倍液或50%杀螟松乳油1 000～2 000倍液，或25%速灭威、25%西维因400～600倍液，或70%艾美乐3 000倍液，或19%灭百可2 000倍液，视虫情隔10～15天再喷1次，连续喷施2～3次，防治效果较好。

悬铃木方翅网蝽 *Corythucha ciliata* Say

半翅目网蝽科。

分布

悬铃木方翅网蝽属外来林业有害生物，原产北美地区。2002年首次在湖南省长沙市发现，现分布于湖南、河南、河北、北京、山东、湖北、安徽、江西、四川、广东、广西、上海、江苏、重庆、贵州等省（市、区）。河南省郑州、洛阳、许昌、安阳、南阳、信阳、驻马店、商丘、周口等地有发生。信阳市各县（区）均有传入。

寄主植物与危害特点

主要寄主植物是悬铃木（法国梧桐），其他寄主植物有枸树、杜鹃花、山核桃、白蜡等。特别是对一球悬铃木的叶片危害特别严重。在长江流域形成暴发态势。成虫和若虫以刺吸寄主植物叶片汁液为主，受害叶片正面形成均匀的白色斑点，叶背面出现锈色斑，严重时叶片枯黄，从而抑制寄主植物的光合作用，影响植株正常生长，导致树木生长势衰弱。受害严重的树木，整株叶片枯黄脱落或枯死，严重影响景观绿化效果。

悬铃木方翅网蝽危害状（马向阳　摄）

形态特征

成虫　体长 3.2 ~ 3.7 mm，头兜发达，盔状，头兜的高度较中纵脊稍高；头兜、中纵脊、侧背板和前翅表面的网肋上密生小刺，侧背板和前翅外缘的刺列十分明显；虫体乳白色，在两翅基部隆起处的后方有褐色斑；前翅显著超过腹部末端，静止时前翅近长方形；足细长，腿节不加粗，后胸臭腺孔远离侧板外缘。

卵　长椭圆形，乳白色，顶部有椭圆形褐色卵盖。

若虫　体形与成虫相似，但没有翅，共有 5 龄。1 龄若虫虫体无明显刺突；2 龄若虫中胸小盾片具不明显刺突；3 龄若虫前翅翅芽出现，中胸小盾片 2 刺突明显；4 龄若虫前翅翅芽伸至第 1 腹节前缘，前胸背板具 2 个明显刺突；末龄若虫前翅翅芽伸至第 4 腹节前缘，前胸背板出现头兜和中纵脊，头部具刺突 5 枚。

悬铃木方翅网蝽若虫
及危害状（马向阳　摄）

悬铃木方翅网蝽成虫、
若虫（淮滨县提供）

生物学特性

信阳1年发生4～5代，以成虫在寄主植物树皮下或树皮裂缝内、地面落叶内、墙壁缝隙等隐蔽处越冬。越冬成虫于3月下旬开始上树活动，5月上旬是第1代产卵盛期，每隔1个月发生1代，第2代开始出现世代重叠，且世代重叠严重。每个雌虫平均可产卵200～300粒，成虫可在温度为−12.2℃环境中存活，寿命大约1个月。雌虫产卵时先用口针刺吸叶背主脉或侧脉，伸出产卵器插入刺吸点产卵，产完卵后分泌褐色黏液覆在卵盖上，卵盖外露。该虫可借风或成虫飞行做近距离传播，也可随苗木或带皮原木做远距离传播。

发生情况

悬铃木因树体高大雄伟，枝叶茂密，通常被作为行道绿化树种的首选。2012年以来，信阳市城市街道绿化或各苗木生产基地大面积引进栽植和扦插育苗速生悬铃木，方翅网蝽随悬铃木苗木传入。目前，信阳各地悬铃木方翅网蝽的发生及危害已呈逐年加重态势，每年部分县（区）都有小面积的中度或重度发生。

防控措施

（1）检疫措施。悬铃木方翅网蝽属外来危险性林业有害生物，按照植物检疫条例规定，对调入的悬铃木苗木或木材进行严格检疫，一旦发现疫情，要进行熏杀除害处理，严防疫情传入。限制从悬铃木方翅网蝽的疫区引种悬铃木属植物。

（2）营林措施。每年减少修剪次数亦可减少发生世代数，经常修剪的悬铃木在春季和夏季都会萌发新叶并形成旺长枝，从而为害虫的春季和夏季世代繁殖提供了所需食物。在虫情发生期和入冬时期，组织人力剪除被危害的枝叶及枯枝落叶，集中销毁。

（3）物理防治。① 悬铃木方翅网蝽成虫一般群集于树皮内或落叶中越冬，疏松树皮和树下落叶为该虫提供了良好的越冬环境。因此，在秋季刮除树体疏松树皮层并及时收集销毁落地虫叶可减少越冬虫的数量，该虫在每年出蛰季节时期，对降雨非常敏感，所以在春季出蛰季节结合浇水进行冲刷，也可在秋季采用树冠冲刷方法来减少越冬虫量，从而减小来年的虫口密度。② 树干涂白，在刮除翘皮、清扫枯枝落叶后，对树干基部用石硫合剂涂白，高度为0.8～1.0 m。

（4）生物防治。① 可保护利用猎蝽、捕食螨、草蛉及缨小蜂科寄生蜂等天敌，减少虫口密度，以达到防治效果。② 害虫发生期，用1%甲维盐微乳剂1 000～1 500倍液，或1.8%阿维菌素乳油2 000～3 000倍液对树冠进行喷雾防治，每隔15天喷1次，连续喷2～3次。

（5）化学防治。防治适期在4月底至5月初，叶面喷雾10%吡虫啉可湿性粉剂800～1 000倍液，或10%啶虫脒乳油5 000倍液，或48%毒死蜱乳油1 000～1 500倍液，每间隔7～10天喷药1次，根据危害轻重情况一般防治2～3次即能达到效果；也可进行树干注射25%杀虫双水剂100倍液进行防治。为防止方翅网蝽产生抗药性，药物应交替使用。

云斑白条天牛 *Batocera horsfieldi*（Hope）

别名云斑天牛、核桃大天牛、白条天牛。鞘翅目天牛科。

分布

国内分布于河北、山东、陕西、河南、安徽、湖北、江西、湖南、江苏、上海、浙江、福建、广东、广西、四川、云南、重庆、贵州、台湾等地。河南省分布于三门峡、安阳、洛阳、济源、商丘、开封、信阳、南阳、驻马店等地。信阳市各县（区）均有分布。

寄主植物与危害特点

寄主植物主要为白蜡、桑树、杨树、柳树、榆树、麻栎、栓皮栎、枫杨、乌桕、女贞、泡桐、苦楝、悬铃木、紫薇、柑橘、枇杷、核桃、油桐、板栗、苹果、梨树等数十种林木和果树。成虫取食嫩枝皮层及叶片，幼虫蛀食被害树干的皮层和木质部，由皮层逐渐深入木质部，蛀成斜向或纵向坑道，蛀道内充满木屑与粪便，轻度危害造成树势衰弱，严重危害会导致整株干枯死亡。

云斑白条天牛危害状（马向阳　摄）

形态特征

成虫　体长 32 ~ 65 mm，宽 9 ~ 20 mm。体黑褐色或灰褐色，密被灰褐色和灰白色绒毛。触角线状，雄虫触角超过体长 1/3，雌虫触角略比体长，每节下沿都有许多细齿，雄虫从第 3 节起，每节的内端角并不特别膨大或突出。前胸背部有 1 对近肾形白色或浅黄色斑，小盾片近半圆形，白色，各节下方生有稀疏细刺，第 1 ~ 3 节黑色具光泽，有刻点和瘤突，两侧中央有 1 对粗大而尖锐的尖刺突。每个鞘翅上有白色或浅黄色绒毛组成的云状白色斑纹，2 ~ 3 纵行排列不规则的白色云状斑，以外面一行数量居多，并延至翅端部；翅中部前有许多小圆斑或扩大的斑点，呈云片状；鞘翅基部密布黑色瘤状颗粒，约占鞘翅的 1/4，肩刺大而尖端微指向后上方。翅端略向内斜切，内端角短刺状。体两侧从复眼至腹部末端有 1 条白色绒毛组成的纵带。

雌成虫凿产卵槽	雌成虫正产卵	云斑白条天牛雄成虫
（马向阳 摄）	（马向阳 摄）	（马向阳 摄）

卵 长 6 ~ 10 mm，宽 3 ~ 4 mm，长椭圆形，弯曲略扁。初产时乳白色，以后逐渐变为土黄色。

幼虫 老龄幼虫体长 70 ~ 80 mm，乳白色至淡黄色。头扁平，半缩于胸部，头部除上颚、中缝及额中一部分黑色外，其余皆浅棕色，上唇和下唇着生许多棕色毛。体肥胖多皱襞，前胸硬皮板有 1 个"凸"字形褐斑，褐斑前方近中线有 2 个小黄点，内各有 1 根刚毛。后胸及腹部 1 ~ 7 节，背面由小刺突组成的骨化区呈扁"回"字形，腹面呈"口"字形。

云斑白条天牛幼虫（新县提供）　　云斑白条天牛羽化孔（马向阳 摄）

蛹 体长 40 ~ 70 mm，初为乳白色，后变黄褐色。头部及胸部背面生有稀疏的棕色刚毛，腹部第 1 ~ 6 节背面中央两侧密生棕色刚毛。末端锥状。

生物学特性

信阳 2 年发生 1 代，以幼虫或成虫在树干蛀道内或蛹室内越冬。越冬成虫翌年 5 月中旬咬一圆形羽化孔钻出，5 月为羽化盛期。成虫白天栖息在树干和大枝上，有趋光性，晚间活动取食当年生枝条的嫩皮和叶片，危害 30 ~ 40 天后交尾产卵。卵多产于树干离地面 2 m 以内处。产卵时成虫先在树皮上咬 1 个长形或椭圆形刻槽，然后将卵产于刻槽内，一处只产 1 粒卵，每次产卵用时约 10 分钟，产卵时头部向上。卵期 10 ~ 15 天，幼虫孵化后，先在皮层下蛀成三角形蛀痕，蛀食韧皮部，幼虫入孔处有大量木屑和粪屑排出，树皮逐渐外胀纵裂，流出褐色树液。幼虫在边材危害一段时间后向木质部深处蛀入，然后向上蛀食。第 1 年以幼虫在虫道内越冬，第 2 年春季继续危害，8 月在虫道顶端做蛹室化蛹，9 月羽化为成虫，在蛹室内越冬。第 3 年 5 月成虫钻出树干。

云斑白条天牛生活史图（河南省信阳市）

月份	1~4 月			5 月			6 月			7~9 月			10 月至翌年 3 月			4~7 月			8 月			9~12 月		
旬	上	中	下	上	中	下	上	中	下	上	中	下	上	中	下	上	中	下	上	中	下	上	中	下
虫态	(+)	(+)	(+)	(+)	(+)	(+)	(+)																	
					+	+	+	+	+	+														
							●	●	●	●														
								—	—	—	—	—	(-)	(-)	(-)	—	—	—						
																		⊙	⊙	⊙			
																					(+)	(+)	(+)

注：●卵，—幼虫，（—）越冬幼虫，⊙蛹，+成虫，（+）越冬成虫。

发生情况

信阳市城区内的沿浉河数公里长两岸栽植的垂柳上，云斑白条天牛危害严重，有虫株率达 90% 以上，部分垂柳被危害致死亡或者严重衰弱。各县（区）呈零星发生，危害相对较轻。

防控措施

（1）物理防治。① 成虫发生盛期（5 ~ 6 月），利用成虫假死性、不喜飞翔、行动慢等特点，早晨将云斑白条天牛成虫振落后人工捕捉。② 卵期和低龄幼虫期，用锤子砸死虫卵和未侵入木质部的低龄幼虫。③ 成虫发生盛期，利用成虫有趋光性，用杀虫灯诱杀成虫，傍晚开灯诱杀。④ 诱木防治。6 ~ 7 月繁殖期，利用其喜欢在新伐倒木上产卵繁殖的特性，在林内适当地点设置一些木段（如桑树、蔷薇、柳树等）作诱饵，诱其大量产卵，然后集中销毁。

（2）生物防治。① 保护益鸟，在林内挂鸟巢招引益鸟，达到以鸟治虫的目的。

② 保护和利用寄生性天敌。卵期有跳小蜂科（如白条天牛卵跳小蜂、云斑白条天牛卵膜纹跳小蜂等）的寄生；幼虫期有小茧蜂、虫花棒束孢菌、花绒寄甲、管氏肿腿蜂、川硬皮肿腿蜂、核型多角体病毒等寄生；管氏肿腿蜂、川硬皮肿腿蜂对低龄幼虫寄生率高，但对大龄幼虫防治效果差。③ 利用生物农药防治。成虫发生期，用微型喷粉器喷洒白僵菌纯孢粉，或向树干喷洒 25% 灭幼脲Ⅲ号悬浮剂 500 倍液，或用 1.2% 苦·烟乳油 500 ～ 800 倍液进行地面喷雾防治；幼虫期，向蛀孔注入白僵菌液进行防治云斑白条天牛幼虫。此外，线虫制剂对云斑白条天牛也有一定的防治效果，如在山东章丘的核桃林地，线虫 *S.bibionis* SL 品系对云斑白条天牛幼虫致死率可达 97%。

（3）化学防治。卵孵化盛期，在产卵刻槽处涂抹 50% 辛硫磷乳油 5 ～ 10 倍药液，以杀死初孵化出的幼虫。幼虫蛀干危害期（6 ～ 8 月），发现树干上有粪屑排出时，用 80% 敌敌畏乳油或 10% 吡虫啉可湿性粉剂 100 倍液或 16% 虫线清乳油 100 ～ 300 倍液或 8% 绿色威雷 200 倍液注入虫孔，而后用泥将洞口封闭；可用药泥或浸药棉球堵塞、封严虫孔，毒杀干内害虫；也可直接从虫道插入"天牛净毒签"熏杀。成虫羽化高峰期前，用 8% 绿色威雷 300 ～ 600 倍液或 10% 吡虫啉可湿性粉剂 500 ～ 800 倍液进行常量或超低量喷树干，或用 40% 啶虫·毒死蜱（国光必治）乳油 800 倍液、45% 丙溴·辛硫磷（国光依它）800 ～ 1 000 倍液喷树干或补充营养时喷寄主树冠和树干。

桃红颈天牛 *Aromia bungii* Faldermann

别名红颈天牛、铁炮虫、哈虫。鞘翅目天牛科昆虫。

分布

国内分布于北京、东北、河北、河南、江苏、浙江、云南、贵州等地。信阳市各县（区）均有分布。

寄主植物及危害特点

主要危害桃树、杏树、樱桃、郁李、梅、柳树、杨树、栎树、柿树、苹果、核桃、花椒等，以蔷薇科果树和观赏植物为主，其中桃树受害最严重。以幼虫在树干、主枝内蛀食危害，在韧皮部和木质部形成不规则的蛀道，破坏树木输导组织，阻碍水分和养分运输，影响树木生长发育，造成树势衰弱，叶片发黄，枝条干枯，蛀孔外堆积大量木屑状虫粪，桃树、杏树、樱桃等树种受害部位常出现流胶，危害严重时，造成树木整株枯死。

形态特征

成虫 体长 26 ～ 37 mm，宽 8 ～ 10 mm。体黑色，有光亮；前胸背板棕红色，背面有 4 个光滑疣突，两侧各有 1 个角状侧枝刺。鞘翅翅面光滑，基部比前胸宽，端部

渐狭。雄虫身体比雌虫小，前胸腹面密布刻点，触角超过虫体 5 节；雌虫前胸腹面有许多横皱，触角超过虫体 2 节。雌虫触角蓝紫色，基部两侧各有 1 个突起；雄虫触角有两种色型：一种是身体黑色发亮和前胸棕红色的"红颈"型，另一种是全体黑色发亮的"黑颈"型。信阳市主要为"红颈"个体。

卵 长椭圆形，乳白色，长 6 ～ 7 mm。

幼虫 老熟幼虫体长 42 ～ 52 mm，乳白色，前胸较宽，身体前半部各节略呈扁长方形，后半部稍呈圆筒形，体两侧密生黄棕色细毛。前胸背板前半部横列 4 个黄褐色斑块，背面的 2 个各呈横长方形，前缘中央有凹缺，后半部背面淡色，有纵皱纹；位于两侧的黄褐色斑块略呈三角形。胴部各节的背面和腹面都稍微隆起，并有横皱纹。

桃红颈天牛（马向阳 摄）

蛹 长 35 mm 左右，初为乳白色，后渐变为黄褐色。前胸两侧和前缘中央各有一刺突。

生物学特性

信阳 2 年 1 代，以幼虫在树干蛀道内越冬。幼虫经两次越冬后，于第 3 年 5 ～ 6 月老熟化蛹。成虫于 6 月上旬至 7 月中旬出现。成虫羽化后在树干蛀道中停留 3 ～ 5 天后飞出，即开始交尾产卵。雌虫将卵产在老树主干和主枝基部裂缝处，一般近土面 35 cm 以内树干产卵最多，产卵后不久成虫便死去。卵经过 7 ～ 8 天孵化为幼虫，幼虫孵出后向下蛀食韧皮部，当年生长至 6 ～ 10 mm，就在此皮层中越冬。次年春天幼虫恢复活动，继续向下由皮层逐渐蛀食至木质部表层，先形成短浅的椭圆形蛀道，中部凹陷；至夏天体长 30 mm 左右时，由蛀道中部蛀入木质部深处，蛀道不规则，入冬成长的幼虫即在此蛀道中越冬。第 3 年春继续蛀害，5 ～ 6 月幼虫老熟时用分泌物黏结木屑在蛀道内做室化蛹。蛹室在蛀道的末端，老熟幼虫越冬前就做好了通向外界的羽化孔，未羽化外出前，孔外树皮仍保持完好。幼虫由上而下蛀食，在树干中蛀成弯曲无规则的孔道。在树干的蛀孔外及地面上常大量堆积有排出的红褐色粪屑。受害严重的树干中空，树势衰弱，以致枯死。

桃红颈天牛生活史图（河南省信阳市）

月份	6月			7月			8月			9月至翌年2月	翌年3~8月	翌年9月至第3年2月	第3年3~4月	第3年5月
旬	上	中	下	上	中	下	上	中	下					
虫态	⊙	⊙	⊙	⊙	⊙									
	+	+	+	+	+									
		●	●	●	●	●								
		—	—	—	—	—	—	—	—					
										(-)				
											—			
												(-)		
													—	
														⊙

注：● 卵，— 幼虫，⊙ 蛹，+ 成虫，(—) 越冬幼虫。

发生情况

桃红颈天牛在信阳市分布较广，目前多为轻度发生，主要在桃树、李树、碧桃等植物上发生相对较严重，特别是老桃树林及城市绿化中树龄较大的碧桃上为害严重，很大程度上缩短植株寿命。

防控措施

（1）营林措施。选育抗虫品种，营造混交林，目的树种、非寄主树种、诱饵树种按 45：45：10 配置。

（2）物理防治。① 及时清除被害死枝，并集中销毁，以杀死虫卵及幼虫。② 成虫产卵前，在树干和主枝刷涂白剂（生石灰 10 份，硫黄 1 份，水 40 份）或石灰水，防止产卵。低龄幼虫期，用锤击刻槽，砸死卵和小幼虫。③ 糖醋液诱杀，按糖：醋：酒：毒死蜱（或其他杀虫剂）：水 =1：0.5：1.5：0.6：20 配成诱杀剂置于盆中，挂在离地 1 m 高处诱杀成虫。

（3）生物防治。成虫发生期，喷施 100 亿孢子 /g 的 Bt 乳剂 500 ~ 800 倍液，或释放管氏肿腿蜂、花绒坚甲等进行防治。同时保护和招引啄木鸟等天敌。

（4）化学防治。在成虫发生期和幼虫刚孵化期，喷洒 50% 杀螟松乳油 1 000 倍液或 10% 吡虫啉 2 000 倍液或 2.5% 溴氰菊酯乳剂 3 600 ~ 4 000 倍液。每 7 ~ 10 天喷施 1 次，连喷 3 次。用 8% 氯氰菊酯微囊悬浮剂 200 ~ 300 倍液，各喷 1 次，重点在羽化孔附近或补充营养部位喷洒。

薄翅锯天牛 *Megopis sinica* White

别名中华薄翅天牛、薄翅天牛、大棕天牛。鞘翅目天牛科昆虫。

分布

全国各地均有分布。

国内分布于黑龙江、辽宁、河北、山西、河南、山东、江苏、浙江、上海、福建、安徽、江西、湖南、四川、广西、贵州、云南、台湾等地。河南省各地均有分布。

寄主植物及危害特点

主要危害杨树、柳树、榆树、苹果、山楂、枣树、柿树、板栗、核桃、松树、杉木、白蜡、桑树、梧桐、油桐、法桐、海棠等。孵化后幼虫聚集在同一树洞中蛀食为害，常将小疤蛀成大洞，幼虫蛀食时在洞内排粪，蛀食严重时，造成树势衰弱，甚至整株可折断死亡。

形态特征

成虫 体长 32 ~ 58 mm，棕褐色，咀嚼式口器。头密布刻点。复眼肾形黑色，复眼之间有黄色绒毛，触角 10 节，长 3.8 cm，红茶色。胸黑褐色、前胸与中、后胸分离，中后胸联合并密被绒毛，中胸短而狭，背板有三角形小盾片，后胸大而宽，腹面有光泽，前胸背板外侧下方向外突出，后胸及腹部腹面密被黄色绒毛。前翅 1 对，鞘翅红茶色，每鞘翅上各具 3 条纵隆线，外侧 1 条不太明显；后翅为 1 对薄膜翅，翅脉红茶色，脉

薄翅锯天牛雌成虫（马向阳　摄）

薄翅锯天牛雄成虫（马向阳　摄）

间膜质白色透明；腹部6节，红褐色有光泽；足3对，红茶色。雌成虫末腹节有管状产卵器，有伸缩活动习性。

卵 卵椭圆形，长3~4 mm，宽1.0 mm，初产呈乳白色，约10分钟后变黄，呈黄白色。

幼虫 老熟幼虫长4.0 cm，胸宽1.15 cm，黄白色，前胸背板淡黄色，中央有1条平滑纵线，两边有凹陷斜纹1对；腹部步泡突光滑，无瘤突；每腔节侧面各有一对气孔，无足。

蛹 裸蛹，乳黄色，雄蛹长3.4 cm，后胸宽0.85 cm；雌蛹长5.2 cm，后胸宽1.25 cm，活动以弯曲滚动进行。

薄翅锯天牛卵（马向阳 摄）

生物学特性

信阳2年发生1代，以幼虫在寄主蛀道内越冬。成虫于6月下旬、7月上旬羽化，啃食树皮补充营养。在7月中旬交配，7月中下旬产卵，产卵于树干上。约经一周后卵孵化为幼虫，初孵幼虫蛀入木质部后，向上、下蛀食，危害到秋季后在树内越冬，翌年春季集中危害。经近2年的幼虫期发育成熟后，在靠近树表皮做蛹室蜕皮化蛹，进而再羽化为成虫。薄翅锯天牛是蛀弱型害虫，成虫交配后，在其他天牛的旧蛀道中或主干和大枝的木质半腐态树疤或树缝处产卵，每个雌成虫孕卵300余粒。

薄翅锯天牛生活史图（河南省信阳市）

月份	6月			7月			8月			9月至翌年2月	翌年3~8月	翌年9月至第3年2月	第3年3~4月	第3年4~5月
旬	上	中	下	上	中	下	上	中	下					
虫态	⊙	⊙	+	+	+ ● —	● —	—	—	—	(—)	—	(—)	—	⊙

注：●卵，—幼虫，⊙蛹，+成虫，（—）越冬幼虫。

发生情况

薄翅锯天牛在信阳市各县（区）均有分布，柳树上发生严重，特别是在城市绿化中树龄较大的柳树上，与云斑白条天牛复合危害，发生率较高，致使树冠出现不同程度的枝干枯死、树干变得千疮百孔，严重影响树木生长及影响绿化效果。

防控措施

（1）物理防治。① 人工捕捉成虫，减少虫源。② 及时清理树干蛀洞，用水泥填好，防治成虫再次产卵。③ 诱木防治。利用薄翅锯天牛喜欢在新伐倒木上产卵繁殖的特性，于 6 ~ 7 月繁殖期，在适当地点设置一些杨树、柳树、桑树等木段，诱集成虫在木段上产卵，待幼虫孵化后，进行集中处理。

（2）生物防治。成虫发生期，喷施 100 亿孢子 /g 的 Bt 乳剂 500 ~ 800 倍液，同时保护和招引啄木鸟等天敌。

（3）化学防治。在成虫发生期，喷施 40% 的毒死蜱乳油 800 ~ 1 000 倍液，或采用 2.5% 溴氰菊酯处理后的毒签进行防治，杀虫效果显著。将稀释后绿色威雷的药液喷洒在地面以上树干、大枝和其他天牛成虫喜出没之处，常量喷雾稀释 300 ~ 400 倍液，超低量喷雾稀释 100 ~ 150 倍液。

锈色粒肩天牛 *Apriona swainsoni*（Hope）

鞘翅目天牛科。

分布

原发生于云南、四川、贵州、福建等地，后传播到河南、山东、江苏、安徽等地。河南省分布于郑州、新乡、许昌、洛阳、开封、信阳等地，信阳市各县（区）有分布。

寄主植物与危害特点

主要危害国槐、龙爪槐、柳树、云实、紫柳、黄檀等。主要以幼虫钻蛀主枝、树干，在韧皮部和木质部边材部分蛀成横向不规则虫道，破坏树木输导组织，造成树势生长衰弱甚至树枝或整株枯死。此外，成虫啃食寄主植物 1 ~ 2 年生嫩枝的绿色表皮。

形态特征

成虫 雄虫体长 28 ~ 33 mm，体宽 9 ~ 11 mm；雌虫体长 33 ~ 39 mm，体宽 11 ~ 13 mm。黑褐色，全体密被铁锈色短绒毛，头、胸及鞘翅基部颜色较深暗。头部额高大于宽，中沟明显，直达头后缘。触角 10 节，雌虫触角较体稍短，雄虫触角较体稍长；触角基瘤突出，各节生有稀疏的细短毛；第 4 节中部以上各节呈黑褐色。前胸背板具有不规则的粗大颗粒状突起，前、后端均有明显的横沟；两侧刺突发达，末端尖锐。鞘翅肩角略突，无肩刺，翅端平切，缝角和缘角均具有小刺，缘角小刺短而较钝，缝角小刺长而尖；鞘翅基 1/4 部分密布黑褐色光滑小颗粒，翅表散布许多不规则的白色细毛斑和排列不规则的细刻点；前足基节外侧具有不明显的白色毛斑；中胸侧板、腹板和腹部各节腹面（末节除外）两侧各有明显的白色细毛斑；第 1 ~ 2 腹节中央各有 1 个 "八" 字形白斑。雌虫腹末节 1/2 露出翅鞘外，背板中央凹陷较深；雄虫腹末节稍露出翅鞘外，背板中央凹入较浅。

卵 长椭圆形，乳白色。卵外覆盖不规则草绿色分泌物，初排时呈鲜绿色，后变为灰绿色。

幼虫 老熟幼虫扁圆筒形，黄白色。体长 42 ~ 60 mm，宽 12 ~ 15 mm。触角 3 节。前胸背板黄褐色，略呈长方形，侧沟明显，中沟不明显，背板中部有 1 个倒 "八" 字形凹陷纹，前方有 1 对略向前弯的黄褐色横斑，其两侧各有一同色长形纵斑。前胸腹片后区和小腹片密布棕色颗粒突起。幼虫胸、腹部两侧各有 9 个黄棕色椭圆形气门。该幼虫与桑天牛幼虫相似，但后者前胸腹板中前腹片的后区和小腹片上的小颗粒较稀，且突起成瘤状。

蛹 纺锤形，体长 35 ~ 42 mm，黄褐色。初为乳白色，渐变为淡黄色。翅贴于腹面，达第 2 腹节；触角贴于体两侧，达后胸部，其端部弯曲。腹部背面每节后缘有横列绿色粗毛。

生物学特性

信阳 2 年发生 1 代，以幼虫在枝干、主干的木质部或树皮下蛀道内越冬。翌年 4 月上旬开始蛀食危害，4 ~ 9 月为幼虫危害期，10 月下旬老熟幼虫在虫道尽头做凹穴越冬，幼虫期长达 22 个月，整个生活史跨越 3 个年头，于第 3 年 5 月上旬开始化蛹，蛹期 21 天。6 月上旬成虫开始羽化出孔，成虫寿命 65 ~ 75 天。6 月中旬为幼虫危害盛期，排出虫粪。单雌产卵 53 ~ 140 粒，卵期 8 ~ 12 天；6 月下旬至 9 月中旬为产卵期。初孵幼虫在形成层危害，先危害树干韧皮部，稍后进入木质部危害，向上作纵向危害，虫道为不规则形。9 月是当年生幼虫的危害盛期，直到 10 月下旬停止，进入越冬。危害严重时，排出的虫粪和木屑由蛀孔排出树外。

发生情况

目前，信阳市锈色粒肩天牛主要发生在城市街道行道树、苗圃、公路两侧绿化带等种植的国槐上，呈零星发生，局部虫口密度稍高，没有造成大的灾害，但需加强虫情监测，做好防控工作。

防控措施

（1）检疫措施。锈色粒肩天牛是一种破坏性极强的钻蛀性害虫，曾于 1996 年被原国家林业部公布为国内森林植物检疫对象，目前为河南省补充检疫性林业有害生物。锈色粒肩天牛以各虫态随寄主植物的调运作远距离传播，因此做好产地检疫、调运检疫和复检工作，是防控锈色粒肩天牛人为传播扩散的有效措施。发现调运中的带虫原木或种苗，立即进行药物熏蒸处理。

（2）营林措施。①用法桐、楸树等阔叶树或雪松、侧柏等针叶树与国槐、柳树等寄主植物营造混交林，块状混交或单株间隔混交，提高森林抗害虫能力。②6月中旬至8月上旬，成虫产卵于树梢内时，剪除被害枝梢，然后集中烧毁。及时伐除死树或严重虫害树，然后进行灭虫处理，减少虫源。

（3）物理防治。①成虫产卵盛期，人力捕捉可大量消灭成虫。②7～8月，组织人力用木槌敲击产卵痕杀卵。

（4）生物防治。低龄幼虫期（8月上中旬），释放管氏肿腿蜂；老熟幼虫期、蛹期释放花绒寄甲等天敌。

（5）化学防治。①7月成虫产卵初期至盛期，对树冠、主枝喷洒30%高效氯氰菊酯可湿性微胶囊4 000倍液消灭成虫。②6月和9月幼虫危害盛期，用熏蒸剂80%敌敌畏乳油15倍液注入虫孔，每孔3 mL，并及时用胶泥封堵虫孔，毒杀幼虫。

柳蓝叶甲 *Plagiodera versicolora*（Laicharting）

别名柳蓝金花虫。鞘翅目叶甲科。

分布

国内分布于黑龙江、吉林、辽宁、内蒙古、甘肃、宁夏、河北、山西、陕西、山东、江苏、河南、湖北、安徽、浙江、贵州、四川、重庆、云南等省（市、区）。河南全省均有分布。信阳市各县（区）也有分布。

寄主植物与危害特点

寄主为柳属、榛属植物。以成虫、幼虫取食叶片呈缺刻或空洞，严重时将叶片全部吃光，尤其苗圃受害严重。

形态特征

成虫 体长4 mm左右，近圆形，深蓝色，具金属光泽，头部横阔，触角6节，基部细小，其余各节粗大，褐色至深褐色，上生细毛；前胸背板横阔光滑。鞘翅上密生略成行列的细点刻，体腹面、足色较深具光泽。

卵 橙黄色，椭圆形，成堆直立在叶面上。

幼虫 体长约6 mm，灰褐色，全身有黑褐色凸起状物，胸部宽，体背每节具4个黑斑，两侧具乳突。1龄幼虫头黑色，体灰黄色；2龄幼虫体长2.4～3 mm；3龄幼虫有土黄色和黑色两种，体长3.0～4.0 mm；4龄幼虫体长4.2～6 mm，体较头宽，3对足，体背有6个黑色瘤状突起。

柳蓝叶甲成虫（马向阳　摄）　　　　　柳蓝叶甲幼虫（淮滨县提供）

蛹 长 4 mm，椭圆形，黄褐色，腹部背面有 4 列黑斑。

生物学特性

信阳 1 年发生 5 ~ 6 代，以成虫在枯落物、杂草及土壤中越冬。翌年春季柳树发芽时出来活动，危害芽、叶，并交尾、产卵，孵出幼虫，第 1 代虫态整齐，以后出现世代重叠现象，常同期可看到几种虫态。成虫有假死习性，卵成块产于叶背或叶面，成堆排列，每只雌虫可产卵数百粒至千余粒。卵期 6 ~ 7 天，初孵幼虫多群集危害，啃食叶肉，至被害处灰白半透明。幼虫共 4 龄，幼虫期约 10 天，老熟后附于叶片化蛹。苗圃 2 年生苗木受害最重，换茬 1 年生苗最轻。林内 1 ~ 2 年萌生条最重，其次为孤立木及林缘木，林内大树受害最轻。

发生情况

该虫在信阳发生危害较轻，偶尔局部地块危害较重，但无大面积暴发记录。

防控措施

（1）营林措施。连茬苗圃冬季深翻地并铲除地边杂草，可减少越冬代虫口基数。

（2）物理防治。利用成虫假死性，人工振击干、枝，振落捕杀成虫。

（3）生物防治。① 幼虫期，喷洒 1% 苦参碱液剂 1 500 倍液，或 1.8% 阿维菌素乳油 2 000 ~ 2 500 倍液防治成虫及幼虫。② 保护利用自然界天敌，如柳蓝叶甲金小蜂、瓢虫、寄生蝇、益螨、蠼螋、猎蝽、大腿小蜂、长腿绿蜘蛛、胡蜂、螳螂、大山雀、喜鹊等控制其虫口密度。

（4）化学防治。幼虫、成虫危害期，喷洒 10% 吡虫啉可湿性粉剂 2 000 倍液，或 90% 晶体敌百虫 1 000 ~ 1 500 倍液，或 50% 辛硫磷乳油 1 000 倍液，或 50% 马拉硫磷乳油 1 000 ~ 1 500 倍液，或 20% 虫死净可湿性粉剂 2 000 倍液，或 80% 敌敌畏乳油 1 000 倍液，或 20% 杀灭菊酯 2 000 倍液，间隔 5 ~ 7 天，再喷 1 次，防治效果更好。

铜绿丽金龟 *Anomala corpulenta* Motschulsky

别名铜绿金龟子、青金龟子、淡绿金龟子。鞘翅目丽金龟子科。

分布

国内主要分布于黑龙江、吉林、辽宁、内蒙古、河北、山西、山东、陕西、宁夏、四川、贵州、河南、安徽、湖北、湖南、江西、江苏、浙江、广东、广西等省（区）。河南省分布于安阳、洛阳、三门峡、南阳、信阳、济源等地。信阳市各县（区）有分布。

寄主植物与危害特点

寄主植物有杨树、柳树、榆树、枫杨、松树、柏树、油桐、乌桕、油茶、板栗、核桃、苹果、山楂、海棠、葡萄、丁香、杜梨、梨树、李树、桃树、杏树、樱桃、女贞、白蜡等多种林木和果树。成虫取食叶片，常造成幼嫩叶片残缺不全，甚至全树叶片被食光。此外，幼虫危害多种植物根部，使寄主植物叶子萎蔫甚至整株枯死。

形态特征

成虫 体长 15 ~ 21 mm，宽 8.0 ~ 11.3 mm。鳃叶状触角 9 节，黄褐色。体中型，背面铜绿色，有金属光泽。唇基前缘、前胸背板两侧呈淡黄褐色。头部较大，头前胸背板闪光绿色，密布刻点，两侧有 1 mm 宽的黄边。鞘翅铜绿色，有光泽，两侧具不明显的纵脉 4 条，肩部具疣突。胸部背板黄褐色有细毛。腿节黄褐色，胫节、跗节深褐色，前足胫节具 2 外齿，前、中足大爪分叉。腹部米黄色，有光泽，臀板三角形，黄褐色，基部有 1 个近三角形大黑斑，两侧各有一个小椭圆形黑斑。雌虫腹面乳白色，末节为棕黄色横带；雄虫腹面棕黄色。

铜绿丽金龟成虫（淮滨县提供）

卵 乳白色，初产时椭圆形，长 1.65 ~ 1.93 mm，宽 1.30 ~ 1.45 mm；孵化前呈圆球形，长 2.4 ~ 2.6 mm，宽 2.1 ~ 2.3 mm，卵壳表面光滑。

幼虫 金龟子幼虫统称为蛴螬，是重要的地下害虫。铜绿丽金龟 3 龄幼虫体长 30 ~ 33 mm。头部暗黄色，近圆形，头部前顶刚毛每侧各 6 ~ 8 根，排成一纵列。额中侧毛每侧各 2 ~ 4 根。腹部末端两节自背面看，为泥褐色且带有微蓝色。臀部腹面具刺毛，每列多由 15 ~ 18 根长针状刺毛组成，两列刺毛尖端大多彼此相遇或交叉，刺毛列的前端远没有达到钩状刚毛群的前部边缘。老熟幼虫头腹部乳白色，胸足 3 对且特别发达，腹部无足，体肥大，多皱纹，身体常向腹面弯曲成"C"字形。

蛹 体长 18 ~ 22 mm，宽 9.6 ~ 10.3 mm，椭圆形，体稍弯曲，土黄色，末端圆平。雄蛹臀节腹面有 4 个乳头状突起，雌蛹臀节腹面平坦且有 1 个细小的飞鸟形皱纹。

生物学特性

信阳 1 年发生 1 代，多数以 3 龄幼虫在地下越冬，少数以 2 龄幼虫在地下越冬。翌年春季随着气温回升，土壤解冻后，越冬幼虫开始向上移动，5 月中旬前后继续危害一段时间，取食农作物和杂草的根部，然后老熟幼虫作土室化蛹，预蛹期约 12 天。5 月中下旬老熟化蛹，5 月下旬至 6 月中旬为化蛹盛期，6 月初成虫开始出土，6 月至 7 月上旬是危害严重期。7 月以后，虫量逐渐减少，危害期约 40 天。成虫多在 18:00 ~ 19:00 飞出进行交配产卵，20:00 以后开始危害，直至凌晨 3:00 ~ 4:00 飞离果园重新到土中潜伏。成虫喜欢栖息在疏松、潮湿的土壤中，潜入深度一般为 7 cm 左右。成虫有较强的趋光性、假死性，以 20:00 ~ 22:00 灯诱数量最多。成虫活动最适温度 25 ℃，相对湿度 70% ~ 80%，夜晚闷热无雨活动最盛。6 月中旬至 7 月上旬为产卵盛期，成虫产卵于果树下的土壤内或大豆、花生、甘薯等地里，雌虫每次产卵 20 ~ 30 粒，7 月间出现新一代幼虫，取食寄主植物的根部，10 月上中旬幼虫在土中开始下潜越冬。

发生情况

近年来，该害虫在信阳市息县、淮滨县、潢川县、罗山县、平桥区等沿淮平原地区多为轻度发生，但分布范围广、危害树种较多。

防治措施

（1）营林措施。结合更新采伐，营造混交林。配合农业开荒垦地，破坏蛴螬生活环境；灌水轮作，消灭幼龄幼虫，捕捉浮出水面成虫。水旱轮作可防治幼虫危害。在林地、果园周围，尽量不种植大豆、花生、甘薯、苜蓿等金龟子喜食植物，不施未经腐熟的有机肥。

（2）物理防治。① 利用铜绿丽金龟成虫具较强的趋光性，6 ~ 7 月间每天晚上都出土进行交配、取食等活动，可使用黑光灯、频振式杀虫灯、全普纳米诱捕灯等诱杀成虫。② 利用铜绿丽金龟成虫有较强的假死性，进行人工捕捉。③ 利用糖醋液诱杀成虫。

（3）生物防治。① 应用病原微生物防治，第 1 代幼虫发生期喷洒 100 亿苏云金芽孢杆菌 /ml Bt 可湿性粉剂 200 ~ 300 倍液，或 16 000 IU/mg Bt 可湿性粉剂 1 200 ~ 1 600 倍液。② 喷洒仿生物制剂，成虫发生期喷洒 1.8% 阿维菌素乳油 5 000 倍液进行防治。

（4）化学防治。① 在幼虫孵化盛期，采取农业药剂拌种毒杀幼虫。常规农药有 25% 辛硫磷微胶囊剂 0.5 kg 拌 250 kg 种子；50% 辛硫磷乳油 0.5 kg 加水 25 kg，拌种 400 ~ 500 kg。② 成虫发生期，对树冠喷洒绿色威雷 400 倍液，或 50% 杀螟松乳油 1 500 倍液，或 2.5% 功夫乳油 8 000 倍液，或 10% 联苯菊酯乳油 8 000 倍液，或 50% 杀螟丹可湿性粉剂。③ 成虫出土前或潜土期，地面施用 5% 辛硫磷颗粒剂；在树盘内或园边杂草内施 75% 辛硫磷乳剂 1 000 倍液，施药后浅锄入土，可毒杀大量潜伏在土壤中的成虫。

第二节　林木病害类

苗木茎腐病

分布与危害

苗木茎腐病在我国分布较广，河南省境内普遍发生，信阳市各县（区）有分布。该病危害松树、杉木、侧柏、水杉、刺槐、枫香、槭树、黄杨、樟木、香榧、杜仲、核桃、香椿、油桐、乌桕、板栗、油茶、银杏等多种针阔叶树种苗木，其中以杉木、松树、银杏、杜仲等苗木最易感病。各种寄主被害后，所表现的症状不完全相同，但在苗木上一般表现为茎腐烂。

症状

发病初期，苗木茎基部产生黑褐色病斑，叶片失绿，稍下垂，随后扩大包围茎基，病部皮层皱缩坏死，易剥离。顶芽枯死，叶片自上而下相继萎垂，但不脱落，全苗枯死。病菌继续上下扩展，使基部和根部皮层解体碎裂，皮层内及木质部上生有许多粉末状黑色小菌核。严重受害的苗木，病菌也侵入到木质部和髓部，髓部变褐色，中空，也有小菌核产生。最后病菌扩展到根部时，根部皮层腐烂。如拔出病苗，根部皮层全部脱落，仅剩木质部。茎部皮层较薄的苗木，发病后病部皮层坏死不皱缩，坏死皮层紧贴于木质部，皮层组织不呈海绵状，剥开病部皮层，在皮层内表面和木质部表面，也有黑色小菌核产生。

病原

苗木茎腐病由甘薯小核菌（*Sclerotium bataticola* Taub）引起，该病菌属半知菌亚门丝孢纲无孢目无孢科小核菌属。若产生分生孢子器时，名为菜豆壳球孢菌[*Macrophomina phaseolina*（Tassi.）Goidanich]，属半知菌亚门腔孢纲球壳孢目球壳孢科大茎点菌属。病菌在银杏、松、杉等病苗上，一般不产生分生孢子器，只产生小菌核，以菌丝和菌核形态存在。菌核黑褐色，表面光滑，扁球形或椭圆形，细小如粉末状。分生孢子器有孔口，埋生于寄主组织中，孔口开于表皮外；分生孢子长椭圆形，壁薄，无色，单细胞，先端稍弯曲。此病菌喜高温，其生长适宜温度为 30 ~ 32 ℃，对酸碱度适应性较强，在 pH 4 ~ 9 之间都能生长良好。

发病规律

（1）越冬方式。该病菌以菌核在病苗和土壤里越冬，或者以菌丝体在病部或病残体上越冬，是一种腐生性强的土壤习居菌，平时在土壤中营腐生生活，翌年产生分生孢子。

（2）传播途径。由于夏季炎热高温，苗木茎基部常被土壤高温灼伤，病菌分生孢子借着风雨传播，从枝、干伤口以及灼伤处侵入，引起苗木发病。

（3）影响病害发生和流行的因素。病害的发生与寄主状态和环境条件有密切关系。在苗床低洼、容易积水处，苗木生长较弱，抗病力低，易感病；在 6 ~ 8 月气温高，且高温持续时间长的情况下，发病严重；当年生苗木最易受害，随着苗木的增长，抗病能力逐渐增强，2 年生苗木，只有在严重发病的年份受侵发病。

防控措施

（1）检疫措施。加强苗木产地检疫、调运检疫和复检工作，严防病菌人为传播。

（2）育苗措施。选择地下水位低、排水良好的苗圃地；低洼潮湿圃地应作高床，并做好开沟排水工作；容器育苗，用无病原菌的土壤配制营养土；加强苗圃管理，及时中耕除草、间苗、追肥；施足基肥，特别是有机肥、腐熟的厩肥，以促使苗木生长健壮。坚持轮作制度。

（3）物理防治。育苗前每公顷苗圃地施入石灰粉 375 kg 或硫酸亚铁粉 225 ~ 300 kg 进行杀菌；在 7 月中旬至 9 月上旬，搭棚遮阴，或在苗木行间覆草以降低土温；水源方便的苗圃地，在高温干旱季节引水灌溉，既可抗旱又可降低土温，以减少发病。

（4）生物防治。6 月中旬追施有机肥料时，加入拮抗性放射菌，或追施草木灰与过磷酸钙的混合物（两者比为 1∶0.25）并加入拮抗性放射菌，提高土壤中拮抗微生物的群落，可以使发病率降低 50%。

（5）化学防治。对苗圃幼苗用波尔多液喷洒，用量为 750 ~ 1 125 kg/hm^2，使幼苗外表形成保护膜，减少发病。发病后，用 30% 恶霉灵水剂（如国光三抗）1 000 倍液或 70% 敌磺钠可溶粉剂（如国光根灵）800 ~ 1 000 倍液或 30% 氧氯化铜悬浮剂 600 倍液或 20% 龙克菌悬浮剂 600 倍液，用药时尽量采用浇灌法，让药液接触到受损的根茎部位，根据病情，可连用 2 ~ 3 次，间隔 7 ~ 10 天。也可用 70% 甲基托布津可湿性粉剂 800 ~ 1 000 倍液或 0.3 ~ 0.5 波美度石硫合剂喷施茎部进行防治，多种药剂交替使用效果更好。

松材线虫病

别名松树枯萎病、松树萎蔫病、松材线虫萎蔫病。病原线虫为松材线虫，又称钝尾伞滑刃线虫，是一种无脊椎动物，属于线虫门（*Nemata*）、侧尾腺口纲（*Secernentea*）、滑刃目（*Aphelenchida*）、滑刃总科（*Aphelenchoidoidea*）、滑刃科（*Aphelenchoididae*）、伞滑刃亚科（*Bursaphelenchinae*）、伞滑刃属（*Bursaphelenchus*）。

分布与危害

截至 2017 年底，国内分布于江苏、山东、安徽、浙江、广东、福建、江西、湖北、湖南、广西、重庆、贵州、云南、四川、陕西、河南、辽宁、台湾、香港等。目前，河南省信阳市新县有发生。在我国主要危害黑松、赤松、马尾松、海岸松、火炬松、黄山松等松属植物。河南省寄主主要为马尾松、黄山松、油松、火炬松、黑松等松属植物。

松材线虫病属于外来林业有害生物，原产北美洲，是国内外一种重要的森林植物检疫对象。我国自 1982 年在江苏南京首次发现该病后，现已蔓延到 17 个省（区、市）的 200 多个县以及台湾和香港的部分地区。该病是松树的毁灭性病害，无论是幼龄小树，还是上百年生的参天大树都可被害致死。病情发展速度快，危害严重，松树感病后一般 1 ~ 3 个月内即可全株枯死。

症状

病株外部症状的显著特点是针叶变为红褐色，而后全株迅速枯萎死亡，针叶下垂，当年不脱落（马尾松、黑松、油松、湿地松）。树干上通常可见到天牛侵害痕迹、羽化孔和蛀屑。此外，松树感病后，树汁偏少，没有流胶（汁）现象；在嫩枝上往往可见天牛啃食树皮的痕迹；新芽死亡不长；病死植株木质部出现蓝变现象，有的偏蓝，有的偏黑。病害发展过程分 4 个阶段：① 外观正常，

感病疫木蓝变（马向阳　摄）

树脂分泌减少，蒸腾作用下降，在嫩枝上往往可见天牛啃食树皮的痕迹；② 针叶开始变色，树脂分泌停止，除见天牛补充营养的痕迹外，还可发现天牛产卵刻槽及其他甲虫侵害的痕迹；③ 大部分针叶变为黄褐色，萎蔫，可见到天牛及其他甲虫的蛀屑；④ 针叶全部变为黄褐色至红褐色，病树整株枯死。

松树感染松材线虫后，木质部内髓射线薄壁组织细胞受到破坏，管胞形成受到抑制，水分疏导受阻，呼吸作用加强，树脂分泌减少至最后停止。蒸腾作用减弱后不久，针叶慢慢枯萎。根据枯死时间的长短和开始枯死的部位，症状可分 3 种类型：① 当年枯死：多数情况下，松树感病后，于当年夏秋即全株枯死。② 越年枯死：在温暖地区，有少数植株（10%）感病后，当年并不迅速枯死，而是至次年春或初夏枯死。③ 枝条枯死：与上述两种不同，植株感病后，在 1 ~ 2 年较短时间内，并不表现全株枯死现象。一般仅为树冠上少数枝条枯死，后逐渐增多，直至全株。

松材线虫病危害状（马向阳　摄）

形态特征

松材线虫成虫体长约 1 mm，唇区高，和身体连接处有缢缩。口针细长，口针基部稍微膨大。中食道球大，占体宽的 2/3 以上，卵圆形。后食道腺模糊、纤细，其长度相当于体宽的 3 ~ 4 倍，于背面覆盖肠。排泄孔位于食道和肠交界处的对面。半月体明显，位于排泄孔后相当于 2/3 体宽的距离处。雌线虫尾部亚圆锥形，末端钝圆，个别具尾尖突。阴门开口在虫体中后部。雄线虫弓形，啄突明显，远端大，交合刺大，尾部似鸟爪弯向腹部，尾部生一包裹着的交合伞。

生物学特性

松材线虫的生活史可分为繁殖和分散两个周期。在生长季节的繁殖周期，可在松树体内连续出现卵、1 ~ 4 龄幼虫和成虫，从而使群体数量不断增大；分散周期（包括休眠、传播两个阶段）涉及松材线虫的传播，发生在松树及媒介昆虫成虫体内。

该线虫由卵发育为成虫，期间要经过 4 龄幼虫期。雌、雄虫交尾后产卵，雌虫可保持 30 天左右的产卵期，1 条雌虫产卵约 100 粒。在生长最适温度（25 ℃）条件下约 4 天 1 代，发育的临界温度为 9.5 ℃，高于 33 ℃则不能繁殖。由卵孵化的幼虫在卵内即脱皮 1 次，孵出的幼虫为 2 龄幼虫。

秋末冬初，病死树内的松材线虫已逐渐停止增殖，并有自然死亡，同时开始出现另一种类型的 3 龄幼虫，称为分散型 3 龄虫，进入休眠阶段。翌年春季，当媒介昆虫松墨天牛将羽化时，分散型 3 龄虫脱皮后形成分散型 4 龄虫，又称耐久型幼虫。这个阶段的幼虫即分散型 3 龄、分散型 4 龄幼虫在形态上及生物学特性上都与繁殖阶段不同，如角质膜加厚、内含物增多、形成休眠幼虫口针、食道退化。这一阶段幼虫抵抗不良环境能力加强，休眠幼虫适宜昆虫携带传播。

传播媒介

在我国传播松材线虫的媒介昆虫主要是松墨天牛（又称松褐天牛、松天牛）（*Monochamus alternatus* Hope）。在日本除松墨天牛外，还有小灰长角天牛（*Scanthocinus griseus* Fabricius）、褐幽天牛（*Arthopalus rusticus* L.）、红花天牛一种（*Corymbia succedanea* Lewis）、短角幽天牛（*Shondylis buprestoides* L.）、双斑泥色天牛（*Uraesha bimaculata* Thomsom）等。在美国携带松材线虫的有几种天牛，以卡罗莱纳墨天牛（*Monochamus carolinensis*）为主。

在河南，松墨天牛每年发生1代。豫南地区以老熟幼虫在木质部坑道中越冬，次年4月下旬越冬幼虫在虫道末端蛹室中开始化蛹，5月上旬成虫开始羽化，此时虫道中有成虫、蛹、幼虫同时存在，6月中旬至7月上旬为羽化盛期，成虫期较长。5月下旬至7月为卵期。幼虫一般5龄，幼虫期280～320天，5龄幼虫在虫道末端咬成宽大的蛹室，化蛹前以木屑堵塞蛀屑两头，蛹期13～20天。在林间每年5～10月都可见到松墨天牛成虫。

发生规律

松材线虫为转移型内寄生线虫，在松树体内以寄主薄壁细胞及真菌为食。松材线虫雌成虫经交配后，每虫产卵约100粒，其发育温度范围为9.5～33℃，最适温度25℃。完成一个世代，在15℃时需要12天，20℃时需6天，25℃时需4天。雌虫产卵期平均为28天，连续产卵需要重复受精。卵产后约30小时孵化，幼虫在卵内蜕皮1次，孵化出的幼虫即为2龄幼虫。3龄幼虫群集松墨天牛幼虫蛀道和蛹室周围，4龄幼虫移向天牛成虫，天牛羽化时大量的线虫从天牛的气门进入气管或附着在天牛体表，这样天牛从羽化飞出时就携带了大量线虫。天牛成虫羽化出孔后，迁飞到健康树的嫩枝上取食，补充营养，松材线虫从取食伤口侵入健康树；天牛在长势衰弱的植株树上的皮下产卵，又通过产卵将松材线虫传播给衰弱木。感染松材线虫病的松树往往是松墨天牛产卵的对象。翌年，松墨天牛从病树羽化出来时又会携带大量的线虫侵入健康的松树上，使该病周而复始地扩散蔓延。

松材线虫病的传播有自然传播和人为传播两条途径。自然传播指病害在已发病的林分内或与其毗邻的松林间，依靠媒介昆虫携带松材线虫在植株与植株之间传播，距离近。人为传播指借助人为的活动，特别是感病苗木、松材及其制品、枝丫的调运，使病害作地区间，甚至是跨省跨国界的远距离传播。

该病的发生和流行与寄生树种、环境条件、媒介昆虫密切相关。我国主要发生在黑松、赤松、马尾松上。苗木接种试验，火炬松、海岸松、黄松、云南松、乔松、红松、樟子松也能感病，但在自然界尚未发生成片死亡的现象。影响松材线虫病发生的最重要的气候因子是温度。一般在年平均温度高于14℃的地区，松材线虫病可能发生。低温能限制病害的发展。干旱也是影响因素之一，加快病树死亡的速度和提高病树死亡率，从而加速病害的流行。但近年来,松材线虫病呈现向西北、东北寒冷地区扩散蔓延态势,在年平均温度低于 14 ℃的高海拔地区也有发生。

发生情况

松材线虫病疫情于 2009 年 5 月在信阳市新县卡房乡发现,疫情分布范围涉及卡房乡、郭家河乡土门村、新县国有林场天台山林区,分布面积 2 382.7 hm²,病死松树 600 余株。新县松材线虫病疫情经过近 9 年的治理,取得了一定成效,压缩了疫情发生面积,减缓了疫情蔓延速度。但受松材线虫病治理难度大等多种因素影响,疫情仍呈向外围扩散态势,截至 2017 年春季,新县松材线虫病疫情发生区域涉及卡房乡、郭家河乡、苏河镇、陡山河乡、陈店乡、千斤乡以及新县国有林场,发生面积约 2 100 hm²。疫区周边的罗山县、光山县、商城县疫情传入风险极高。

松材线虫病疫情的传入,给信阳的松林资源和生态环境安全造成严重危害威胁,对新县松林造成了严重毁坏,截至 2017 年春季,新县累计采伐松疫木(含疫区活松树)20 万余株,仅 2015 ~ 2016 年采伐病死松树就高达 9.8 万株,直接经济损失达 2 000 余万元。

防控措施

(1)检疫措施。加强检疫执法,严防疫区带疫松木及其制品外运;非疫区要严禁带疫松木及其制品流入,发现带疫木材及制品要按相关规定进行除害处理,严防疫情人为传播。

(2)疫情监测。做好疫情监测、调查工作,特别是与疫区相邻地段、木材集散地、涉木企业等重点部位的监测,发现松树有感病症状,立即取样检测、鉴定,做到早发现、早除治,将疫情消灭在萌芽状态。

(3)营林措施。营造混交林,针阔混交,多树种混交,加强林分抚育管理,保持松林环境卫生,创造不利于松墨天牛繁殖和扩散的环境。及时清理松林内枯(濒)死松树、风折木、雪压木等,减少松墨天牛虫源,特别是感病死松树,要及时彻底地进行清理,并做好除害处理,将带疫松墨天牛和木材、伐桩、剩余物处理彻底,不留隐患。

(4)化学防治。对古树名木和需要保护的松树,于松墨天牛羽化初期前 3 个月,在树干基部的 3 个方向打孔注射 3.2% 阿维菌素乳油(松线光)、16% 喹硫磷·丁硫克百威虫乳油(虫线清)等药剂进行预防。松线光用药量为每立方米材积注入 400 mL,一般胸径 15 cm 以下用药 60 mL,胸径每增 5 cm 用药量增 30 mL。每年 3 月前,在健康松树基部,用穿孔器打小孔,孔径 7 mm,深约 4 ~ 5 cm,45°角倾斜。将盛药小瓶斜插入,任药液缓慢进入树体。每株 2 瓶以上且均匀分布。

(5)综合防治。采取物理、生物、化学等多措施,开展松墨天牛防治工作,消灭传播媒介,切断传播途径。具体方法参见"松墨天牛"的防控措施。

松针褐斑病

松针褐斑病是 19 世纪 70 年代末以来，在我国南方陆续发生和流行的一种危险性病害，原国家林业部曾于 1996 年将其公布为重要国内森林植物检疫对象。

分布与危害

国内主要分布于安徽、河南、湖北、江苏、浙江、福建、江西、广东、广西、四川、重庆、云南、海南、台湾等省（市、区）。河南省主要分布于南部和西部山区。信阳市平桥区、罗山县、商城县、新县等有分布。主要危害湿地松、火炬松、黑松、美国沙松、华山松、加勒比松、赤松、马尾松、黄山松等松属植物。

症状

自树冠基部开始发病，并逐渐向上扩展。在感病针叶上，最初产生褪色小斑点，多为圆形或近似圆形，后变为褐色，并稍扩大，直径 1.5 ～ 2.5 mm。2、3 个病斑连接也可造成 3 ～ 4 mm 的褐色段斑，发病重时，在同一针叶上常有较多的病斑。病叶明显分为 3 段，上段变褐色枯死，中段褐色病斑与绿色健康组织相间，下段仍为绿色。在发病期，病斑产生数日后，病斑中即产生黑色小疱

松针褐斑病危害状（商城县提供）

状的病症——病菌的无性子实体，初埋于针叶表皮下，成熟时黑色分生孢子堆突破表皮外露，当针叶枯死后，无病斑的死组织上也能产生子实体。当年感病针叶，翌年 5 ～ 6 月开始枯死脱落。新梢嫩叶感病时，常不出现典型病斑。

病原

病原菌为松针座盘孢菌 [*Lecanosticta acicola*（Thum.）Sydow]，属真菌门半知菌亚门腔孢纲黑盘孢目黑盘孢科褐柱孢属的一种真菌。黑色子座埋于针叶叶内组织中。分生孢子圆筒形，弯曲细长，多细胞，橄榄青至淡褐色。有性阶段 [*Scirrhia acicola*（Dearn.）Siggers] 在我国尚未发现。

发病规律

（1）越冬方式。病原菌的子实体可以在树上的病针叶或病落叶上越冬，病组织中的菌丝体也能越冬。

（2）传播途径。病原菌的分生孢子借雨水溅散或风雨传播，从针叶的伤口、气孔

或直接穿透表皮细胞进入植物组织吸取营养。

（3）发生规律。在病叶上或落叶上的病菌子实体和病组织中的菌丝体是初侵染源，翌年 3 月下旬当气温高于 12 ℃时，病原菌借雨水溅散或风雨传播到健康植物组织上。侵入后潜育期 7 ~ 12 天表现症状，病菌 1 年中可进行多次再侵染。当温度在 20 ~ 25 ℃，相对湿度 80%，连续多天降雨，病害迅猛发展而流行。头年针叶 4 ~ 5 月为第 1 次发病高峰期，当年新梢针叶则延至 5 ~ 6 月才出现发病高峰。7 ~ 8 月平均气温上升到 27 ℃以上，病害缓慢发展。9 ~ 10 月又出现第 2 次发病高峰，但不如第 1 次发展迅速，11 月后病害基本停止发展。湿地松、火炬松和加勒比松为高度感病树种，而马尾松抗性较强。

防控措施

（1）检疫措施。目前河南省松针褐斑病发病尚不普遍，做好检疫工作是预防该病蔓延扩展的有效手段。重点做好松属植物苗木、接穗的产地检疫、调运检疫和复检工作，严防带病苗木、接穗进入或流出。感病松材、松枝应就地处理，不能外运。

（2）营林措施。营造混交林，避免大面积集中连片营造松树纯林，小片隔离林分可以抑制病害蔓延，小片之间相距可在 100 m 以上，营造国外松时，应清除林地及其附近原有可能成为侵染源的各地松树。对最初的发病中心，应及时清除病株、病叶或同时进行修枝以清除和减少侵染源。重病林分应选其他适宜的树种进行更新。

（3）化学防治。① 发病前，用 70% 代森锌可湿性粉剂 500 ~ 600 倍液，或 75% 百菌清可湿性粉剂 1 000 倍液 +70% 甲基硫菌灵可湿性粉剂 1 000 倍液进行喷雾预防；发病初期，可交替使用 50% 多锰锌可湿性粉剂 400 ~ 600 倍液与 25% 咪鲜胺乳油 500 ~ 600 倍液喷洒防治，防止病菌产生抗药性。② 苗圃、种子园和幼龄松树可使用 1∶1∶100 的波尔多液或 70% 多菌灵可湿性粉剂 800 ~ 1 000 倍液或 70% 百菌清可湿性粉剂 800 ~ 1 000 倍液喷洒，15 天喷洒 1 次，连续喷洒 2 ~ 3 次，效果较好。

杉木炭疽病

分布与危害

国内分布于各杉木栽培区，以低山丘陵地区人工幼林病害较普遍且严重。河南省分布于信阳、南阳、驻马店等杉木栽培区。信阳市浉河区、平桥区、罗山县、固始县、光山县、潢川县、新县、商城县均有分布。

该病病原菌可危害杉木、铅笔柏、泡桐、杨树、香樟、刺槐、油茶等多个树种。病菌可以侵染寄主地上部分的任何器官。病斑能无限扩展，常引起叶枯、梢枯、芽枯、花腐、果腐和枝干溃疡等病害。对实生苗可造成毁灭性损失，1 ~ 2 年生小树感病后，

可全株死亡；对以采收果实为主的经济林木可导致严重落叶，或落花和落果，造成重大经济损失。

症状

杉木炭疽病在 4 ~ 6 月间发生，危害新老针叶和嫩梢，梢头顶芽以下 10 cm 内的针叶发病，开始叶尖变褐或生不规则形斑点，逐渐向下扩展，使全部针叶变褐枯死，并可延及嫩梢，使嫩梢变褐枯死。在下部老枝上，通常只危害针叶，茎部较少受害。枯死的病叶两面生有黑色小点状分生孢子盘，多在叶背面气孔带上，高湿气候下出现淡红色至橘红色孢子堆。受害嫩梢或小枝上常产生圆形或椭圆形小型溃疡，可扩展成条斑或环切，使枝梢枯死。上面也有黑色子实体及淡红色至橘红色分生孢子堆。当气温 10 ~ 15 ℃时，可在病死针叶上产生大量子囊壳。病斑中央产生明显的黑色小点，排列呈明显或不明显的同心轮纹，此即病原的分生孢子盘，是炭疽病的重要特征之一。

病原

该病由子囊菌亚门核菌纲球壳菌目疔座霉科小丛壳菌属的围小丛壳菌 [*Glomerella cingulata*（stonem.）Spauld et Schrenk.] 所致，其无性阶段是半知菌亚门腔孢纲黑盘孢目黑盘孢科炭疽菌属的胶孢炭疽菌 [*Colletotrichum gloeosporioides*（Penz.）Sacc.]。在自然条件下，有性阶段很少见。将病死针叶保湿约半个月，即可产生子囊壳。子囊壳生于针叶两面，丛生或单生，梨形，颈部有毛；子囊棒状，易溶化；子囊孢子 8 个，双列，单胞，梭形，稍弯曲。胶孢炭疽菌分生孢子盘生于叶表皮下，后外露呈小黑点状；有黑褐色刚毛，具分隔；分生孢子梗无色，有分隔；有时不生刚毛。分生孢子无色单胞，长圆形。分生孢子萌发时先生一横隔膜，芽管先端产生近球形附着胞，以后由附着胞上产生侵染丝。

发病规律

（1）越冬方式。病菌以菌丝体在病组织内越冬，次年形成分生孢子盘，产生大量分生孢子。

（2）传播途径。分生孢子借助风雨、昆虫传播，从伤口或气孔侵入，侵染寄主。

（3）发生规律。胶孢炭疽菌有潜伏侵染的特性。它可在寄主器官成熟前或幼嫩时进行侵染，以附着胞固定在蜡质层中，或以侵染丝在角质层下或表皮细胞中潜伏，至次年春才发病，一般 4 月初萌发新芽，5 月被侵染，至 8 月达到高峰，11 月后逐渐下降。浅山丘陵地区，若土壤瘠薄，黏重板结，透水不良或低洼积水，造成杉木因根系发育不良，发生黄化现象后，最易感染炭疽病。

防控措施

（1）营林措施。坚持适地适树的原则，提高整地标准和造林质量，加强抚育管理、施肥、压青，促使幼林健壮生长，增强其抗病能力。及时清理病株、病枝，集中烧毁，消灭侵染源；结合深翻、施肥抚育，喷洒 1% 波尔多液进行预防。

（2）化学防治。对黄化的杉木幼林，在晚秋和早春病菌侵染期，喷洒 1∶2∶200

倍波尔多液，或 50% 退菌特粉剂 500 ～ 800 倍液，或 50% 甲基托布津粉剂 800 ～ 1 000 倍液，或 50% 多菌灵粉剂 600 ～ 800 倍液进行防治；还可用 75% 百菌清可湿性粉剂 500 ～ 600 倍液，或 80% 代森锰锌可湿性粉剂 800 ～ 1 000 倍液，或 65% 代森锌可湿性粉剂 600 ～ 800 倍液，或 50% 福镁锰锌可湿性粉剂 500 ～ 600 倍液，或 70% 炭疽福美 500 倍液喷雾防治，每隔 7 ～ 10 天喷洒 1 次，连续 3 次。多种药剂交替使用，防治效果更好。杉木幼树已郁闭成林，在傍晚静风条件下，可施放五氯酚钠等杀菌烟剂防治。

杉木细菌性叶枯病

分布与危害

国内分布于河南、安徽、江苏、浙江、福建、江西、湖南、湖北、广东、广西、四川、贵州和重庆等省（区、市）。河南省主要分布于信阳市的浉河区、平桥区、罗山县、光山县、新县、商城县、固始县等地。主要危害杉木幼林，杉木感病后，引起枝叶枯死，影响正常生长。

症状

病菌危害杉木针叶和嫩梢。在当年生新叶上，最初出现针头状淡褐色斑点，周围有淡黄色晕圈。后病斑扩大成不规则形，中心常破裂，周围出现淡红褐色或淡黄色水渍状变色区。病斑进一步扩展，使针叶成段变褐，两端有淡黄色晕带，最后针叶病斑以上部分枯死或全叶枯死。老叶上病斑同新叶上相似，但病斑为暗褐色，外围为红褐色，后期病斑中部变为灰褐色，嫩梢上病斑开始同嫩叶上相似，后扩展为梭形，晕圈不明显。严重时多数病斑汇合，嫩梢变弱枯死。10 年生以下的幼树受害较重，在病害发生严重的地点，林冠如火烧，林分最后遭到毁灭性灾害。

杉木细菌性叶枯病危害状
（马向阳 摄）

病原

病原菌为杉木假单孢杆菌（*Pseudomonas syringae pv. cunninghamiae* Nanjing He et Goto），属于假单胞菌科假单胞菌属的一种细菌。菌体短杆状，单生，两端生有鞭毛 5 ～ 7 根。不产生荚膜和芽孢。革兰氏染色呈阴性，好气。在培养基上菌落乳白色，圆形，平展，表面光滑，有光泽，边缘平整，无荧光。

发病规律

病原菌在活针叶、枝梢的病斑中越冬。次年春末夏初病菌从病斑处溢出，借助风雨传播，多从伤口或气孔侵入组织，潜育期5～8天。遇合适的温湿度便很快扩散侵染。病害一般于4月下旬开始发生，6月为发病高峰，7月以后基本停止，秋季又继续发展，但比春季轻。之后随着气温的降低，病菌转入越冬阶段。自然条件下，杉木针叶互相刺伤造成伤口，从而增加了细菌侵染的机会。故林缘、道旁和风口处常较严重。5～6月和9～10月多雨月份有利于病害流行。

防控措施

（1）营林措施。选择林地土层肥沃，土壤疏松湿润，受风小的山坡、山洼造林，避免在风口、山脊等受风影响较大的地块造林。营造杉木、檫木、栎类、枫香、马尾松针阔叶混交林，改善林地的生态环境，降低病害的流行。在林分的迎风面可营造马尾松等树种，能起到保护作用。

（2）抚育管理。及时修枝，促进树木生长，增强抗病力。增施有机肥、土杂肥，增强树势，提高树木的抗病性；随时清扫处理病叶、落叶，消灭病原菌。发病严重的林分，尤其对长势较差的"小老头林"进行改造，换种其他适生的树种。

（3）化学防治。发病初期，使用70%代森锰锌可湿性粉剂500倍液或70%百菌清可湿性粉剂600倍液，也可选用1000万单位硫酸链霉素可湿性粉剂500倍液，或1000单位的盐酸四环素、兽用土霉素钙盐500倍液喷雾防治。也可喷施1∶2∶100的波尔多液，10～15天1次，喷2～3次。

杉木根腐病

分布与危害

杉木根腐病是杉木幼林新出现的一种重要病害，主要分布在四川、河南等地杉木林地。河南省分布于信阳市的新县、罗山县、光山县、商城县等地。主要危害杉木幼林，发病杉株先是主、侧根的根尖和吸收根坏死腐烂，继而针叶失绿变黄，生长减缓。随着病根数量增多和根系腐烂程度加重，黄化针叶逐渐增多，以致整株枯死。

症状

病根受害处初呈褐斑，后扩展可环割病根，皮层腐烂，木质部变色。在病健交界处偶尔形成愈伤组织，病斑不再扩展。根颈和病根未受害处往往长出"灯草"状的水根或正常的次生根系。若次生根系继续受害死亡，针叶则明显黄化。若次生根系不受侵染或侵染较轻，黄化症状暂时稳定，甚至出现"回青转绿"的隐症现象。早期病株的隐症现象一年中可以反复多次出现。

初期针叶失绿变黄，自叶基向叶尖发展，叶质变软，如无其他病菌侵染，病叶不出现病斑。最后病株由下往上黄化，由内向外发展，3～4年后，整株黄化枯死。病株在林地上初呈单株或丛状分布，后逐渐蔓延，这与因立地条件不适而引起的成片出现的生理性黄化有明显区别。

病原

杉木根腐病由多种土壤真菌侵染引起，主要病原菌是终极腐霉（*Pythium ultimum* Trow.），属真菌门鞭毛菌亚门卵菌纲霜霉目腐霉科。菌丝无色，初期无隔，老的菌丝有隔，分枝处不细缩或稍细缩。马铃薯葡萄糖琼脂平板上的菌落花瓣状，气生菌丝体白色，初茂密，后变少。孢子囊梗与营养菌丝无区别。孢子囊顶生，偶间生，常为球形，少数桶状，壁薄，易脱落，萌发成芽管，不产生游动孢子。藏卵器球形，内生一个卵球。卵孢子黄色或黄褐色，球形，不充满卵器，壁厚，近无色。雄器单个，极少两个，近无柄，与卵器同丝，典型的为棍棒状弯曲，贴近卵器。病菌寄生在杉木根皮层细胞内，呈泡囊状、灌木状或卷曲的粗壮菌丝，有时在杉木根皮层细胞内可见到卵孢子。

发病规律

终极腐霉为土传病菌，老苗圃地内积累菌量大，容易发病。土壤湿度过大，植物衰弱，容易感病。在高温的夏季常以卵孢子越夏，侵染活动减弱。

在病根死亡的过程中，杉株不断萌发新根，生长旺盛的夏秋尤为明显。此时针叶黄化症状暂时稳定或隐蔽。所以，杉木根腐病随温度升高而减缓，一年中以夏秋的针叶黄化症状较轻。

防控措施

（1）防治杉木根腐病，应从调整或协调生态条件，特别是土壤生态条件出发。挖除病株及其附近的带菌土；每667 m² 地拌50 kg石灰，进行土壤消毒；移栽时，用水冲净根部，剪除病根，并用100 mg/L 2, 4-D液或0.5%高锰酸钾浸根处理。

（2）发病初期，用30%恶霉灵水剂1 000倍液或70%敌磺钠可溶粉剂800～1 000倍液，用药时尽量采用浇灌法，让药液流到受损的根茎部位，根据病情，可连用2～3次，间隔7～10天。对于根系受损严重的，配合使用促根调节剂，恢复效果更佳。

杨树溃疡病

别名水泡型溃疡病。

分布与危害

国内主要分布在东北、华北、西北和华东地区。河南省各省辖市都有发生，信阳市各县（区）均有分布。主要危害杨树主干、枝条，此外还危害柳树、刺槐、泡桐、油桐、苹果、核桃、杏树、海棠等树种的枝干。幼树受害部位主要在主干的中、下部；大树在枝条上出现病斑。感病树干上形成近圆形溃疡病斑。以苗木、幼树受害最重，造成大片幼林枯死。

症状

常见的有杨树水泡型溃疡病、杨树大斑型溃疡病、杨树烂皮型溃疡病、细菌型溃疡病。河南省及信阳市各县（区）造成危害的主要是前三种。细菌型溃疡病危害较少，主要发生于我国东北。

（1）杨树水泡型溃疡病。该病害主要发生在主干和大枝上。多发生在光皮杨树品种上，初发病斑较小，随后病斑逐渐增大，在皮层表面形成直径约 1 cm 的近圆形水泡，其内充满褐色液体，破后有褐色带腥臭味的树液流出，水泡失水干瘪时形成 1 个圆形下陷的灰褐色枯斑。在粗皮杨树品种上，通常并不产生水泡，而是产生小型局部坏死斑；当从干部的伤口、死芽和冻伤处发病时，形成大型的长条形或不规则形死斑。

（2）杨树大斑型溃疡病。该病害主要发生在主干的伤口和芽痕处，发病处韧皮组织溃烂，木质部变成褐色。初期的病斑呈暗褐色水浸状，后形成梭形、椭圆形或不规则的病斑。老的病斑得不到防治的情况下可连年扩大，多个病斑也可连接成一片，造成枝干或枝梢枯死。

（3）杨树烂皮型溃疡病。又称杨树腐烂病，主要危害杨属、柳属等树种主干和侧枝，表现为干腐型和枝枯型两种。干腐型多发生在主干、大枝和分叉处。初期病斑为褐色水浸状，病处皮层腐烂，当病斑失水下陷时呈现浅红色或橘黄色，边缘为黑褐色。后期，病斑产生许多针状小突起，从小突起上分泌出橘黄色卷丝；枝枯型主要发生在

水泡型溃疡病（淮滨县提供）　　　大斑型溃疡病（淮滨县提供）

小枝上，小枝一旦感染此病便迅速枯死。

病原

病原菌的无性阶段为真菌门半知菌亚门腔孢纲球壳孢目小穴壳科小穴壳属的聚生小穴壳菌（*Dothiorella gregaria* Sacc.），该菌的子座组织暗褐色，埋生于寄主皮层组织中；分生孢子器近圆形或椭圆形，具孔口，可数个聚生在一起；分生孢子纺锤形。有性阶段为子囊菌亚门座囊菌纲葡萄座腔菌目葡萄座腔菌科葡萄座腔菌属茶蔗子葡萄座腔菌[*Botryosphaeria dothidea*（Moug. ex Fr.）Ces.]，子座埋生于树表皮下。后突破表皮外露，黑色，炭质，近圆形或扁圆形，一至数个子囊腔集生其中。子囊腔扁圆形或洋梨形暗黑色，具乳头状口。子囊束生，棍棒状，具无色双层壁。子囊孢子单细胞无色，椭圆形。

发病规律

（1）越冬方式。病原菌以菌丝体在枝干上的病斑内越冬。

（2）发生规律。① 杨树水泡型溃疡病多发生在早春和晚秋。信阳 3 月下旬开始发病，4 月中旬至 5 月上旬为发病盛期，5 月中旬后病害发展缓慢，6 月基本停止。主要发生在春季，尤其在幼苗移栽后发病率最高；秋季 10 月以后出现第 2 次发病高峰。杨树栽培管理不善，水分、肥力不足、养分失调，导致生长衰弱等，均易引发此病。② 杨树大斑型溃疡病发病时间较水泡型稍晚，通常在 4 月中旬开始发病，5 月上旬至 6 月下旬为发病盛期，7 ～ 8 月病势减缓，9 月上旬该病害又开始出现，10 月以后基本停止扩展。一般光皮树种感病程度较粗皮树种严重，树干阳面的病斑数多于阴面。杨树在生长衰弱或土壤干旱、树体含水量低的情况下易感此病。③ 杨树烂皮型溃疡病于 3 月下旬至 4 月上旬开始发病，5 ～ 6 月是发病盛期，7 月以后病势减缓，9 月中下旬基本停止发展。该病的发生与气候条件、树势、树龄、栽培管理等密切相关。冬季受冻害、夏季干旱灼伤、假植期过长、伤根过多、灌水不及时等都会引发此病。小青杨、北京杨、毛白杨及当年移植的幼树、6 ～ 8 年生的幼树易感染此病。

防控措施

（1）检疫措施。严格检疫，严禁带疫苗木用于造林，发现带病种苗，清除病枝干。

（2）营林措施。选用抗病强的品种造林，适地适树，随起随栽，避免伤根，移植后灌水充足；在起苗、包装、运输、栽植等环节，应尽量减少树干创伤和苗木失水。加强肥水管理，增强树势，并及时清除病死树。

（3）化学防治。① 刮涂病斑，对未超过病斑处树干直径 1/3 的小病斑，可用小刀将病部树皮纵向划破，划刻间距 3 ～ 5 mm，范围稍超越病斑，深达木质部，用毛刷涂抹 70% 甲基托布津 100 倍液或 10% 碱水等，用药后再涂抹 50 ～ 80 mg/L 的赤霉素。② 发病初期，用 50% 多菌灵可湿性粉剂 100 ～ 500 倍液、75% 百菌清可湿性粉剂 500 ～ 800 倍液喷洒枝干或涂抹病斑。③ 发病高峰期前，用 1% 溃腐灵稀释 50 ～ 80 倍液或用溃疡灵 50 ～ 100 倍液，或 70% 甲基托布津 100 倍液，或 50% 退菌特 50 ～ 100 倍液，或 50% 多菌灵 100 ～ 200 倍液等涂抹病斑、用注射器直接注射病斑处或喷洒枝干。

④ 秋末冬初，在树干下部涂上白涂剂（生石灰：食盐：水 = 1：0.3：10）防治。

杨树烂皮病

别名杨树腐烂病、臭皮病、出疹子。

分布与危害

国内主要分布于东北、西北、华北以及河南、安徽、江苏等地，信阳市各县（区）均有分布。危害杨树树干、枝条，引起皮层腐烂，导致林木大量枯死。除危害杨树外，还危害榆树、柳树、槐树、槭树、蔷薇科植物等其他树种。

症状

杨树腐烂病的症状表现因树种不同而稍有差异，主要发生在主干、枝条上，表现为干腐、枯梢两种类型。① 干腐型：主要发生于主干、大枝及树干分权处。发病初期呈暗褐色水渍病斑，略肿胀，皮层组织腐烂变软，以手压之有褐色液体渗出，具酒糟味。病斑干缩时下陷，有时病部树皮龟裂，甚至变为丝状，病斑有明显的黑褐色边缘，无固定形状，病斑在粗皮树种上表现不明显。后期在病斑上长出许多黑色小突起，此即病菌分生孢子器，遇雨由里边挤出乳白色黏稠液，遇空气变为橘红色至赤褐色。黏稠液不断伸长，形成卷须，为病菌的分生孢子角。在粗皮树种上病部无卷须。在条件适宜时，病斑扩展速度很快，纵向扩展比横向扩展速度快。当病斑包围树干 1 周时，其上部即枯死。病部皮层变暗褐色糟烂，纤维素互相分离如麻状，易与木质部剥离，

杨树烂皮病初期危害状（罗山县提供）　杨树烂皮病危害状（马向阳　摄）

有时腐烂达木质部。② 枯梢型：主要发生在苗木、1 ~ 4 年生幼树及大树枝条上。发病初期呈暗灰色，症状不明显；当病部迅速扩展，环绕 1 周后，上部枝条枯死。此后，枯枝上散生许多小黑点，即病原菌的分生孢子器。

病害以烂皮为典型病状，但常伴随着枯枝、焦梢、干枯、空杆等病状。

病原

病原菌有性阶段为子囊菌亚门核菌纲球壳菌目间座壳科黑腐皮壳属的污黑腐皮壳菌（*Valsa sordida* Nit.），其无性阶段为半知菌亚门腔孢纲球壳孢目壳霉科的金黄壳囊孢菌 [*Cytospora chrysosperma*（Pers.）Fr.]。污黑腐皮壳菌的子囊壳多埋生子座内，呈长颈烧瓶状，未成熟时为黄色，成熟时为黑色。子囊棍棒状，中部略膨大，子囊孢子腊肠型。金黄壳囊孢菌的子囊壳多个埋生于子座内，烧瓶状，子囊孢子单胞，香蕉形，呈双排排列；分生孢子器黑褐色，不规则。

发病规律

（1）越冬方式。病原菌主要以子囊壳、菌丝体或分生孢子器在病部组织内越冬。

（2）传播途径。翌年春季平均气温在 10 ~ 15 ℃，相对湿度 60% ~ 85% 时，病斑内产生分生孢子器和成熟的分生孢子，借风、雨、昆虫等传播到寄主皮层上，分生孢子从枝、干伤口、皮孔侵入，半月后形成分生孢子器，产生分生孢子，同样借风雨传播，孢子萌发通过各种伤口侵入寄主组织，进行再次侵染，潜育期为 6 ~ 10 天。

（3）发生规律。4 月开始发病，5 月中下旬至 6 月为第 1 个发病盛期；7 ~ 8 月高温季节病势减缓，9 月出现第 2 个发病高峰期，10 月以后基本停止。杨树烂皮病菌是一种弱寄生菌，只侵染生长不良、树势衰弱的苗木和林木，通过虫伤、冻伤、机械损伤等各种伤口侵入，一般生长健壮的树不易被侵染。

防控措施

（1）营林措施。① 适地适树，选择抗病性强品种造林，加强抚育管理，提高树体抗病能力。② 对感病严重的林分，组织人力及时清理枯枝落叶、感病枝以及病死树、濒死树，集中烧毁，避免病菌传播。③ 新造林，栽植后的苗木要加强抚育管理，防治蛀干害虫。④ 适度修剪，不留残桩。修剪应选择在冬季进行，避免雨季修剪，避免强度修剪，剪锯口应涂石硫合剂消毒，或用梧宁霉素涂抹。

（2）物理防治。① 杨树烂皮病的发生与树皮含水量的多少有密切关系，树皮含水量低，有利于菌丝的生长。因此，栽植时要做到随起随栽，浇足底水，缩短返苗期，增强抗性。栽前用水浸泡，使苗吸足水分，栽后树干及时涂白，可有效减轻烂皮病的发生。② 早春、晚秋时节，对树干下部涂刷石硫合剂、杀菌剂、波尔多液等来预防病菌侵染发病及防止日灼伤害和人畜损伤。

（3）化学防治。杨树烂皮病菌有喜酸和病斑变酸的特点，用 10% 的碱（碳酸钠）水涂抹病斑，改变病菌的生存条件，治愈效果明显。在入冬或早春用 20% 农抗 120 水剂 10 倍液，或 50% 退菌特 100 倍液，或 10% 双效灵 10 倍液，或 50% 多菌灵 100 倍液，或 70% 甲基托布津 100 倍液等药剂涂于病斑或喷雾，连喷（涂）2～3 次，效果很好。也可用 3～5 波美度石硫合剂喷施。对感病较轻的病株，用刀将病斑和皮部变褐部分左右斜划成网状，刀深达木质部，然后在病斑部涂抹 10 倍的碱水或 25 倍多菌灵或 200 倍退菌特或 5 波美度石硫合剂，5 天后再在病斑周围涂 50～100 mg/L 赤霉素，促进组织愈合。

毛白杨锈病

分布与危害

全国各地广泛分布。信阳市各县（区）均有分布，尤以沿淮河平原地区分布广泛，个别年份危害较重。主要危害毛白杨、新疆杨、山杨、河北杨、银白杨等杨属树木的叶片，也危害嫩梢、叶柄及芽等。该病害发生严重时，大部分叶片感病，病斑连片，引起焦叶，造成叶片早落。转主寄生。转主寄主为白屈菜属（Chelidonium）和紫堇属（Corydalis）植物。

症状

春天杨树展叶期，在越冬病芽和萌发的嫩叶上布满黄色粉堆，出现形状像黄色绣球花的畸形病芽。严重受侵的病芽经 3 周左右便干枯。正常芽展出的叶片受侵后，叶片正面出现黄色小斑点，以后在叶背面可见到散生的黄色小粉堆，即锈病病菌的夏孢子堆。严重时夏孢子堆可联合成大块，且叶背病菌部隆起，受侵叶片提早落叶，甚至叶片枯死。叶柄和嫩梢上生有椭圆形病斑，也产生黄粉。较冷的早春可在病落叶上见到赭色近圆形或多角形的疱状物，即为锈病病菌的冬孢子堆。

病原

病原菌为真菌门担子菌亚门冬孢菌纲锈菌目栅锈菌科栅锈菌属的马格栅锈菌（Melampsora manguniana Wager）。夏孢子堆为黄色，散生或聚生。夏孢子橘黄色，圆形或椭圆形，表面有刺。冬孢子堆生于寄主表皮下，冬孢子近柱形。

发病规律

病原菌以菌丝的状态在冬芽内越冬。春季杨树萌芽时，菌丝发育形成夏孢子堆，夏孢子借着风雨传播，由气孔入侵。5～6 月和 9 月是病害的两个发病高峰

毛白杨锈病（马向阳　摄）

期。到 7 ～ 8 月，由于气温不断升高，不利于夏孢子的萌发侵染，故病害进入平缓期。9 月初，气温逐渐下降，病害又进入发展阶段，形成第 2 个发病高峰期。10 月下旬，由于温度不断降低，病害便停止发生。种植过密的片林，生长幼嫩的幼树，湿度较高、通风透光差的环境条件有利于病菌侵染和发病。

防控措施

（1）营林措施。选择抗病性强的杨树品种造林，根据立地条件选择合理的造林密度，注意通风透光。加强苗木及幼树管理，春季树木萌芽时摘除病芽并烧毁；合理施肥，增强树体抗病能力。

（2）化学防治。叶片发病初期，可选用 15% 粉锈宁可湿性粉剂 1 000 ～ 1 500 倍液，或禾果利 2 000 ～ 3 000 倍液，或 80% 代森锌可湿性粉剂 500 倍液，或 50% 退菌特可湿性粉剂 500 ～ 800 倍液，或 50% 托布津可湿性粉剂 800 倍液，或 0.3 波美度石硫合剂等喷洒 2 ～ 3 次，均有较好的防治效果。

杨树黑斑病

别名杨树褐斑病。

分布与危害

我国主要分布于新疆、内蒙古、吉林、辽宁、河北、山西、陕西、山东、河南、湖北、湖南、江西、安徽、江苏、浙江、福建、上海、云南等地杨树栽培区。河南全省均有分布，信阳市各县（区）有发生。主要危害多种杨树的叶片，致病叶提前 1 ～ 2 个月脱落；其次，也危害杨树嫩梢及果穗，严重影响植株的光合作用，造成树势衰弱，为烂皮病、溃疡病等次生性病害的发生创造条件，使林业生产遭受严重经济损失。

症状

该病主要发生在叶片及嫩梢上，起初在叶背面出现针刺状小黑点，后逐渐形成直径为 1 mm 左右的黑色略隆起的病斑，叶正面也逐渐出现褐色斑点，1 周后病斑中央（叶正、反面）出现乳白色突起的小点，即病原菌的分生孢子堆，病斑逐渐扩大连成大片，使整个叶片变黑枯死，提前 2 个月脱落；在嫩梢上，刚开始出现黑褐色梭形斑，后隆起形成略带红色的分生孢子盘，嫩梢木质化后，病斑中间开裂成溃疡斑，造成嫩梢枯死。

病原

杨树黑斑病属真菌性病害，病原菌为半知菌亚门腔孢纲黑盘孢目黑盘孢科盘二孢属（*Marssonina*）真菌。在我国有 3 种，一种为杨生褐盘二孢菌 [*Marssonina brunnea*（Ell. et Ev.）P. magn.]，另一种为杨盘二孢菌 [*M. populi*（Lib.）P. magn.]，还有一种为白杨盘二孢菌 [*M. castagnei*（Desm. et Mont.）P. Magn.]。

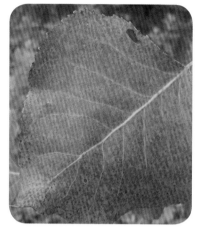

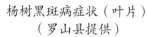

杨树黑斑病症状（叶片）　　　杨树黑斑病危害状（片林）（浉河区提供）
（罗山县提供）

发病规律

（1）越冬方式。病原菌以菌丝体在病落叶或1年生枝梢的病斑中越冬，次年5月产生的分生孢子，成为初侵染源。

（2）传播途径。病菌的孢子堆具有胶黏性，孢子萌发的适宜温度为20～28 ℃。新产生的分生孢子通过雨滴飞溅或风力传播，落在杨树叶片上，由气孔侵入叶片，侵入后潜育期2～8天，条件适宜很快产生分生孢子，进行再侵染。

（3）影响因素。发病轻重与湿度密切相关，湿度大发病重，反之则轻。夏季若高温多雨、地势低洼、种植密度过大，则发病严重。苗木生长过密和生长较差易发病。不同地区、不同品种感病也有差异，如在南京，以毛白杨、响叶杨、加杨等发病较重，大官杨、沙兰杨较抗病。

防控措施

（1）营林措施。选用和推广抗病品种，及时间苗，改善通风透光条件，搞好排水等田间管理，避免连作，远离感病植株。营造混交林、合理密植、及时间伐，保持林内通风透光。增施有机肥、土杂肥，增强树势，提高树木的抗病性。雨后要及时排除林地积水；随时清扫处理病叶、落叶，消灭病原菌。

（2）化学防治。① 发病初期，喷施1∶1∶（200～300）的波尔多液，或10%二硝散200倍液，或菲美铁100～253倍液，或70%代森锌600倍液，或70%甲基托布津、50%退菌特、75%百菌清500倍液2～3次，间隔10～15天。雨季喷雾，药液中可加入0.2%～0.3%的明胶等黏着剂，防止药液被雨水冲洗掉，以提高药效。② 6月上旬，喷洒40%多菌灵800倍液，或25%百菌清600～800倍液，或0.3%尿素及磷酸二氢钾混合液进行防治。③ 对于树体高大的树木，可使用烟雾机于无风早晨5～7时或18～20时进行喷烟防治，药物可选用8%百菌清烟雾剂或2.5%氟硅唑油烟剂。

杨树叶斑病

别名杨树褐斑病。

分布及危害

全国各地均有分布，信阳市各县（区）均有发生。主要危害中林46、107、108等多个杨树品种。发病后容易形成早期落叶，尤其是中幼龄林和苗圃内发病较重，时常造成大量幼苗枯死，严重影响树木生长。

症状

以危害叶片为主，自上而下蔓延，形成黑色病斑。病斑形状为圆形或近圆形，生有褐色近圆形小斑点，发病初期首先在叶背面出现针状凹陷发亮的小点，后病斑扩大0.3～1 mm，呈黑色，略隆起。叶正面也随之出现褐色斑点，逐渐扩大长成多角形，边缘褐色到深褐色，中央灰色；病斑中散生许多小黑点，即分生孢子器。病斑常互相连合成大块斑；偶尔病斑生在叶柄上，为棱形，黄褐色，保湿后可产生乳白色分生孢子堆。

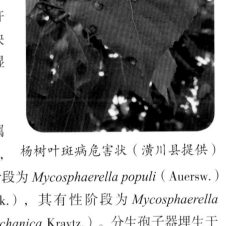

杨树叶斑病危害状（潢川县提供）

病原

由半知菌亚门腔孢纲球壳孢目壳针孢属（*Septoria sp.*）引起，已知有10个种，我国有三个种，即杨壳针孢菌（*Septoria populi* Desm.），其有性阶段为 *Mycosphaerella populi*（Auersw.）Schroet，杨生壳针孢菌（*Septoria populicola* Peck.），其有性阶段为 *Mycosphaerella populicola* Thompson 和天山壳针孢（*Septoria tianschanica* Kravtz.）。分生孢子器埋生于病斑中，分散，球形或近球形，孔口稍乳头状突起。分生孢子梗缺，产孢细胞无色，安培瓶状，全壁芽生式产孢。分生孢子无色，线形，稍弯曲，有3～5个分隔。

发病规律

病原菌以分生孢子器在落叶或病枝梢中越冬。翌年5月下旬在苗木下部叶上开始发病，7～9月是杨树叶斑病的高发期，病叶由下往上逐渐扩散，感病叶率平均在30%～45%，达到该病发病的始盛期，9月感病叶片开始脱落。在信阳地区夏秋季雨水多，雨量较大，且多为杨树纯林，有利于杨树叶斑病的感染和扩散。

防控措施

（1）检疫措施。加强苗木产地、调运检疫工作，防止病害随苗木携带传播扩散。

（2）营林措施。开展中幼林抚育间伐，使林间通风透光，可减少感病株数。

（3）物理防治。加强林间管理，清扫林间落叶，把病叶翻入土中减少病菌数量。

（4）化学防治。杨树发叶1周后，每隔半个月，可选用65%代森锌可湿性粉剂500～600倍液，或50%多菌灵可湿性粉剂500～800倍液，或70%甲基托布津可湿性粉剂1 000倍液，或75%百菌清可湿性粉剂600～800倍液进行喷洒，每隔10天左右喷洒1次，连续喷药3～5次可达到较好的防治效果。

杨树白粉病

分布及危害

国内主要分布于黑龙江、吉林、辽宁、北京、河北、山东、安徽、江苏、河南、安徽、江西、甘肃、宁夏等地。河南省各省辖市及信阳市各县（区）均有发生。寄主为杨树、柳树、臭椿、梨树、桑树、核桃等多种阔叶树。对幼苗危害较大，主要危害叶片和嫩梢，在叶片的正反两面均形成大小不等的白色粉斑，逐渐扩展至整片树叶和嫩梢，叶片被害后提前落叶，严重影响树木生长。

症状

白粉病最明显的特征是开始在叶面出现淡黄色的褪绿斑，随后在叶片背面相应处产生灰白色粉状霉斑，圆形或不规则形，白色霉层上形成大量的、微小黑褐色颗粒物，即病原菌的有性态子实体"闭囊壳"，逐渐扩展白色粉状物连成一片，可导致整片叶

杨树白粉病症状（叶片正面）
（马向阳　摄）

杨树白粉病症状（叶片背面）
（马向阳　摄）

呈白色状。入秋后，在白粉层中形成初为黄色，后为黄褐色，最后为黑褐色的粒状物。

病原

病原菌主要为三类：杨球针壳白粉菌［*Phyllactinia populi*（Jacz.）Yu］、核桃球针壳菌（*P. juglandis* Tao et Qin）和钩丝壳白粉菌（*Uncinula mandshurica* Miura）。最常见的一种是杨球针壳白粉菌，属子囊菌亚门核菌纲白粉菌目白粉菌科球针壳属的一种真菌。

发病规律

病原菌以闭囊壳在落叶上和新梢病部越冬。翌年春季闭囊壳产生子囊孢子，成为初次侵染源，分生孢子可进行重复侵染。一般6～9月发病，症状明显，秋后形成闭囊壳，其后逐渐成熟越冬。

防控措施

（1）农业措施。秋、冬季结合修剪，剪除病枝，并清除枯枝落叶、病叶等，集中烧毁，以消灭菌源，减少来年侵染源。

（2）营林措施。开展中幼林抚育间伐，使林间通风透光，新种植的林木要加强水肥管理，提高自身抗病虫能力。生长季节，发现少量病叶、病梢时，及时摘除烧毁，防止病菌扩散。

（3）生物防治。选用多抗霉素、农抗120等生物制剂喷洒。

（4）化学防治。在杨树发叶1周后，选用50%多菌灵可湿性粉剂600倍液，或50%退菌特可湿性粉剂800倍液，或70%甲基托布津可湿性粉剂1 000～1 200倍液等进行喷雾，每隔半个月喷洒1次，连续喷药5次左右，叶的两面都要喷洒，交替用药，防治效果更好。发病初期，喷洒15%粉锈宁可湿性粉剂1 500～2 000倍液，或40%福星乳油8 000～10 000倍液，或45%特克多悬浮液300～800倍液，或10%世高水分散性粒剂2 000倍液，或75%百菌清可湿性粉剂800倍液，或12.5%腈菌唑3 000倍液，连续喷洒2～3次。

栗炭疽病

分布与危害

栗炭疽病是板栗树主要病害之一，广泛分布于我国山东、河北、陕西、河南、湖北、安徽、江苏、湖南、浙江、福建等各板栗产区。河南省信阳、南阳、驻马店、安阳等有分布。信阳市是河南省板栗主产区之一，栗炭疽病发生也较为普遍，各板栗产区均有发生，主要危害果实、芽、新梢和叶片，引起果期的栗苞提早脱落和贮藏期的栗仁腐烂等。

症状

叶片受害时，会产生暗褐色不规则形的病斑，多沿叶脉或叶柄扩展，常有红褐色细边缘，发病后期病斑上散生小黑点，为病菌的分生孢子。嫩芽和新梢染病后，初呈水渍状，基部病斑多绕茎一周，后很快萎蔫，病部以上幼芽或小枝枯死；潮湿时，其上产生粉红色的分生孢子。栗幼苞发病初期，会出现针头大深褐色至黑褐色病斑，并逐渐扩大至整个栗苞，最终变成黑褐色。果实受害多从果顶开始出现症状，或沿侧面扩展到果底部，果皮变黑，其上有灰白色的菌丝体。病菌侵入果仁后，果仁变为黑褐色。随着发病部位的扩大，果肉开始萎缩、干腐、硬化并出现空洞，空洞充满灰白色菌丝体。生长期发病，常造成栗苞提早脱落。

病原

病原菌无性阶段属真菌门半知菌亚门腔孢纲黑盘孢目黑盘孢科的胶孢炭疽菌 [*Colletotrichum gloeosporioides*（Penz.）Sacc.]，分生孢子盘上聚生分生孢子梗，分生孢子梗顶端着生分生孢子，呈粉红色胶质。分生孢子长圆形、单胞、无色。有性阶段为真菌门子囊菌亚门核菌纲球壳菌目疗座霉科小丛壳菌属的围小丛壳菌 [*Glomerella cingulata*（stonem.）Spauld. et Schrenk.]，自然条件下，有性阶段很少见。

发病规律

病原菌以菌丝体或子座在病芽或病枝组织内潜伏越冬或随感病果球越冬。翌年温度、湿度适宜时产生分生孢子，借风、雨水、昆虫等传播，经皮孔或表皮直接侵入幼芽、新梢进行再侵染，并在发病部位产生大量分生孢子，病菌在落花后幼果期开始转移危害栗苞，从而引起幼果、嫩枝或叶片发病，进入 7～8 月高温期后侵染速度减慢，9 月后进入第 2 次发病高峰，常引起感病栗苞脱落。枝叶较密而缺肥或害虫严重的果园发病较多。着果期日照不足，降雨多的年份极易发病。果实伤口多，在贮运期间发病严重。

防控措施

（1）营林措施。① 选育并推广优良的抗病品种。② 适当控制密度，防止枝叶过密，使树冠有良好的通风透光性能。③ 冬季结合修剪，剪除病枯枝，清除果园内病枯枝、病落叶落果、球苞等，然后进行集中烧毁。④ 增施肥料，增强树势，提高植株抗病能力。

（2）物理防治。第 2 年春季萌芽前，喷施 1 次 3 波美度的石硫合剂。

（3）化学防治。① 7～8 月，树冠喷洒 50% 苯菌灵可湿性粉剂 2 500 倍液，或 70% 代森锰锌可湿性粉剂 600～800 倍液，或 50% 多菌灵可湿性粉剂 600～800 倍液，或 30% 氯乳铜 2 000 倍液，或 80% 炭疽福美可湿性粉剂 500 倍液，或 50% 硫黄可湿性粉剂 600 倍液，半个月喷洒 1 次，共喷 3 次左右。② 6 月，用 30% 氯乳铜 2 000 倍液喷雾防治；6 月上旬、8 月上旬，全树各喷 1 次 1∶5∶400 波尔多液，防治效果较好。

板栗疫病

别名栗疫病、栗胴枯病、栗干枯病、栗腐烂病、栗溃疡病等。

分布与危害

国内分布于辽宁、北京、河北、山东、河南、安徽、江西、江苏、浙江、山西、陕西、四川、广东、广西等地。河南省分布于安阳、驻马店、南阳、信阳等地。信阳市浉河区、平桥区、罗山县、光山县、固始县、商城县、新县等地有分布。该病为我国对外、对内森林植物检疫对象。主要危害板栗、油栗等，茅栗、锥栗较抗病。危害苗木、大树主干及枝条，造成整株或整个枝条枯死。

板栗疫病危害状（罗山县提供）

症状

板栗疫病主要危害主干及主枝，有时也发生在 1 ~ 2 年枝条上，发病初期，在树枝干光滑的树皮上形成圆形或不规则形褐色的水渍病斑，略微隆起，在粗糙的树皮上病斑不明显。以后病部不断向四周扩展、膨胀，直至包围树干，并向上下扩散。失水后，病皮干缩纵向开裂。春季，病皮裂缝处产生许多橘红色小点，为病菌的子座。秋季，子座变为酱红色至褐色。病皮与木质部之间可见有白色至黄褐色的扇状菌丝体。

病原

栗疫病由真菌门子囊菌亚门核菌纲球壳菌目间座壳科隐丛壳属的寄生隐丛赤壳菌 [*Cryphonectria parasitica*（Murr.）Barr.P.J. et H.W. Anders.] 所致。子座生于皮层内，以后突破皮层外露，内生分生孢子器或子囊壳。分生孢子器形状不规则，多室，分生孢子无色，单细胞，圆筒形。子囊壳生于子座底部，黑色，圆形或扁球形。子囊棒状，无色，内含 8 个子囊孢子。子囊孢子椭圆形，无色，双细胞，中间分隔处稍缢缩。

发病规律

（1）越冬方式。病原菌以成熟或未成熟的子囊壳、分生孢子器和子座、菌丝方式在树干、枝条和栗实内越冬。

（2）传播途径。初春时，随着降雨释放大量孢子，随风雨、昆虫、鸟类传播，其中子囊孢子借助风传播、分生孢子借助雨水、昆虫、鸟类传播。分生孢子和子囊孢子均可从伤口侵入栗树枝干。病菌在林间的传播靠孢子，远距离的传播靠带病苗木、接穗和果实的运输。

（3）影响因素。信阳3月中旬至4月上旬很快发生病斑，5月树枝叶发黄，6月开始枝条及主干逐渐枯死。7月高温发病较低，8～9月又开始发病。板栗疫病的发生与立地条件、气候、树木生长状况及经营管理等关系密切。土层深厚肥沃，排水良好的环境及经营管理好，栗树生长旺盛，抗病能力强，发病少。土层浅，干旱瘠薄，栗园管理粗放，树势弱，抗病差，发病高。栗树遭受冻害后，也容易发病感染。成年树较幼树发病率高。

防控措施

（1）检疫措施。严格执行检疫制度，发现带有病菌树苗、枝条和果实，立即销毁，严防人为传播扩散。

（2）营林措施。选育和推广抗病品种。加强栗园土、肥、水的管理，增强树体抗病能力。

（3）物理防治。清除病源，对感病树干，于发芽前及时刮除病斑。刮下的树皮和枝条病斑，要集中烧毁。刮除方法：用刮刀将病斑及其周围0.5 cm左右的好组织刮去，边缘要平滑，并呈圆弧形。刮净病组织，再涂杀菌剂，可选用5波美度石硫合剂、70%多菌灵或80%甲基托布津200～300倍液，或抗菌剂"402"200倍液及时涂抹伤口，每隔20天涂抹1次，连续涂抹3次。

（4）化学防治。春季发芽前，向有病树干和主枝基部涂抹40%腐烂敌、40%退菌特50倍液，或抗菌剂"402"200倍液，或10%碱水、0.15%四霉素20～50倍液进行喷雾防治。

栗实腐烂病

别名栗黑斑病、栗仁斑点病。

分布与危害

栗实腐烂病分布于我国河北、山东、河南等省的栗产区，是栗类果实贮藏中的一个重要病害。该病发生初期，种仁长有绿色、黑色或粉红色霉状物，随着病情的扩展，种仁变为褐色、腐烂或僵化，具有浓重的霉气味、苦味，不能食用，造成很大的损失。该病也危害栗树枝干，引起干腐病。自1989年以来，信阳市浉河区、平桥区、罗山县、新县等主要板栗产区连年发病较重，给栗农造成了较大经济损失。

症状

在栗果生长期不易发现，刺间、苞刺或苞皮上有褐色斑点。栗苞采收后，带病的栗壳上出现褐色斑块，种仁上出现黑褐色斑点。在条件适宜时，带病菌全部变成褐色或灰褐色菌丝或粉红色孢子堆，使栗果腐烂变质。坚果表面生出暗灰色菌丝层，种皮下形成粒点状子座。栗实常受细菌复合感染，果仁变软腐，剖开病果有异臭味。

其症状主要表现为3种类型：① 黑斑型。在栗种仁表面产生大小不一、形状不规则的坏死斑点，黑褐色、灰黑色至炭黑色。病部深入栗种仁内部，切面呈灰白色、褐色、灰黑色、炭黑色等。部分病栗切面有灰白色、灰黑色的条纹状空隙。② 褐斑型。外种皮失去正常果实的光泽，颜色黄褐色或深褐色；在栗种仁表面形成深浅不一的褐色坏死斑，中间出现空洞。③ 腐烂型。外种皮黑色、湿润，沙藏时外种皮常粘有一层沙粒，不易脱落。湿腐型种仁呈黄褐色或黑色稀糊状，干腐型种仁黑色或黑蓝色，外种皮有黑色颗粒状子座突起。

病原

栗实腐烂病的病原菌较为复杂，多为葡萄座腔菌、拟基点霉、镰刀菌等真菌复合侵染，其中以子囊菌亚门真菌葡萄座腔菌为主。据河北农业大学报道，栗实腐烂病菌主要是炭疽菌、链格孢菌、茄腐皮镰刀菌、三隔镰刀菌、串珠镰刀菌及拟展青霉菌等病原菌。据刘建华等研究，信阳栗实腐烂病病原菌主要为小穴壳菌（*Dothioerlla* sp.）、红粉菌（*Trichothecium* sp.）、炭疽菌（*Colletotrichum* sp.）3种。栗实腐烂病的发病机理比较复杂，但病情的发展与温度、水分和树势强弱有关。

发病规律

病原菌主要在落地栗苞或树上的病枝条中越冬。翌年阴雨天湿度较大时，病原菌产生大量分生孢子，借助风雨传播扩散。6～7月当新果初步形成时，分生孢子就从外露柱头上或幼嫩的种壳空隙部位侵入种仁，至近成熟期开始发病，贮藏运输期，若环境条件适宜病菌生长，会严重发病。板栗幼龄树、生长旺盛的树发病轻；老树、弱树及通风透光不良的树发病重。栗实未完全成熟而提前采收，发病率高，腐烂快。

防控措施

（1）营林措施。加强栽培管理，增强树势，提高树体抗病能力。适时采收，栗实应适时采收，及时脱离，防止机械损伤，减少病菌侵入机会。及时剪除感病枝条，刮除树干上的病斑，用1%抗菌剂401消毒，将病枝、病斑树皮集中烧毁，减少病源。

（2）物理防治。采收时应防止栗果机械损伤，减少病菌侵染机会；采收后，将栗园内枯落叶和栗苞捡出烧毁，减少病源。

（3）化学防治。用800倍高锰酸钾水溶液浸泡栗实，15～20分钟，捞出不饱满的浮栗，将下沉的饱满栗沙藏，效果较好，也可用50%的多菌灵胶悬剂80倍液浸种消毒。

板栗溃疡病

分布与危害

板栗溃疡病主要分布在欧洲、北美和日本，我国主要分布于西南的云南、贵州、四川和广西四省（区），其中以云南省发病较普遍；此外，河北、安徽、河南、浙江等省局部也有发生。河南省信阳、南阳、驻马店等地少量分布，信阳市板栗主产区如平桥区、浉河区、罗山县、光山县、新县、商城县的板栗园内有零星发生。板栗溃疡病主要导致板栗枝干皮层局部腐烂和坏死，对苗木和幼树的危害较为严重，也能降低板栗大树的果实产量，危害严重时导致养分耗尽最终植株死亡。

症状

该病害在板栗的主干、主枝和侧枝上表现为典型的溃疡型病斑，在小枝和幼苗上则表现为枝枯型病斑，在病死树皮上密生黑色颗粒状物。溃疡型病斑中以有性子实体为主，枯枝型病斑中以无性子实体为主。干部患病处以下的芽易萌发，使受害树呈灌丛状，不能形成良好的产果型树冠。在光滑的板栗枝、干上病部有红褐色或紫红褐色长条状不规则形斑，当树液流动时病皮略显肿胀，后来局部坏死，出现几个暗褐色凹陷斑，后期相互连接呈梭形溃疡斑，其中部往往纵向开裂，病树皮的皮孔明显增大，黑色子座在病皮下 0.1 ~ 0.2 cm 处，肉眼可见灰黑色子囊壳若干个，干燥时可见有一层银灰色的膜包在每个子囊壳处，大小在 1 ~ 1.5 mm 之间。属枝枯型病斑的板栗树，小枝大量干枯，枯前树皮不规则形肿胀，少数病斑有红褐色斑纹，但多数病树皮不破裂。

病原

病原菌有性阶段为子囊菌亚门核菌纲球壳菌目间座壳科黑腐皮壳菌属的拟小黑腐皮菌 [*Pseudovalsella modonia*（Tul.）Kobayashi]，其子座黑色，内有 6 ~ 11 个子囊壳，略聚颈，颈口均突出在皮孔处开口。子囊壳灰黑至黑褐色，扁球形，具长颈，孔口处稍大，有缘丝，壳内壁拟薄壁细胞色浅，壳外壁拟薄壁细胞深褐色。子囊孢子未形成时，子囊壳多无颈。成熟度大的颈较长。子囊圆筒形或棍棒形，无色，无侧丝，头部厚，略平截，尾部稍削长，微尖，无柄，不规则地着生于子囊壳底部。子囊孔口附近有两个强折光体，子囊孢子从孔道中射出，子囊孢子椭圆形或纺锤形，排列不整齐，无色孢子占 0.1%，茶褐色孢子为绝大多数，双细胞，两胞等大，少数为三个细胞。无性阶段为半知菌亚门腔孢纲黑盘孢目黑盘孢科棒盘孢属的板栗棒盘孢菌（*Coryneum kunzei* var. *castaneae* Sacc. et Roum.）分生孢子盘浅埋生，碟状或垫状，分生孢子顶生于孢子梗上，褐色，直或弯曲，具横隔 4 ~ 8 个，分隔处不缢缩。分生孢子梗分枝或不分枝，无色至淡褐色。

发病规律

板栗溃疡病于 3～4 月病菌开始活动危害，老病斑随树液流动而扩展，颜色微淡紫红，边缘不明显，5～6 月雨水多、空气潮湿，在子座上产生大量橙黄色分生孢子角，放出分生孢子，通过风雨等传播途径侵染危害。7～9 月病情又进一步发展，开始再侵染，产生新病斑后迅速发展，病树皮逐渐坏死，烂皮极易脱落。11 月上冻以前，陆续产生有性孢子，病菌停止活动，以分生孢子盘、子囊壳及其内部的分生孢子和子囊孢子在病部越冬。此病害与温度、湿度、立地条件有密切关系，土壤瘠薄、树势弱、地下水位高或不易排水的栗园易发病。

防控措施

（1）检疫措施。重视苗木来源，严格检疫，防止带病苗木、接穗、种子传到无病区。新进苗木最好进行消毒，在萌芽前用 30% 波尔多粉 300～400 倍液消毒，清水冲洗后栽植。

（2）营林措施。① 选择已风化的土壤或有较厚土层等立地条件较好的山地建设板栗园；选用抗病虫能力强的品种进行栽植；加强板栗园管理，科学修枝，合理施肥，增强树势，提高树体抗病性。② 剪除病枝，刮除病斑，集中烧毁，再喷 5 波美度的石硫合剂或 10% 石灰水。

（3）物理防治。保护好树干枝条，对嫁接枝条及时喷洒多菌灵、甲基托布津、代森锰锌进行预防；夏、冬两季将枝干涂白，防止冻害、日灼及病菌侵入。用 1∶1∶20 的波尔多液、3～5 波美度的石硫合剂、5% 的碱水或 10% 的石灰水等涂白液涂在病斑上防治。

（4）化学防治。发病轻的树可刮除病斑树皮，喷洒 2.2% 烷醇辛菌胺、多菌灵等进行杀菌消毒；对严重病株、病枝进行伐除，集中烧毁。

板栗白粉病

分布与危害

该病在安徽、江苏、浙江、河南、贵州、广西等地均有发生。河南省分布于信阳、南阳、洛阳、驻马店等地。信阳市浉河区、平桥区、罗山县、光山县、商城县、新县、固始县等栗产区有发生。主要危害苗木叶片、幼芽及嫩梢，发生严重时常导致病叶早落，嫩梢枯死，造成栗树不能挂果或形成大量空苞，影响板栗树的生长及挂果。

症状

病叶上初生块状褪绿的不规则形黄色病斑，后在叶背面或嫩枝表面形成白色粉状物，即病菌的菌丝及分生孢子。秋天在白色粉层中产生初为黄白色、后为黄褐色、最后变为黑色的小颗粒状物，即病菌的闭囊壳。幼芽、嫩叶受害，其表面布满灰白色菌丝层积粉状分生孢子。嫩叶感病处停止生长，叶片扭曲变形；病害严重时，嫩芽不能伸展，嫩枝可扭曲变形，最后枯死。

病原

该病由子囊菌亚门核菌纲白粉菌目白粉菌科球针壳属的槲球针壳菌 [*Phyllactinia roboris*（Gachet）Blum.] 所致，寄生在叶背面，称里白粉病。另一种白粉菌，子囊菌亚门核菌纲白粉菌目叉丝壳属的中国叉丝壳菌（*Microsphaera sinensis* Yu），也能危害板栗，其白粉层多在叶片正面，且较厚，寄生在叶正面，称表白粉病。

发病规律

病原菌以闭囊壳在板栗病落叶、病梢或土壤内越冬，翌年春季由闭囊壳放出子囊孢子，借气流传播到嫩叶、嫩梢上，由气孔侵入寄主，进行再侵染。通常在 4 月上、中旬至 5 月中旬开始发病，6 ~ 7 月病情达到高峰；8 ~ 9 月形成闭囊壳，9 ~ 10 月闭囊壳逐渐成熟。在白粉层上，产生大量闭囊壳，进入越冬期。温暖、干燥的气候条件有利于病害的发展。高氮低钾以及促进植物生长柔嫩的土壤条件有利于病害的发生。低氮、高钾以及硼、硅、铜、锰等微量元素对病害则有减轻作用。板栗林或苗木过密，低洼潮湿，通风透光不良，或者光照不足，都有利于病原菌侵染和流行；苗圃地偏施氮肥，磷、钾不足，苗木徒长，或入夏后气候干燥，板栗树长势下降，气孔开张时间过长，都有利于病菌侵染，发病严重。

防控措施

（1）营林措施。选育并推广抗病品种。合理密植，及时整形修剪，保持树体通风透光良好。合理施肥，不偏施氮肥，重病区适量增施磷钾肥，增加植株抗性。

（2）物理防治。彻底清除有病的枝梢和落叶，并及时烧毁，耕翻林地或圃地土壤，以消灭越冬病源。

（3）化学防治。在 4 ~ 6 月发病期，喷 0.2 ~ 0.3 波美度石硫合剂或 1∶1∶100 倍波尔多液，或 70% 的甲基托布津可湿性粉剂 1 000 倍液，或 50% 的多菌灵或退菌特可湿性粉剂 800 ~ 1 000 倍液，或 10% 吡虫啉可湿性粉剂 1 000 倍液，或 25% 粉锈宁可湿性粉剂 1 000 倍液，每半月 1 次，连续喷洒 2 ~ 3 次。也可喷洒 15% 三唑酮 1 000 倍液，或 12.5% 烯唑醇 1 500 倍液，1 次喷洒可基本控制危害。

油茶炭疽病

分布与危害

油茶炭疽病在我国油茶产区普遍发生，主要分布于我国陕西、河南及长江以南各油茶产区。信阳市浉河区、商城县、新县、光山县、罗山县、固始县有分布。主要危害油茶、茶树和山茶，引起严重落果、病蕾和枝干枯死、树干溃疡，此外，还危害叶片、叶芽，造成落叶、芽。一般可使油茶果损失 20%，高的达 40% 以上，晚期病果虽可采收，但种子含量仅为健康种子的一半。

症状

油茶炭疽病发病的明显特征是以果实为主。其病斑黑褐色，病斑中央小黑点排列呈明显的或不明显的同心轮纹（即病原分生孢子盘），在湿度大时出现淡红色菌脓，这些症状区别于其他的病菌。

油茶以果实受害最重。果皮的病斑初期出现褐色小点，后逐渐扩大成黑褐色圆形病斑，发生严重时全果变黑。发病后期病斑凹陷，出现多个轮生的小黑点，为病菌的分生孢子盘，在雨后或露水浸润后，产生粉红色的分生孢子堆。接近成熟期的果实，病斑容易开裂。

危害果实症状（张玉虎 摄）

油茶梢部病斑多发生在新梢基部，呈椭圆形或梭形，略下陷，边缘淡红色，后期呈黑褐色，中部带灰色，有黑色小点及纵向裂纹。叶片受害时，病斑常于叶尖处或叶缘发生，呈半圆形或不规则形，黑褐色或黄褐色，边缘紫红色，后期呈灰白色，内有轮生小黑点，使病斑呈波纹状。

花蕾病斑多在基部鳞片上，不规则形，黑褐色或黄褐色，后期灰白色，上有小黑点。

病原

此病无性阶段由真菌中的半知菌亚门腔孢纲黑盘孢目黑盘孢科的胶孢炭疽菌[*Colletorichum gloeosporiodes*（Penz.）Sacc.]所致。分生孢子梗聚集成盘状，其中混生数根茶褐至暗褐色的刚毛。分生孢子无色，单细胞，长椭圆形，直或微弯，内有很多颗粒物质和 1 ~ 2 个油球。有性阶段为围小丛壳菌 [（*Glomerella cingulata*（Stone m.）Spauld et Schrenk.]，属子囊菌亚门核菌纲球壳菌目疗座霉科的一种真菌。子囊腔球形或洋梨形，有嘴孔，黑褐色。子囊棍棒形，内生子囊孢子 8 个。子囊孢子单细胞，长纺锤形，稍弯，无色。

发病规律

（1）越冬方式。病原菌主要以菌丝在油茶树各受害部位越冬，次年春季温湿度适合时，产生分生孢子。

（2）传播途径。翌年春季，该病的分生孢子或子囊孢子借助风雨传播到新梢、嫩叶上，再侵染果实等器官。病害终年都有发生，油茶各器官在一年中的被害顺序是：

先嫩叶、嫩梢，接着是果实，然后是花芽、叶芽。

（3）环境影响。气象因子的变化与病害的发展有着密切的关系，其中以温度为主导因子。湿度和雨量在一定的温度基础上，起着促使病害发展的作用。初始发病温度为 18 ~ 20 ℃，最适温度 27 ~ 29 ℃。夏秋季间降雨量大，空气湿度高，病害蔓延迅速。油茶林立地条件与病害的发生也有关系，阳坡、山脊和林缘比阴坡、山窝和林内的发病重；土壤瘠薄和冲刷严重的茶山上发病也重。果实炭疽病一般发生于 5 月初，7 ~ 9月为发病盛期，并引起严重的落果现象，9 ~ 10 月病菌危害花蕾。

（4）品种抗性。不同油茶品种和单株抗病性不同，一般小叶油茶和攸县油茶的抗病性大于一般油茶，普通油茶中的"寒露籽"大于"霜降籽"，紫红果和小果大于黄皮果、大果。

防控措施

（1）营林措施。① 选育抗病良种是防治油茶炭疽病的根本措施。如在病害流行地区，往往有一些特别抗病的单株，可通过对这些抗病单株的选择和繁殖，育成抗病的品系。② 加强油茶园抚育管理，采用合理的造林密度，保证油茶林通风透光；追施有机肥和磷钾肥，氮肥用量不宜过大。

（2）物理防治。① 冬春季节，结合油茶林的垦复和修剪，清除病枝、病叶、枯梢、病蕾及病果，将携带病原的枝条、叶子、病果、病株等运到林外进行烧毁处理，以减少病菌的重复侵染。对于林内的老病株，也应挖除补植，以免病菌扩散蔓延。此外，在果病初期，及时摘除病果。②播种前要用 0.2% 的赛力散或 50% 退菌特可湿性粉剂1 000 倍液浸种 24 h。

（3）化学防治。病区进行药剂防治，收果后和幼果开始膨大时可喷洒 50% 多菌灵可湿性粉剂 500 倍液；在早春新梢生长后，喷洒 1% 波尔多液，保护新梢、新叶；在发病初期，用 50% 托布津可湿性粉剂 500 ~ 800 倍液或 10% 吡唑醚菌酯 500 倍液或 25% 嘧菌酯悬浮剂 800 倍液进行喷雾；在果实发病高峰期前（约 6 月底）开始喷洒50% 多菌灵可湿性粉剂 500 倍液，每 10 天喷 1 次，连喷 4 次，或用 1：1：100 波尔多液 +1% ~ 2% 茶枯水，每 15 天喷 1 次，连喷 3 次。

油茶软腐病

油茶软腐病又称油茶落叶病、叶枯病，是危害油茶的主要病害。

分布与危害

中国亚热带地区均有不同程度发生，信阳市浉河区、罗山县、光山县、新县、商城县、固始县均有分布。寄主植物有油茶、油桐、乌饭、小果蔷薇、悬钩子等植物。

主要危害油茶叶片和果实，也能侵害幼芽嫩梢，引起软腐和落叶、落果。发生严重时，受害油茶树叶片、果实大量脱落，严重影响油茶树生长和结果。油茶软腐病在成林中常块状发生，单株受害严重。油茶软腐病对油茶苗木的危害尤为严重，在病害暴发季节，往往几天内成片苗木感病，引起大量落叶，严重时病株率达 100%，严重受害的苗木整株叶片落光而枯死。

症状

感菌叶片初在叶尖、叶缘或叶中部出现黄色斑点，后扩大为黄褐色或黑褐色圆形或半圆形病斑。雨天病斑扩展迅速，叶肉腐烂，仅剩表皮，呈典型的"软腐型"，病叶脱落。秋天病叶扩展慢，病斑中心呈淡至深褐色，外围有几道紫褐色细线隆起的轮纹，呈"枯斑"，与油茶炭疽病病斑相似，这种病叶不脱落，留在树上越冬。后期，病斑上生出多数近白色或淡黄色小

油茶软腐病危害叶片症状（张玉虎　摄）

颗粒，为病菌的分生孢子座，呈蘑菇状，称为"蘑菇菌体"。感病果实病斑同病叶，亦与油茶果实炭疽病病斑相似，但色泽较浅，病部组织腐烂，病斑呈不规则开裂。病果易脱落。病果上也有蘑菇菌体。幼芽嫩梢受害后，变淡黄褐色而枯萎。

病原

病原菌无性阶段是真菌门半知菌亚门丝孢纲丛梗孢目的油茶伞座孢菌（*Agaricodochium camellia* Liu，Wei et Fan）。病菌虽能产生分孢子，但主要靠蘑菇菌体进行侵染。在通风、湿润、干湿交替气候条件下，病斑上可产生小蘑菇形分生孢子座，半球形，有短柄，近白色到淡灰色，容易脱落传播，具有很强的侵染力。在高湿不通风气候条件下，病斑上常形成无柄的非蘑菇形分生孢子座，黑色，不易脱落，没有侵染力。

发病规律

（1）越冬方式。病原菌以菌丝体和未发育成熟的蘑菇形分生孢子座在病叶、病果和病芽内越冬。

（2）传播途径。在自然状态下，病菌借助风雨近距离传播，感病苗木的运输是远距离传播的主要途径。该病菌从寄主表皮直接侵入或由自然孔口侵入。

（3）环境影响。翌年春季气温达到 13 ℃，相对湿度 85% 时开始发病，4 ~ 6 月为发病盛期，在多雨年份，10 ~ 11 月可能出现第 2 个发病高峰，一般是树丛下部叶片特别是根际萌条上的嫩叶先发病。果实于 6 月开始发病，气温低于 10 ℃或高于 35 ℃，相对湿度低于 75%，发病轻或不发病；雨天发病重；密林或潮湿地段发病重。排水不良、杂草丛生的圃地上苗木发病也重。山凹洼地、缓坡低地、油茶密度大的林分发病比较严重；管理粗放、萌芽枝、脚枝丛生的林分发病比较严重。

防控措施

（1）检疫措施。在油茶新种植区，加强检疫，避免从病区调入种苗或接穗，避免带病种子调入。

（2）营林措施。加强培育管理，提高油茶林的抗病能力。改造过密林分，适度整枝修剪，去病留健，去劣留优，既是增产措施，也是防病措施。

（3）物理防治。冬季结合油茶林垦复，清除树上或地面的病叶、病果和病枯梢，将病叶、病果和病枯梢集中烧毁，消灭越冬病菌，减少下年侵染源。

（4）化学防治。研究表明，波尔多液、多菌灵、退菌特、甲基托布津等药剂均有较好的防治效果。根据油茶软腐病的发生规律，应注意选择附着力强、耐雨水冲刷、药效持续期长的药剂。1∶1∶100等量式波尔多液，晴天喷药后附着力强，耐雨水冲刷，药效期持续20天以上，防效达84.4%～97.7%，是目前较理想的药剂；也可用10%吡唑醚菌酯500倍液或25%嘧菌酯悬浮剂800倍液进行喷洒。喷药时间以治早为好，第1次喷药在春梢展叶后抓紧进行，以保护春梢叶片。雨水多、病情重的林分，5月中旬到6月中旬再喷1～2次，间隔期20～25天。发病时，喷洒50%多菌灵可湿性粉剂100～300倍液或50%退菌特可湿性粉剂800～1 000倍液2～3次，每次间隔10～15天。

油茶肿瘤病

分布与危害

国内各油茶产区均有分布，河南省主要分布于信阳市浉河区、罗山县、光山县、新县、商城县、固始县等油茶产区。寄主植物为油茶、茶树，被害树枝干上形成数量不等、大小不一的肿瘤，影响寄主正常生长，甚至导致寄主枯死，严重影响油茶或茶叶产量。

症状

该病在油茶树枝、树干上形成数个，甚至数十个、上百个大小不等的肿瘤，轻者导致树势生长衰弱，严重者引起受害枝干上的叶片萎蔫、枯死，受害植株显著减产甚至绝收。油茶肿瘤着生在油茶的树干或枝条上，大小不一，形态多样，一般2～10 cm。有的表面粗糙开裂，有的用力轻轻掰开呈碎粒状。

油茶肿瘤病危害状（马向阳　摄）

病原

引起油茶肿瘤病的原因在不同地区、不同林分不尽相同。有的是寄生性种子植物所致，有的可能与茶吉丁虫、蓝翅天牛等昆虫危害有关，有的可能由根癌细菌引起，有的可能由一些生理因素引起。目前，国内对油茶肿瘤病的发病机理研究尚很少，缺乏较系统的研究，对导致其发病的病原还无较准确的结论。

发病规律

油茶幼树、老树都可发病，以老油茶林发病较多；病害多数零星分布或呈团状分布，很少成片发生，但发病植株一般都比较严重；尤其是荫蔽、湿度大、荒芜的林分发病严重。

防控措施

根据不同的发病原因采取相应的防治措施。

（1）寄生性种子植物危害造成的，彻底清除油茶林中的寄生性种子植物及受害枝条，然后集中烧毁。清除工作需在寄生性种子植物的果实成熟前进行。

（2）若是昆虫引起的，及时防治害虫，可在成虫盛期喷洒90%晶体敌百虫1 000倍液；及时从肿瘤下方剪除被害枝条，并集中烧毁。

（3）若是生理因素引起的，应加强抚育管理，及时进行修剪，剪除被害枝条；在主干、根茎部涂白（白涂剂用生石灰10 kg、硫黄粉1 kg、食盐0.2 kg、动物油0.2 kg、水40 kg调配而成）进行预防。

（4）发病严重的植株，多数失去经济价值，恢复比较困难，可将其整株挖除后补植。

茶饼病

别名茶树泡状叶枯病、叶肿病、茶白雾病，是茶树嫩芽和叶上的重要病害。

分布与危害

全国主要分布在四川、云南、贵州、重庆、湖南、江西、福建、广东、浙江、安徽、河南、湖北、广西、台湾等省（区、市）的山区茶园，尤以云、贵、川三省的山区茶园发病最重。河南省主要分布于南阳、洛阳、三门峡、驻马店、信阳等地；信阳市浉河区、平桥区、罗山县、光山县、新县、商城县、固始县主要产茶区均有发生。寄主植物有茶树、油茶等，主要危害茶树嫩叶、嫩茎、新梢、花蕾、果实和叶柄，严重时会影响茶叶产量及品质。

症状

茶树嫩叶染病初现淡黄至红棕色半透明小斑点，后扩展成直径2 ~ 12.5 mm的圆形斑，病斑正面凹陷，浅黄褐色至暗红色，背面凸起，呈馒头状疱斑，其上具灰白色或粉红色或灰色粉末状物，后期粉末消失，凸起部分萎缩形成褐色枯斑，四周边缘具一灰白色圈，似饼状，故称茶饼病。发病重时1个叶片上有几个或几十个明显的病斑，后干枯或转为溃疡状斑。叶片中脉染病，病叶多扭曲或畸形，茶叶歪曲、对折或呈不规则卷拢。叶柄、嫩梢染病肿胀并扭曲，严重的病部以上的新梢枯死或折断。

茶饼病叶部症状（张玉虎 摄）

病原

病原菌为外担子菌（*Exobasidium vexans* Massee），属担子菌亚门担子菌纲外担菌目外担菌科外担菌属真菌。病斑背部隆起部分的白粉状物是该菌的子实层，灰白色，由很多个担子聚集形成。担子圆筒形或棍棒形，基部较细，顶端略圆，单胞、无色，担子间无侧丝，在寄主角质层下形成，后外露。顶生2～4个小梗，每个小梗上生1个担孢子。担孢子倒卵形、长椭圆形或肾形，单胞、无色，发芽前产生中隔，变为双胞，发芽时每胞各生1芽管，侵入寄主。

发病规律

（1）越冬方式。病原菌以菌丝体在病叶活体上越冬或越夏。

（2）传播途径。翌春5月上旬或秋季，菌丝开始生长发育产生担孢子，随风、雨传播初侵染，在水膜的条件下萌发，侵入后经3～18天潜育，形成新病斑，然后其上长出子实层芽管直接由表皮侵入寄主组织，在细胞间扩展直至病斑背面形成子实层。担孢子成熟后又飞散传播进行再次侵染。

（3）环境影响。该病属低温高湿型病害，平均气温在15～20 ℃，相对湿度85%以上时，阴雨多湿的条件有利于发病，一般春茶期3～5月和秋茶期9～10月间发生严重。病害的潜育期长短也与气温、湿度和日照的关系密切。一般日平均气温为19.7 ℃时，为3～4天；15.5～16.3 ℃时，需9～18天。山地茶园在适温高湿、日照少及连绵阴雨的季节，最易发病。全国各茶区发病时间不同，西南茶区在7～11月，华东及中南茶区在3～5月和9～10月，广东海南茶区在9月中旬至翌年2月期间，都常有发生和流行。河南信阳产茶区一般发生于5～9月，发生面积呈逐年增加趋势。日照少，多雾，湿度大的茶园易发病；丘陵、平原地的郁蔽茶园，多雨情况下发病重；偏施、过施氮肥，管理粗放，杂草多发病重。在茶饼病流行期，平均气温15～20 ℃，连续5天中，如有3天上午的平均日照数等于或小于3小时，或5天中日降雨量在2.5～5.0 mm以上时，就应该加强防治。

（4）品种抗性。茶树品种间的抗病性有一定的差异，通常小叶种表现抗病，而大叶种则表现为感病，大叶种中又以叶薄、柔嫩多汁的品种最易感病。

防控措施

（1）检疫措施。加强苗木检疫，严防茶饼病通过茶苗调运进行传播。

（2）营林措施。① 增施磷钾肥，增强茶树抗病能力。② 清除杂草，剪除茶树病枝、枯枝，改善茶园通风透光性；摘除病叶、病梢后带离茶园销毁。③ 及时分批采茶，选择适宜时期修剪，在新梢抽发时，尽量避过发病盛期，可减少侵染机会。

（3）化学防治。① 非采茶期和非采摘茶园可喷洒12%绿乳铜乳油600倍液或96%硫酸铜300倍液或石灰半量式波尔多液100～150倍液等药剂进行预防。② 此病流行期间，喷洒70%甲基硫菌灵或20%三唑酮乳油1 000～1 500倍液或75%十三吗啉乳油3 500倍液、20%萎锈灵乳油1 000倍液、100 mL/L多抗霉素、70%甲基托布津可湿性粉剂1 000倍液，一般在第1次用药后7天再喷防1次，危害特别重的应喷药3次，三唑酮有效期长，发病期用药1次即可，上述农药喷药20天内不宜采摘鲜叶。③ 发病严重茶园冬季可用0.3～0.5波美度石硫合剂封园。

茶云纹叶枯病

别名叶枯病、茶瘟病，是茶树上最常见的一种病害。

分布与危害

全国各主要产茶省均有分布。河南省主要分布在南阳、洛阳、三门峡、驻马店等市。信阳市浉河区、平桥区、罗山县、光山县、新县、商城县、固始县主要产茶县（区）均有发生。主要危害老叶和成叶，也危害嫩叶、新梢、枝条和果实。茶树患病后，叶片常提早脱落，新梢出现枯死现象，致使树势衰弱。茶云纹叶枯病在树势衰弱和台刈后的茶园发生较重，扦插苗圃发生也较多。发生严重时茶园呈现一片枯褐色，幼龄茶树可出现全株枯死。除茶树外，还可危害油茶、山茶等植物。

症状

病斑多发生在叶缘或叶尖，初为黄褐色水浸状，半圆形或不规则形，后变褐色，一周后病斑由中央向外渐变灰白色，边缘黄绿色，形成深浅褐色、灰白色相间的不规则形病斑，并生有波状轮纹，形似云纹状。后期病斑由中央向外变灰白色，上产生灰黑色扁平圆形小粒点，沿轮纹排列。嫩叶和芽上的病斑褐色、圆形，以后逐渐扩大，成黑褐色枯死。嫩枝发病后引起回枯，并向下发展到枝条。枝条上的病斑灰褐色，稍下陷，上生灰黑色扁圆形小粒点。果实上的病斑黄褐色，圆形，后成灰色，上生灰黑色小粒点，有时病部开裂。

病原

病原菌无性阶段为真菌中的半知菌亚门腔孢纲黑盘孢目黑盘孢科炭疽菌属的山茶炭疽菌（*Colletotrichum camelliae* Mass.），有性阶段为真菌中的子囊菌亚门腔菌纲座囊菌目座囊菌科球座菌属的山茶球座菌 [*Guignardia camelliae*（Cooke）Butler]。子囊壳散生在病部两面，半埋生，球形至扁球形，黑色。子囊卵形或棍棒形，端圆，基部具小柄，内含子囊孢子 8 个，排成 2 列。子囊孢子纺锤形，单胞、无色。无性阶段的分生孢子盘散生在寄主表皮之下，成熟时突破表皮外露，底部为灰黑色子座，内具刚毛和分生孢子梗，分生孢子盘四周生刚毛，刚毛针状，基部粗，顶端渐细，暗褐色，具隔膜 1 ~ 3 个。分生孢子梗短线状，单根、无色，顶生 1 个分生孢子。分生孢子圆筒形或长椭圆形，两端圆或一端略粗，直或稍弯，单脑、无色，内具 1 空胞或多个颗粒。厚垣孢子球形，浅褐色，具油球 2 ~ 3 个。

发病规律

（1）越冬方式。病原菌以菌丝体或分生孢子盘和子囊果在茶树病部或土表落叶中越冬。

（2）传播途径。翌年春季条件适宜时越冬的子囊果产生子囊孢子，分生孢子盘也可产生分生孢子，遇水后发芽，从茶树的表皮或伤口侵入，经 5 ~ 18 天潜育形成新病斑，病斑上产生的分生孢子靠雨水和露滴或随风传播，进行多次再侵染。

（3）环境影响。全年除严寒外，可多次重复侵染，以高湿季节 8 月下旬至 9 月上旬为发病盛期。此病的病原是一种兼性腐生菌，凡茶树树势健壮，抗病性极强；相反茶树生长衰弱，抗病性极弱。在夏季凡土层浅薄，茶树根系发育不良，或幼龄茶树根系尚未充分发育，均会因水分供应失调，叶片上出现日灼斑，而病菌随机侵染。采摘过度、遭受冻害、虫害等致使树势衰弱，均有利于发病。

（4）品种抗性。品种间有抗病性差异，一般大叶种如云南大叶种、福建水仙、广东水仙等较感病；而小叶种则较抗病。

防控措施

（1）检疫措施。从病区调进的苗木必须进行严格检疫，发现病苗马上处理，防止该病传播、扩散。

（2）营林措施。①加强茶园日常管理，做好抗旱、防冻及治虫工作，施用酵素菌沤制的堆肥、生物活性有机肥或茶树专用肥，勤除杂草，增强茶树抗病能力；及时剪除茶树病枝、枯枝，改善茶园通风透光性；适时分批采茶，选择适宜时期修剪，在新梢抽发时，尽量避过发病盛期，可减少侵染机会。秋茶结束后，结合冬耕将土表病叶埋入土中，同时摘除树上病叶，清除地面落叶，并及时带出园外予以销毁处理，以减少翌年初侵染源。②因地制宜选用抗病品种。信阳地区适宜发展如龙井、福鼎、瑞安白毛茶、福鼎白毫、藤茶、梅占、龙井群体种等较抗病茶种。

（3）化学防治。在 6 月初夏期，气温骤然上升，叶片出现枯斑时，应喷药保护。

8 月，降雨量大于 40 mm，平均相对湿度大于 80% 时，立即喷药防治。可喷洒 75% 百菌清可湿性粉剂 800 ~ 900 倍液或 40% 百菌清悬浮剂 600 倍液、50% 苯菌灵可湿性粉剂 1 500 倍液、70% 甲基硫菌灵可湿性粉剂 1 000 倍液、70% 甲基托布津可湿性粉剂 1 000 ~ 1 500 倍液、10% 多抗霉素水剂或庆丰霉素 100 mg/kg；非采摘茶园可喷洒 30% 绿得保悬浮剂 500 倍液或 12% 绿乳铜乳油 600 倍液、0.6% ~ 0.7% 石灰半量式波尔多液。也可选用农用抗生素放线酮 30 ~ 50 mg/kg（喷后 5 天可采摘）、抗生素风光霉素 1 mg/kg（喷后 7 天可采摘）、80% 代森锌可湿性粉剂 600 ~ 800 倍液（喷后 15 天可采摘），喷药量 900 ~ 1 125 kg/hm²，10 ~ 15 天喷 1 次，共喷 2 次。切记喷洒多菌灵、苯菌灵、甲基托布津后续间隔 10 天才能采茶，百菌清的安全间隔期为 14 天。

茶轮斑病

别名茶梢枯死病。

分布与危害

安徽、浙江、江苏、江西、湖北、湖南、福建、海南、河南、山东、甘肃、陕西、广西、云南、贵州、四川、重庆、西藏、台湾等产茶省（市、区）均有分布。河南省主要集中在信阳各县（区）茶园，其他产茶县也有分布。该病属高温高湿型病害，主要危害叶片和新梢，导致被害叶片大量脱落，并引起枯梢。发病重的年份，可引起茶树大量落叶，致使树势衰弱，严重影响次年春茶萌发，产量大幅下降。近年来，信阳茶轮斑病的发病情况呈上升趋势，发生面积逐年增加，严重影响了当地茶产业发展。

症状

茶轮斑病症状多自老叶的叶尖及叶缘处发生，病斑初为黄绿色小点，后渐向内扩展为半圆形、圆形或不规则形褐色大斑，直径一般为 2 ~ 3 cm。边缘黑褐色、隆起，后期中部变为灰白色，并产生同心圆轮纹，沿轮纹产生黑漆状扁平小颗粒，即病原菌的子实体，病斑边缘常有褐色隆起线。嫩叶染病时从叶尖向叶缘渐变黑褐色，病斑不整齐，焦枯状，病斑正面散生煤污状小点，病斑上没有轮纹，病斑多时常相互融合致叶片大部分布满褐色枯斑。嫩梢染病尖端先发病，后变黑枯死，继续向下扩展引起枝枯，发生严重时叶片大量脱落或扦插苗成片死亡。

病原

由半知菌亚门腔孢纲黑盘孢目黑盘孢科拟盘多毛孢属的茶拟盘多毛孢菌［*Pestalotiopsis theae*（Saw.）Stey.］侵染引起的一种茶树常见病害。病原菌菌落边缘平整，菌丝为白色或无色，菌落呈现出很明显的轮纹状。

发病规律

（1）越冬方式。病原菌以菌丝体或分生孢子盘在病叶或病梢内越冬，翌年春季在适温高湿条件下产生分生孢子。

（2）传播途径。分生孢子随风雨传播，从伤口侵入茶树组织，形成茶树新的病斑，并产生新的分生孢子，进行再传播、再侵染。

（3）影响因素。茶轮斑病属高温高湿型病害，气温 25 ~ 28 ℃，相对湿度 85% ~ 87% 有利于发病。常发于 5 ~ 6 月（梅雨期）和 8 ~ 10 月，秋季尤为严重。生产上捋采、机械采茶、修剪、夏季扦插苗及茶树害虫多的茶园易发病。茶园排水不良，栽植过密的扦插苗圃发病重。品种间抗病性差异明显。凤凰水仙、湘波绿、云南大叶种易发病。

防控措施

（1）营林措施。选用较抗病或耐病品种，如龙井长叶、藤茶、茵香茶、毛蟹等。加强茶园管理，增施磷、钾肥和有机肥，避免偏施氮肥；注意茶园清沟排水，提高茶树抗病力。

（2）物理防治。加强茶园管理，防止捋采或强采，尽量减少伤口。机采、修剪发现害虫后及时喷洒杀菌剂和杀虫剂预防病菌入侵。雨后及时排水，防止湿气滞留，可减轻发病。

（3）化学防治。① 进入发病期，采茶后或发病初期及时喷洒杀菌剂。据郭世保等试验，25% 阿米西达悬浮剂 1 000 ~ 1 500 倍液和 10% 世高水分散粒剂 1 000 ~ 1 500 倍液可作为信阳防治茶轮斑病菌的首选化学药剂；25% 丙环唑乳油 500 倍液和 75% 百菌清可湿性粉剂 600 倍液可作为防治茶轮斑病的轮换药剂使用。隔 7 ~ 14 天防治 1 次，连续防治 2 ~ 3 次。② 新梢 1 芽 1 叶期，选用 70% 甲基硫菌灵 1 000 ~ 1 500 倍液，或 75% 百菌清可湿性粉剂 800 倍液，或 25% 咪鲜胺乳油 1 000 ~ 1 500 倍液，或 10% 多抗霉素 1 000 倍液喷雾防治。此外，使用静电喷雾器叶面喷洒 40% 多菌灵悬浮剂 1 000 倍液，防治效果也很好。

核桃溃疡病

别名黑水病、干腐病、墨汁病等，为核桃树干上的一种常见病害。

分布与危害

国内陕西、河北、北京、河南、湖北、山东、江苏、安徽、贵州、云南、四川、新疆、山西等省（区、市）均有分布。河南省分布于三门峡、洛阳、南阳、郑州、安阳、信阳、驻马店等地。信阳市平桥区、浉河区、光山县等核桃栽植区有发生。

该病危害核桃树干、侧枝基部、嫩枝和果实。树干或侧枝严重发病时，病皮下的韧皮部与内皮层腐烂，影响水分和养分向上输送，导致树势衰弱、枝条枯死，甚至整株死亡。果实感病后，造成果皮皱缩成黑色僵果或变黑腐烂，果实提前落果。病害发生较重时，影响树体生长和果实产量、品质。该病还危害泡桐、国槐、垂柳、刺槐、枫杨、苹果、杨树等林木和果树。

症状

初期在树干皮层呈隐蔽性危害，当皮层出现豆粒大小病斑时，皮层内已布满病斑。幼嫩枝干发病后，病斑初期呈水渍状或水泡状，破裂后流出黑褐色黏液，向周围浸润，形成中央黑褐色、四周浅褐色近圆形病斑，无明显的边缘。在光皮树种上大都先形成水泡，而后水泡破裂，流出褐色乃至黑褐色黏液，并将其周围染成黑褐色。后期病部干缩下陷，中央纵裂一小缝，其上散生很多小黑点，为病菌分生孢子器。患病树皮的韧皮部和内皮层腐烂坏死，呈褐色或黑褐色，腐烂部位有时可深达木质部。病害严重发生时，病斑迅速扩展形成大小不等的梭形或长条形病斑，众多病斑联合成片后，影响养分输送，导致整株死亡。果实发病后，病斑初期近圆形，后逐渐扩大至整个果实，果实表面出现褐色或黑色粒状物，为病菌子实体，降雨后生出白色分泌物，产生大量分生孢子。后期果皮皱缩成黑色僵果或变黑腐烂，病果易脱落。

病原

病原菌无性阶段为真菌门半知菌亚门腔孢纲球壳孢目小穴壳科小穴壳属的聚生小穴壳菌（*Dothiorella gregaria* Sacc.），分生孢子器球形或扁球形，暗色，通常数个聚生于子座内。子座在寄主表皮下，成熟时突破表皮而外露。孢梗短，不分枝。分生孢子无色，长梭形至纺锤形，表面有云纹，单胞。有性世代为子囊菌亚门座囊菌纲葡萄座腔菌目葡萄座腔科葡萄座腔菌属的茶藨子葡萄座腔菌 [*Botryosphaeria dothidea*（Mong. ex Fr.）Ces.]，子座黑色，近圆形，子囊腔通常数个簇生于子座内，呈洋梨形，黑褐色。子囊束生腔内，无色，棍棒形，具短柄。子囊孢子椭圆形或倒卵形，无色，单胞。

发病规律

（1）越冬方式。病菌主要以菌丝体状态在当年感病树皮内越冬，翌年4月上旬当气温为 11.4 ~ 15.3 ℃时，菌丝开始生长，病害随即发生。

（2）传播途径。5月下旬以后，气温升至 28 ℃左右，分生孢子大量形成，借助风力、雨水、昆虫等传播，多从皮孔、气孔、伤口等处侵入。

（3）发生规律。一年有 2 次发病高发期，第 1 次出现在 4 月下旬至 6 月中旬。6月下旬以后，气温升高到 30 ℃以上时，病害基本停止蔓延，入秋后，当外界温、湿度条件适宜于孢子萌发和菌丝生长时，出现第 2 次发病高峰，但不如第 1 次严重，直至10 月病菌停止活动进入越冬。

（4）环境影响。春季病害发生的早晚，与冬季温度高低有关，冬季温度高，发病期提早，反之则推迟。病菌的分生孢子一般在 6 月大量形成，多从伤口侵染寄主。病害潜育期的长短与外界温度的高低呈负相关，如在 15 ~ 28 ℃，从侵入到症状出现需 1 ~ 2 个月；而在 25 ~ 27 ℃，病害潜育期只需 29 天左右。发病后又约需 2 个月产生分生孢子器。

病害发生与立地条件和栽培管理措施也有密切的关系。凡土壤营养贫乏、土质黏重、排水不良、地下水位高等条件下，核桃树生长发育不良，病害普遍而严重。栽培管理粗放，长期不施肥、不修剪，导致树体衰弱，则常引起病害发生。此外，冻害和虫害造成伤口，也为病菌侵染提供了有利条件。

（5）品种抗性。核桃的不同品种，对溃疡病的感染程度有明显差异，如华北的绵核桃比新疆核桃品种感病重。

防控措施

（1）营林措施。① 加强水、肥管理，提高树体抗病能力。根据不同地区土壤的特性加以改良，做到能灌能排，干旱时及时浇水，雨季及时排水。核桃以生产坚果为主，需消耗大量营养物质，营养不足，树势减弱或未老先衰，易感染病害。因此，施肥时以有机肥为主，增加土壤有机质含量，并及时适量施用矿质肥料，可提高树体抗病能力。② 整枝修剪。定期进行修剪，提高树体吸收光照能力；在秋季落叶前或春季发芽后，剪除病虫枝、枯枝，将剪下的病虫枝条、病死树及时清除烧毁，剪锯口及其他伤口涂抹多菌灵油膏，减少病菌侵染源。③ 选育和推广栽植抗病良种。

（2）物理措施。树干涂白（白涂剂配方为生石灰∶食盐∶油∶豆面∶水 = 50∶20∶1∶1∶200），防止日灼和冻伤，减少病源侵入途径。用刀刮除枝干病斑，深达木质部，或用小刀在病斑上纵横划道，然后涂刷 3 ~ 5 波美度石硫合剂，或 1% 硫酸铜溶液，或 1∶3∶15 的波尔多液，或甲基硫菌灵、退菌特、腐殖酸铜等 10 倍稀释液。发病严重时，间隔 7 天左右再涂抹 1 次，连续 3 次，防治效果较好。

（3）化学防治。4 月、5 月、8 月各喷 1 次 50% 乙基托布津可湿性粉剂 200 倍液，或喷 80% 抗生素 "402" 乳油 200 倍液；也可用 80% 乙蒜素 300 ~ 500 倍液或 95% 硫酸铜晶体 300 ~ 500 倍液喷雾防治。

核桃黑斑病

别名核桃细菌性黑斑病、核桃黑腐病、核桃黑等。

分布与危害

核桃黑斑病是一种世界性核桃病害，在我国西北、华北、西南和华东等主要核桃产区均有发生，河南省洛阳、南阳、三门峡、焦作、新乡、郑州、信阳等市有分布，信阳市新引种核桃栽培的光山县、新县、商城、平桥等县（区）有零星发生。该病主要危害核桃果实，造成果实变黑、腐烂早落、核桃仁干瘪，出油率降低，严重影响核桃的产量和品质。

症状

该病危害核桃幼果、叶片、新梢和雄花以及苗木。叶片感病，先在叶脉及叶脉的分叉处出现黑色小点，后扩大成近圆形或多角形黑褐色病斑，在老叶上病斑呈圆形，有时外围有黄色晕圈，雨水多时，叶面多呈水渍状近圆形病斑，叶背更明显；严重时，病斑连片扩大，叶片皱缩，枯焦，病部中央变成灰白色，有时呈穿孔状，致使叶片残缺不全，提早脱落。病斑在叶柄上时是细条状，很多的病斑、条斑或叶缘受侵染后导致树叶产生畸形，叶片一般不脱落，受害极为严重时才脱落。枝条感病时表皮呈细雨条水渍状病斑，渐扩散至枝条一周，并逐步变黑后坏死。核桃果受害后，初期果皮上出现黑褐色小斑点，后形成圆形或不规则形黑色病斑，无明显边缘，外围有水浸状的晕圈，湿度大时病斑处的果皮就快速分泌出病浓液；严重时病斑凹陷，深入内果皮，果实由外向内腐烂。幼果感病时，核仁易受侵，严重时全果变黑，造成早期落果。湿度大时，病果、病枝流出白色黏液，即细菌溢浓，为识别该病的最主要的特征。

病原

病原菌为细菌中黄单胞杆菌属的甘蓝黑腐黄单胞菌核桃黑斑致病型 [*Xanthomonas campestris pv. juglandis*（pierce）Dowson.]。只寄生核桃属的树种。经实验室培养观测，该病菌发生的温度在 1.1 ~ 37.2 ℃之间，最适温度在 26.7 ~ 32.2 ℃之间，酸碱度 pH 范围为 5.2 ~ 10.5，最适 pH 为 6 ~ 8。

发病规律

（1）越冬方式。病原细菌在感病果实、枝梢、芽、茎的老病斑内越冬，芽中的病原菌是主要侵染源。

（2）传播途径。翌年春气温合适时借风雨及昆虫传播，首先使叶片感病，再由叶片传到果实及枝条上。4 ~ 8 月发病，反复侵染多次。细菌经核桃树的各种伤口、气孔及皮孔入侵，举肢蛾、核桃长足象、核桃横沟象等在果实、叶片及嫩枝上取食或产卵造成伤口，以及灼伤、其他原因造成的伤口等都是该菌侵入的途径。带菌的种子是该病能远距离传播的唯一途径，它是以菌丝形态潜伏在种子胚内的。

（3）环境因素。开花期与展叶期最易感病，发病的程度与空气温度、湿度有直接关系，降水越多，发病越重，反之越轻。实验证实，空气相对湿度为 11% ~ 30% 时的发病率为 22%，而相对湿度为 56% ~ 85% 时的发病率为 91%。不同品种、类型、树龄、树势的植株发病程度不同。一般薄壳核桃比本地核桃发病重，弱树比健壮树发病重，老树比中幼龄树发病重，虫害多的树或地区发病重。树冠稠密，通风透光不良，定植密度过大的林分发病重。

防控措施

（1）检疫措施。加强种子苗木的产地、调运检疫工作，尤其是对核桃果的检疫消毒处理。

（2）营林措施。选取抗病的品种栽植；加强栽培管理，树体长势健壮，增强抗病力；在生长季节和休眠期及时剪除清理病枝、病叶、病果并烧毁。

（3）物理防治。播种前，种子用 1% 石灰水在 30 ℃ 或 28 ℃ 或 24 ℃ 的温度下分别浸种 24 小时、48 小时、72 小时，并且在浸种过程中不得搅动，或用 25% 多菌灵可湿性粉剂 200 倍液浸种 5 小时；还可以用种子质量的 0.3% 的 25% 百菌酮或 0.15% 的 15% 羟锈宁粉剂拌种，以杀死种子上的病原菌。

（4）化学防治。① 发芽前期，喷 1 次 3 ~ 5 波美度石硫合剂，或 1 : 2 : 200 的波尔多液，地上地下需全面均匀喷布，以杀死越冬病菌和虫卵。② 在核桃展叶期，喷 1 : 0.5 : 200 的波尔多液，既能预防该病又能保护树体。③ 在发病初期，用 1 000 单位的农用链霉素可溶性粉剂 3 000 倍液，或 77% 的可杀得可湿性粉剂 600 ~ 800 倍液，或 50% 消菌灵可湿性粉剂 1 000 倍液 +50% 多菌灵可湿性粉剂 800 倍液，或 70% 甲基托布津可湿性粉剂 800 倍液，或 3% 噻霉酮可湿性粉剂 1 500 倍液、20% 苯醚甲环唑微乳剂 2 500 倍液和 50% 退菌特可湿性粉剂 600 倍液喷雾防治。④ 开花期、开化后、幼果期、果实速生期各喷 1 次 1 : 0.5 : 200 的波尔多液、25% 代森锌可湿性粉剂 600 倍液可兼治多种害虫。选用 5% 阿维菌素乳油 5 000 倍液 +45% 代森锰锌可湿性粉剂 600 倍液 +0.5% 尿素等混合液喷雾，可起到病虫兼治的目的，防治效果较好。

桃树流胶病

别名树脂病、疣皮病，是由病菌侵袭或生理因素引起枝干或果实流胶而导致皮层腐烂、树势衰弱的一类重要病害。

分布与危害

我国 1982 年首次报道，目前全国各地桃树栽植区都有分布，是一种发生极为普遍的病害。该病在信阳市各县（区）都常见，除桃树外，其他核果类如李树、杏树、樱桃等也发生流胶病。桃树主干及枝条受害后易产生水泡状突起，流出树胶，被害点变褐并逐渐坏死，直至枝条、主干相继枯死，树势衰弱。若果实感病，最初是褐色的腐烂，后渐生粒点，若此时湿度较大，还可见粒点口流出白色的胶状物质。该病是影响桃果产量与品质的主要因素之一。

症状

桃树流胶包括生理性和侵染性流胶两种。

（1）生理性流胶病。主要发生在主干、主枝上。发病初期，病部稍肿胀，早春树液开始流动时，患病处流出半透明乳白色树胶，尤以雨后流胶严重。流出的树胶逐渐变为红褐色并为胶冻状。胶状物干燥以后变成坚硬的红褐色至茶褐色结晶状胶块，黏附于枝干表皮。在树皮没有损伤的情况下只见到球状膨大，如树皮有破伤，其内充满胶质。病部极易被腐生菌侵染，使皮层和木质部腐烂，致使树势衰弱，叶片变黄变小，严重时枝干至全株慢慢枯死。果实染病后，由果核内分泌的胶质流出果面，病部硬化直至产生龟裂，导致不能再发育成熟，也失去了食用价值。

（2）侵染性流胶病。主要危害枝干。病菌侵染当年生新梢，出现以皮孔为中心的瘤状突起，当年不流胶。次年瘤皮裂开，溢出胶液。发病初期，病部皮层微肿胀，暗褐色，表面湿润，后病部凹陷开裂，流出半透明且具黏性的胶液，潮湿多雨条件下胶液沿枝干下流，颜色变褐，呈冻状。干燥条件下，胶液积聚凝结，质地变硬，呈结晶硬球状，表面光滑发亮。发病后期，病部表面生出大量梭形或圆形的小黑点（病菌子座），这是与生理性流胶的最大区别。

流胶病危害状（马向阳　摄）

病原

（1）侵染性流胶病。病原菌的有性阶段为茶藨子葡萄座腔菌 [*Botryospharia dothidea*（Mong. ex Fr.）Ces.]，属子囊菌亚门座囊菌纲葡萄座腔菌目葡萄座腔菌科葡萄座腔菌属真菌；无性阶段为桃小穴壳菌（*Dothiorella gregaria* Sacc.），属半知菌亚门腔孢纲球壳孢目小穴壳菌科小穴壳菌属真菌。主要侵染树干和主枝。

（2）非侵染性流胶病（生理性流胶病）。原因尚不十分清楚，其病因也很复杂。下列原因均可促使或诱发桃树发生流胶：一些寄生性真菌及细菌的危害，如干腐病、腐烂病、炭疽病、疮痂病、细菌性和真菌性穿孔病、木质部的细菌等；虫害所造成的伤口，特别是蛀干害虫；机械损伤造成的伤口以及冻害、日灼伤等；生长期修剪过度及重整枝；接穗不良及使用不亲和的砧木；土壤过于黏重以及酸性大等；排水不良，灌溉不当，积水过多等。

发病规律

桃树侵染性流胶病是由真菌入侵导致的。病原菌以菌丝体、分生孢子器和子囊座在受害的树干和主枝病组织内越冬。翌年3月中旬，在桃花萌芽前后产生大量分生孢子，分生孢子借雨水和风传播扩散，从伤口或皮孔侵入，以后可反复侵染。当有雨水从受害部溢流出时就带着大量真菌顺着枝干流下或溅附在新梢上，侵入到皮孔或伤口，导致新枝最初染病。高湿是病害发生的重要条件，春季低温多阴雨易引起树干发病。当温度达到15 ℃左右时，受害部便流出胶质物，随着气温的逐渐升高，枝干的流胶点随之增多，受害情况愈加严重，一年内有两次发病高峰，分别在5月中下旬至6月下旬及8月中下旬至9月中旬。高温高湿的夏季是发病盛期，雨季特别是长期干旱后降暴雨，流胶病更严重。当深秋气温低至15 ℃以后便停止流胶活动。一般在4～10月间，雨季尤其是久旱突降暴雨，流胶病更显严重，并且树龄大的桃树流胶较树龄小的严重。果实流胶多与果实被虫危害有关，蝽象、桃蛀螟危害是果实流胶的主要原因。砂壤和砾壤土栽培的桃树土壤透气性好、沥水性强，流胶病发生少，肥沃土、黏壤土栽植的桃树，流胶病就易发生且比较严重。

防治措施

（1）营林措施。加强果园管理，施用有机肥料，少施或不施氮肥，增强树势。信阳降雨量大，桃园必须挖深边沟与深横沟排水，每排之间也应有排水沟，保证无积水。修剪必须在休眠期进行，尽量减少枝干伤口且不能过度修剪。

（2）物理防治。① 冬春季进行主干涂白20%～25%石灰乳涂刷杀菌消毒，预防其他病害及冻害、日灼伤；喷施5波美度石硫合剂对树体消毒，减少菌源。冬季剪除病枝，然后集中烧毁。② 发芽前后刮除病斑，用抗菌剂402的100倍液涂抹病斑或用50%多菌灵500倍液涂抹病株，杀灭病菌，减少侵染源。

（3）生物防治。在桃花开花后和新梢生长期喷洒浓度为2 000～3 000 mg/kg的比久溶液以抑制生长，也可喷布0.01%～0.1%矮壮素，用来加速枝条及早成熟以预防流胶。生长期，每隔10天喷洒1次3%多抗霉素可湿性粉剂400倍液进行防治。

（4）化学防治。① 防治其他枝干病虫害如蝽象、桃蛀螟、蚜虫、食心虫、介壳虫、天牛等减少因虫害伤口而受到侵染的机会，如用50%抗蚜威乳油2 000倍液或吡虫啉可湿性粉剂2 000倍液防治蚜虫，用40%速扑杀1 000倍液防治蚧壳虫等。② 3月下旬至4月上旬发病期和桃蚜、桃瘤蚜大量孵化时，连喷3次72%农用硫酸链霉素4 000～5 000倍液，或甲基托布津1 000～1 500倍液＋50%辛硫磷乳剂2 000倍液，或10%吡虫啉可湿性粉剂2 000～4 000倍液，或50%多菌灵800～1 000倍液。③ 5月上旬至6月上旬、8月上旬至9月上旬为侵染性流胶病的两个发病高峰期，在每次高峰期前夕，喷洒50%施宝功可湿性粉剂1 000～1 500倍液＋70%代森锰锌可湿性粉剂5 000倍液，或50%退菌特可湿性粉剂800倍液，或70%代森锰锌可湿性粉剂500倍液，或70%甲基托布津可湿性1 000倍液，或80%炭疽福美可湿性粉剂800倍液，每隔7～10

天喷 1 次，连续喷洒 3 ~ 4 次，交替使用农药。

葡萄霜霉病

分布与危害

该病是一种世界性葡萄病害，我国各葡萄产区均广泛分布，信阳市各县（区）均有发生，尤其是多雨潮湿地区更是普遍发生。主要危害叶片，也危害果梗、穗轴、新梢、叶柄、花蕾、花序、幼果等幼嫩组织，严重时造成叶片干枯而脱落，使枝条不能正常发育或生长不良，葡萄果实甚至不能成熟，严重影响葡萄产量。

症状

危害叶片初期为细小、淡黄色至红褐色水浸状多角形的斑点，背面形成白色的霉状物。叶片老化程度不同，被侵染的时间长短也不同，正面病斑颜色也会不同，如浅黄色、黄色、红褐色；病斑的形状也有不同的表现，如没有明显边缘的叶斑和叶脉限制的角状斑。病斑上形成密集白色霉层，叶片背面的霉层多于正面。发病严重时，数个病斑连在一起，叶片焦枯脱落。危害果梗、穗轴、新梢、叶柄，最初形成浅黄色、黄色水浸状斑点，之后发展为不规则的病斑，颜色变深，为黄褐色或者褐色。天气潮湿时会在病斑上出现白色霜状霉层；空气干燥时病部凹陷、干缩，造成扭曲或死亡。开花前后的霜霉病如果侵染花序、果梗、穗轴，容易造成果梗变干，果实落粒。花蕾、花、幼果被侵染，最初形成浅绿色病斑，之后颜色变深呈深褐色。开花前后造成落花落果。大一些的幼果感病后随着果粒增大颜色变深，形成凹陷病斑，潮湿时也会形成白色霜状霉层，天气干燥时病粒凹陷僵化，皱缩腐烂脱落。

病原

病原菌为葡萄生单轴霉 [*Plasmopara viticola*（Berk. et Curtis）Berl. et de Toni]，属于真菌门鞭毛菌亚门卵菌纲霜霉目霜霉科单轴霉属的真菌。为专性寄生菌，菌丝体在寄生细胞之间扩展蔓延，以瘤状吸器伸入到寄主细胞内吸收养分。孢囊梗从叶片背面的气孔伸出，无色、丛生。

发病规律

病原菌主要以卵孢子在病组织中或随病残体于土壤中越冬，第 2 年环境适宜时卵孢子萌发产生孢子囊，再由孢子囊产生游动孢子，借风雨传播到寄主叶片，由叶背气孔侵入，潜育期为 7 ~ 12 天，在病部产生孢子梗及孢子囊，孢子囊萌发产生游动孢子，进行再次侵染，一个生长季节可进行多次重复侵染。霜霉病的流行与气候条件、栽培条件和环境条件关系密切。多雨、多露、多雾、潮湿、冷凉天气、地势低洼、郁闭遮阴、偏施氮肥、树势衰弱、通风透光不良、小气候湿润等有利于霜霉病的发生和流行。

该病一般于 5 月下旬开始发生，6 ～ 9 月为主要发病期。

防控措施

（1）营林措施。选栽抗病品种；选择向阳、地势高处作为造林地；加强田间管理，及时排水，保证地表湿度不能长期过大；不宜施用太多含氮高的肥料。

（2）物理防治。加强枝条管理，及时抹芽定枝，摘除多余复梢，摘除近地面叶片，保持棚内通风透光；及时去除感病组织，并搞好田间卫生，把剪下的枝条、落叶等清除出园并烧毁灭菌；搭建隔雨棚。

（3）生物防治。发芽前，全树喷布 5 波美度石硫合剂，消灭越冬病菌；也可用波尔多液等作为保护剂药物进行预防。发病前或发病初期，用哈茨木霉菌可湿性粉剂喷洒，每隔 10 天喷 1 次，连续喷 3 次，并配合其他杀菌剂交替使用，防治效果更好。

（4）化学防治。发病后及时喷药防治，可用内吸性杀菌剂如 50% 烯酰吗啉水分散剂 2 500 ～ 3 000 倍液，或 250 g/L 的嘧菌酯悬浮剂 1 000 倍液，或 250 g/L 的吡唑醚菌酯乳油 2 500 倍液，或 72% 霜脲氰·锰锌可湿性粉剂 750 倍液，或 70% 乙酰·锰锌可湿性粉剂 500 倍液，或 25% 甲霜灵可湿性粉剂 800 倍液，或 58% 甲霜灵·锰锌可湿性粉剂 800 ～ 1 000 倍液，或 75% 百菌清可湿性粉剂 600 倍液，隔 10 ～ 15 天喷 1 次，连续喷药 3 ～ 5 次，交替用药，防治效果更好。

紫薇白粉病

分布与危害

国内分布于北京、山东、河南、湖北、湖南、云南、四川、贵州、浙江、江苏、安徽、上海、福建、台湾等地。河南省主要分布于郑州、三门峡、信阳、许昌、南阳等地。信阳市各县（区）均有发生。

该病主要侵害紫薇新梢、嫩叶、花器、幼芽等幼嫩组织。侵害后的植株幼叶、嫩梢、花蕾等上面布满白色粉末，叶片褪色，扭曲变形，枯黄早落；花姿畸形，花蕾不能正常开放；嫩枝生长受抑制，呈畸形萎缩。

症状

发病初期，感病嫩芽和嫩梢密被白色粉状物，引起嫩梢、幼叶等器官皱缩。叶片受害后，初期叶片上出现白粉霉状小斑，以后叶片两面逐渐形成白色粉末层和不规则褪色斑，后期白色粉末层会变为灰色，上生小黑点即为闭囊壳。叶片皱缩不平并向后反卷。花受侵染后，表面被覆白粉层，花穗畸形，失去观赏价值。嫩梢感病后，枝条扭曲变形。受白粉病侵害的植株会变得矮小，嫩叶扭曲、畸形、枯萎，枝条畸形，花蕾不能正常开花，严重时整个植株都会死亡。

紫薇白粉病危害状（马向阳 摄）

病原

病原菌为南方小钩丝壳菌 [*Uncinuliella australiana*（Mcalp.）Zheng & Chen]，属真菌门子囊菌亚门核菌纲白粉菌目白粉菌科小钩丝壳属。菌丝无色，成直角或近直角分枝，菌丝体生在叶两面。菌丝细胞上生附着胞，单生或对生。分生孢子梗棒状。分生孢子单顶生在孢子梗上，呈卵形至椭圆形。闭囊壳暗褐色，散生或聚生，呈球形或扁球形。附属丝有长短两种类型。长型附属丝顶端钩状，短型附属丝镰形。壳中生 3～5 个子囊，卵形或近球形；子囊内含 4～7 个子囊孢子，近卵形。

发病规律

紫薇白粉病是以菌丝体在病芽、病枝条或落叶上越冬，翌年春天气温升到 20 ℃以上，越冬菌丝开始生长发育，产生大量的分生孢子，并借助风雨进行传播和侵染。病害一般在 5 月开始发病，6 月趋于严重，7～8 月因天气燥热而减轻或停止，9～10 月气温适合病菌侵害，病害再度加重。白粉病在雨季或湿度高易发病，植株过密，通风不良、光照不足、空气湿度大时发病重。树体上部枝叶感病较重，嫩叶比老叶容易被侵染。

防控措施

（1）园艺措施。选择适宜的栽植密度，不能密植，加强日常管理，注意增施磷、钾肥，控制氮肥的施用量，以提高植株的抗病性；对发病重的植株，可以在冬季剪除所有当年生枝条并清理落叶、病残枝梢，集中烧毁，从而彻底清除病源。家庭盆栽紫薇如发现感染了白粉病，要及时摘除病叶、病枝，并将盆花放置在通风透光处。

（2）化学防治。①冬季喷洒 45% 石硫合剂结晶 500 倍液或 50% 胶体硫 200 倍液，消灭越冬菌源。②新梢、嫩叶萌发时，可用 40% 多硫悬浮剂 400～500 倍液或 25% 三唑酮（粉锈宁）可湿性粉剂 400～500 倍液喷洒预防；病害发生时，可喷洒 10% 世高水分散颗粒剂 2 500～3 000 倍液，或 70% 甲基托布津 1 000～1 500 倍液，或 50%

多菌灵可湿性粉剂 800 ~ 1 000 倍液进行防治。每隔 10 天喷 1 次，连续喷 3 ~ 4 次。

桂花炭疽病

分布与危害

国内分布于北京、上海、安徽、河南、湖北、湖南、广东、四川等地。河南省郑州、许昌、南阳、信阳等地有分布。信阳市各县（区）均有发生。桂花炭疽病是桂花苗木的一种常见病害，茎干、嫩枝、叶柄、叶片均有可能受害。

症状

叶片病斑初期为褪绿小点，扩大后呈圆形、椭圆形、半圆形或不规则形，可达到叶面的 1/3 ~ 1/2，病斑中央灰褐色至灰白色，边缘褐色至红褐色，后期病斑上散生小黑点，也有排列成轮纹状，即病菌分生孢子盘。潮湿时小黑点上分泌出粉红色黏液，是病菌分生孢子与黏液混合物。叶柄感病后，病部变为褐色，并向叶片发展，主、支脉逐渐变褐乃至整叶片变为褐色；病斑还可以从小叶柄向下蔓延，引起总叶柄、侧枝及整株枝干变褐坏死，感病后叶片和小叶柄易脱断，严重时整株叶全部脱光，枝条最后干枯而死。

病原

病原菌无性阶段为胶孢炭疽菌 [*Colletotrichum gloeosporioides*（Penz.）Sacc.]，属半知菌亚门腔孢纲黑盘孢目黑盘孢科炭疽菌属一种真菌，分生孢子盘黑褐色，生于叶表皮或枝干皮层下，后突破外露。分生孢子梗基部浅褐色，圆筒形。分生孢子椭圆筒形到长椭圆形，单胞无色。有性阶段属子囊菌亚门核菌纲球壳菌目疗座霉科小丛壳属的围小丛壳菌 [*Glomerella cingulata*（Stonem.）Spauld et Schrenk.]。子囊壳球形或扁球形，子囊孢子长椭圆形或梭形，无色稍弯曲。

发病规律

（1）越冬方式。病菌以菌丝和分生孢子盘在病叶和残体上越冬。

（2）传播途径。分生孢子借风雨、昆虫传播，从气孔、伤口侵入。

（3）发生规律。每年的雨季是该病菌高发期，病菌喜欢高温、高湿环境，生长衰弱的植株容易感染，一般从伤口处侵入。桂花苗木和幼树感病要比大树严重。翌年 6 ~ 8 月，分生孢子借助风雨、昆虫进行传播，落在寄主组织表面；孢子萌发形成芽管和附着胞，可以直接或者通过气孔、伤口侵入，从而导致植物发病。温室和露地栽植都容易感病，盆栽浇水过多、湿度过大时也容易感染病，8 ~ 9 月为感病盛期。苗木在起苗和运输途中如受到损伤，用薄膜包扎或在温室内放置过密、通风不良，一般感病较重，有的甚至整株死亡。

防控措施

（1）营林措施。加强桂花圃地的管理，结合整形修剪，剪除病虫枝、枯死枝，发现病叶及时摘除，集中烧毁；加强肥水管理，施磷钾肥和有机肥，切忌偏施氮肥，增强树势，注意树体保护，防止受冻或受伤，提高树体的抗病虫能力；在冬季彻底清除病枝、病叶及枯枝落叶，并集中烧毁。

（2）物理防治。起运苗木时，土球要大，用稻草等通气性好的保湿材料捆绑，装运时要有隔层，以利于通风透气，栽植时株行距不能太密，要注意通风、透光，并及时清除病叶集中销毁，以防病害传播蔓延。在感病苗木的园区内增施有机肥和钾肥，通过修剪调整枝叶疏密度，降低环境湿度。

（3）化学防治。冬季用1%波尔多液或3～5波美度石硫合剂进行树体和地面消毒，发病初期喷洒杀菌剂1：2：200倍的波尔多液，往后可喷50%苯来特可湿性粉剂800～1 200倍液，或50%多菌灵可湿性粉剂800倍液，或70%甲基托布津1 000倍液，或70%代森锰锌600倍液，或70%可杀得300～500倍液，或嗪氨灵500倍液。各种杀菌剂宜交替使用。感病区域内在苗木出圃时要用高锰酸钾800～1 000倍溶液浸泡消毒处理。

国槐烂皮病

别名国槐腐烂病、国槐溃疡病。

分布与危害

国内分布于东北、北京、天津、河北、河南、山东、安徽、江苏等地，以华北危害为重。信阳市各县（区）均有分布。主要危害国槐、龙爪槐的苗木和幼树的树皮，多危害主干下部，造成树势衰弱，发病严重时，常引起幼苗和幼树枯死及大树枝枯。

症状

该病有两种症状类型，分别由两种病原菌引起。① 镰刀菌型腐烂病，由镰孢霉属真菌引起，危害2～4年生大苗的绿色主干和大树的绿色小枝，病斑多发生在剪口或坏死皮孔处，病斑初期呈浅黄褐色，近圆形，后扩展为梭形或环茎一周，长1～5 cm，黄褐色湿腐状，稍凹陷，有酒糟味；后期病斑上长出红色分生孢子堆。如病斑未环割树干，则病部当年能愈合，以后无复发现象。个别病斑如当年愈合不好，则来年从老病斑处向四周蔓延。② 小穴壳菌型腐烂病，由小穴壳属真菌引起，初期症状与前一种相似，但病斑颜色稍浅，且有紫红色或紫褐色边缘，长可达20 cm以上，并可环割树干，后期病斑内长出许多小黑点，即为病菌的分生孢子器。病部后期逐渐干枯下翘或开裂成溃疡状，但病斑周围很少产生愈合组织，故来年仍有复发现象。

病原

病原菌有两种：① 三隔镰孢菌 [*Fusarium tricinctum*（Corda）Sacc.]，属半知菌亚门丝孢纲瘤座孢目瘤座孢科镰孢霉属，产生两种类型的分生孢子，大孢子镰刀型，多分为三隔，小孢子长椭圆形，单生。② 聚生小穴壳菌（*Dothiorella gregaria* Sacc），属半知菌亚门腔孢纲球壳孢目球壳孢科小穴壳属，子座内有数个分生孢子器聚生，球形，有乳头状孔口，分生孢子单胞，无色，长椭圆形至菱形。

发病规律

镰刀菌型腐烂病发生期比小穴壳菌型早。3月上旬至4月末为发病盛期，1～2 cm粗的绿茎，半月左右即可被病斑环切，5～6月长出红色分生孢子座，病斑停止扩展。病菌主要从剪口处侵入，也可以从断枝、死芽、大绿叶蝉产卵痕及坏死皮孔等处侵入，潜育期约为1个月，具有潜伏侵染现象，即在夏秋季侵染至次年春发病，个别老病斑，次年春季也可复发。剪口过多，树势衰弱是发病的主要条件。

防控措施

（1）营林措施。适地适树造林，尽量营造混交林，提高林木抗病能力。加强林分抚育管理，及时除草、排涝、施肥、修枝，及时剪除病枯枝，集中烧掉，减少病菌侵染源。

（2）物理防治。春秋两季对苗木和幼树树干及修剪后的剪口涂刷波尔多液，或波尔多浆或硫制白涂剂，防止病菌侵入感染。大苗移栽时，避免伤根剪枝过重，并应及时浇水保墒，增强其抗病力。成活后加强营养复壮。

（3）生物防治。用毛刷蘸梧宁霉素5倍液直接涂在病斑上，涂药范围要超过病部的1～2 cm，也可用快刀纵向划道划伤，间隔宽度为0.5 cm，然后涂上梧宁霉素5倍液，4月下旬和5月上旬各涂药1次。

（4）化学防治。① 对浮尘子发生严重区，应及时治虫，减少危害。② 对发病严重的行道林木可喷涂40%乙磷铝250倍液，或40%多菌灵悬浮剂200～300倍液；也可用25%瑞毒霉300倍液加适量泥土后敷于病部。③ 发病初期刮除或划破病皮，然后用1∶10浓碱水或30倍液托布津涂抹。

法桐霉斑病

别名悬铃木霉斑病。

分布与危害

河南省主要分布在信阳、开封、郑州等地。危害一球悬铃木、二球悬铃木和三球悬铃木。实生苗受害后往往枯死，造成苗圃缺苗断垄现象。

症状

病害发生在叶片上，病叶背面生许多灰褐色或黑褐色霉层，有大小两种类型，小型霉层直径 0.5 ~ 1 mm，大型霉层 2 ~ 5 mm，呈胶着状，在相对应的叶片正面呈现大小不一的近圆形褐色病斑。

病原

病原菌无性阶段为半知菌亚门丝孢纲丝孢目暗色孢科尾孢菌属的法桐叶尾孢菌（*Cercospora platanfoli* Ell et Ev.）所致。有性阶段为子囊菌亚门腔孢纲座囊菌目球腔菌科球腔菌属的小球腔菌（*Mycospaerella* sp.）。该菌有尾孢型和蛹孢型两类分生孢子。病菌的分生孢子梗圆柱形，褐色，0 ~ 1 个隔膜。尾孢型的分生孢子细长，多弯曲，一端稍细，淡褐色，4 ~ 6 个隔膜；蛹孢型分生孢子粗短而直，呈椭圆形，深褐色，1 ~ 4 个隔膜；中间型分生孢子近似尾孢型，但较粗，有 4 ~ 6 个隔膜。这几种类型的分生孢子可随着季节的变化而相继出现。一般在 5 ~ 8 月，多为尾孢型，通常在嫩叶上产生，其霉斑小而薄，也混生有少量中间型孢子，9 ~ 11 月，多为蛹孢型及中间型孢子，在已硬化的老叶上产生，其霉斑大而厚。

发病规律

病原菌以蛹孢型分生孢子在病落叶上越冬。翌年天气转暖后开始发作。5 月下旬开始发病，6 ~ 7 月为盛期，发病时间可持续到 11 月，入冬后埋伏。夏秋季多雨，圃地实生苗木幼小或过密发病严重；插条苗和幼树受害轻，而大树上尚未发现该病。

防控措施

（1）物理防治。① 在秋季组织人力清理苗圃地落叶并烧毁，以减少越冬菌源。② 利用换茬播种育苗或扦插条育苗，严禁在同一圃地重茬播种育苗。

（2）化学防治。① 5 月下旬至 7 月，对播种培育的实生苗喷 1 : 2 : 200 倍波尔多液 2 ~ 3 次，有防病效果，药液要喷到实生苗叶背面。② 发病前用 70% 代森锌 500 ~ 600 倍液，或 75% 百菌清可湿性粉剂 1 000 倍液 + 70% 甲基硫菌灵可湿性粉剂 1 000 倍液提前进行预防，发病初期可使用 50% 多·锰锌可湿性粉剂 400 ~ 600 倍液与 25% 咪鲜胺乳油 500 ~ 600 倍液交替使用，防止单一用药病菌产生抗性。

冠瘿病

别名樱花根瘤病、根癌病、黑瘤病、肿瘤及肿根病等。

分布与危害

国内广泛分布于吉林、辽宁、内蒙古、北京、天津、河北、山东、山西、河南、安徽、陕西、甘肃、湖北、江西、江苏、上海、浙江、福建等省（区、市）。河南全省均有分布,信阳市各县(区)有发生。主要危害李属、蔷薇属、苹果属、梨属、猕猴桃属、杨属、柳属等林木、果树和木本花卉的根部,也危害干部及枝条,寄主植物范围很广,包括331个属的640余种植物。菌株侵染植物的根颈部引起过度增生而形成瘿瘤。

症状

冠瘿病主要发生在幼苗和幼树干的基部和根部。初期在被害处形成表面光滑、质地柔软的灰白色瘤状物,难以与愈伤组织区分。但它较愈伤组织发育快,以后逐渐增大成不规则状,表面由灰白色变成褐色至暗褐色,后期形成大瘤,大瘤上出现小瘤,瘤面粗糙并龟裂,质地坚硬,表皮细胞枯死。内部木质化,瘤的直径最大可达30 cm。根系感病后发育不良,须根很少。受害树木生长衰弱,如果根颈和主干上的

树干危害状(马向阳 摄)

病瘤环干一周时,则寄主生长趋于停滞,叶片发黄而早落,甚至枯死。

病原

病原菌为根癌土壤杆菌 [*Agrobacterium tumefaciens*(Smith et Townsend)Conn.],又名根癌农杆菌,属根瘤菌科土壤杆菌属的一种细菌。细菌短杆状,单细胞,具 1 ~ 4 根周生鞭毛,能游动。好气性,需氧呼吸,最适生长温度为 25 ~ 30 ℃,pH 为 2 ~ 8。以氨基酸、硝酸盐和铵盐作为唯一碳源。产生 3- 酮基乳酸,在甘露醇硝酸盐甘油磷酸盐琼脂上,具有晕圈或形成褐色黏的生长物,并常有白色沉淀物。菌落通常为圆形,隆起,光滑,白色至灰白色,半透明。

发病规律

病原菌在癌瘤组织的皮层内越冬,或在癌瘤破裂脱皮时进入土壤中越冬。细菌在土壤中存活 1 年以上,2 年内得不到侵染机会即失去生活力。可通过带病苗木、插条、接穗或幼树等人为传播;也可通过灌溉水、雨水、地下害虫等自然传播,苗木调运是远距离传播的主要途径。细菌侵入植株后,可在皮层的薄壁细胞间隙中不断繁殖,并分泌刺激性物质,使邻近细胞加快分裂、增生,形成癌症。细菌进入植株后,可潜伏存活(潜伏侵染),待条件合适时发病。

由伤口侵入,在寄主细胞壁上有一种糖蛋白是侵染附着点,嫁接、害虫和中耕造成的伤口均可引起此病侵染。只有携带 Ti 质粒的菌株才具有致病性。在微碱性、土壤黏重、排水不良的圃地以及切接苗木、幼苗上发病多亦重。芽接比切接发病少。根部伤口多少与发病率成正比。每年的生长期都可发生危害,6 ~ 10月间以8月发生最多。病害在22%左右发展较快,从侵入到显现症状需 2 ~ 3 个月。

防控措施

（1）检疫措施。加强检疫，严禁从疫区调入带病苗木，发现带疫苗木应及时销毁。对怀疑有病的苗木可用 500 ～ 2 000 mg/L 链霉素液浸泡 30 分钟或 1% 硫酸铜液浸泡 5 ～ 10 分钟，清水冲洗后栽植。

（2）营林措施。① 加强管理，通过土壤处理和轮作解决土壤带菌问题。应选择无病土壤做苗圃，有病土壤或果园不能作为育苗基地。碱性土壤应适当施用酸性肥料或增施有机肥料，以改变土壤酸碱度，不利病菌存活。重病区实行 2 年以上轮作或用氯化苦消毒土壤后栽植。② 细心栽培，避免各种伤口。改劈接为芽接，嫁接用具可用 0.5% 高锰酸钾消毒，防止人为传播。③ 在寄主植物生长期间，对初发病的带疫植株，可采取切除病瘤，并用石硫合剂或波尔多液涂抹伤口，或拔除销毁。

（3）生物防治。利用放射土壤杆菌（*Agrobacterium radiobacter*）K84 菌株，产生的一种细菌素 Agrocin84（简称为 A84），它能够选择性抑制致病性的放射土壤杆菌而对非致病性的菌株没有影响，可对核果类果树冠瘿病进行生物防治。K84 菌剂用 WY 培养基生产，菌剂含活菌量 ≥ 108 cfu/g，4 ～ 20 ℃下菌剂保质贮藏期 4 ～ 6 个月，应用时拌种比例 1：5（质量比），苗木假植或定植前沾根比例为 1 kg 处理 40 ～ 50 株。

（4）化学防治。发现苗木根上有癌瘤，用刀切除癌瘤，然后用 80% 抗菌剂 402 的 100 ～ 200 倍液或 5% 硫酸亚铁乳剂涂抹伤口，再外涂 843 康复剂或波尔多液保护。切口用抗根癌菌剂沾最好。刮下的瘤及病部周围土壤要带出园外集中焚烧。轻病株可用 300 ～ 400 倍液的"402"浇灌。

女贞膏药病

别名烂脚牛皮癣、黄膏病。

分布与危害

女贞膏药病在河南全省各地有分布，信阳市各县（区）有发生。女贞膏药病是一种常见于树干和枝条上的病害，老树和幼树都有不同程度的发生，在栽培密度大、光照条件差、通风不良、排水不畅的环境下，极易导致生长不良，并引发蚧壳虫类的刺吸害虫危害，进而在树干和大枝上发生严重的膏药病，虫病叠加危害往往易导致大量女贞植株的死亡。该病除危害女贞外，还危害桑树、板栗、核桃、油茶、杉木、构树、桃树、李树等树种。

症状

女贞膏药病因不同的病原菌或不同的生长期而表现为灰色膏药病和褐色膏药病两种病症。

（1）灰色膏药病。发病初期在树干和小枝上出现圆形或椭圆形灰白色菌膜，而后菌膜扩展并多个结合呈不规则形大块状，直径通常为 1 ~ 5 cm，颜色亦变为灰褐色或暗褐色。菌膜表面比较平滑，干后易脱落。

（2）褐色膏药病。枝干被害处出现圆形、椭圆形或不规则形的紫褐色菌膜，长宽一般为 2 ~ 10 cm，而后逐渐变为暗褐色，表面呈天鹅绒状，周缘比较整齐，有狭窄的灰白色带，老时易龟裂。

病斑最大长度达 110 cm。病菌菌丝体形成厚而致密的膏药状菌膜，紧贴在女贞枝干上，菌丝侵入皮层吸取养分和水分，轻者使枝干生长不良，重者导致枝干枯死。

女贞膏药病危害状 1
（淮滨县提供）

女贞膏药病危害状 2（潢川县提供）

病原

病原菌为担子菌亚门冬孢菌纲锈菌目隔担子科隔担菌属的多种隔担子菌（*Septobasidium* spp.）。按其危害症状，分两种：① 茂物隔担耳（*S. bogoriense* Pat.）引起灰色膏药病。担子果平伏，革质，棕灰色至浅灰色，边缘初期近白色，质地疏松，海绵状，表面平滑。基层是较薄的菌丝层，其上有直立的菌丝柱，由褐色菌丝组成。菌丝柱上部与子实层相连。近子实层表面的菌丝产生球形或亚球形原担子。从原担子顶端长出有 3 个隔膜的圆筒形担子。担孢子长圆形，稍弯曲，无色平滑。② 田中隔担耳 [*S. tanakae*（Miyabe）Boed.et Stein m] 引起褐色膏药病。担子果平伏，被膜状，表面天鹅绒状，淡紫褐色、栗褐色以至暗褐色，初期圆形，后扩大直径可达 10 cm，周缘部通常灰白色，全厚约 1 mm。组成菌丝呈褐色，有隔膜，壁较厚，子实层产生于上层菌丝层，原担子无色，单胞；担子纺锤形，2 ~ 4 个隔膜，担孢子弯曲呈镰刀形，顶端圆，下端细，无色，平滑。

发生规律

病原菌以菌膜在被害枝干上越冬，翌年 5 月间产生担子及担孢子。担孢子借风雨和蚧壳虫等昆虫传播蔓延。病菌菌丝穿入皮层或自枝干裂缝及皮孔侵入内部吸取养分。菌丝体在枝干表面生长发育，逐渐扩大形成菌膜。膏药病菌与危害女贞蚧壳虫共生，病菌以蚧壳虫的分泌物为养料进行生长发育，蚧壳虫则借助菌膜的覆盖而受到保护，并得以繁殖扩散。因此，病害的发生发展与蚧壳虫的消长密切相关。根据调查，病菌和蚧壳虫在空间分布上是一致的，大都聚集于枝条分叉处、叶痕、裂缝等背光处。此外，病害分布的区域也与病菌依赖于蚧壳虫为主要传播媒介和提供营养条件有着直接的关系。

防控措施

（1）物理措施。① 剪除被感染的病枝条，并适当进行植株整枝修剪，保持林间通风透光。② 加强圃地管理，女贞栽培应因地制宜，不宜密植，及时进行抚育管理，铲除杂草灌木，增施肥料，促使植株生长健旺，增强抗病能力。

（2）化学措施。防治蚧壳虫，是预防膏药病的重要措施。常用的药剂为 5～15 倍的柴油乳剂（柴油 1 kg、肥皂 25 g、水 0.5 kg），或柴油 20 倍液 + 多菌灵 200 倍液。树干刷药，先用竹片将病斑上的菌膜刮涂，再用代森铵、多菌灵或 3～5 波美度石硫合剂、20% 石灰乳等药剂进行涂刷和喷雾，并以前者效果最好。也可用 20% 松脂酸钠可溶性粉剂、80% 代森锰锌可湿性粉剂、1.6% 噻霉酮水乳剂 800 倍液于 4 月上旬进行全株喷雾防治，半月后再喷药 1 次，防治效果较好。

第三节　有害植物

加拿大一枝黄花　*Solidago canadensis* Linn.

别名黄莺花、麒麟草、幸福花。菊目菊科多年生草本植物，具一年生地上茎和多年生地下横走的根状茎。

分布

加拿大一枝黄花属于外来林业有害生物，原产北美洲，1935 年作为观赏植物引入我国，20 世纪 80 年代扩散蔓延成恶性杂草。目前，加拿大一枝黄花在我国分布于江苏、浙江、上海、江西、安徽、湖北、湖南、云南、河南等省（市）。据各地媒体报道，昆明、沈阳、大连、天津、成都、兰州、西安、石家庄等地都发现了其踪影。河南省在郑州、济源、漯河、信阳等地有发现。信阳市平桥区、浉河区、罗山县、光山县、固始县等地发现有其传入。

形态特征

成株 植株高 0.3 ~ 3 m，一般为 2 m 左右。主茎直立、秆粗壮，近木质化，中下部直径可达 2 cm，下部一般无分枝，常成紫红色。

叶片 披针形或线状披针形，单叶互生，顶渐尖，基部楔形，近无柄，长 5 ~ 12 cm，宽 1 ~ 3.5 cm，大多呈三出脉，边缘具不明显锯齿。叶柄内侧均具 1 个锥形腋芽。中下部腋芽为休眠芽，上部为活动芽，可发育成分枝和花序。

花 花果期 10 ~ 11 月。头状花序，长 10 ~ 50 cm，具向外伸展的分支，每株花平均有近 1 500 个头状花序，每个头状花序中又能平均长出 14 枚种子（瘦果），每株可以形成 2 万 ~ 20 万粒种子。种子室内发芽率为 50% 左右，可由风传播或由动物携带传播。

加拿大一枝黄花（罗山县提供）

生物学特性

加拿大一枝黄花一般于 3 月上旬至 5 月开始萌芽，4 ~ 9 月为营养生长期，7 月初其植株通常可生长到 1 m 以上，10 月中下旬开花，11 月底至 12 月中旬果实成熟。该植物以根状茎和种子两种方式进行繁殖。每株有 4 ~ 15 条根状茎，根状茎以植株为中心向四周辐射状伸展生长，其上的顶芽可以发育成为新的植株。据观察，一株春季移栽的幼苗可在两年内形成 50 余株独立的植株。试验表明，加拿大一枝黄花的茎秆插入土中，在合适条件下仍能生长形成完整植株，显示其具有强大的生命力。种子通过风、鸟等多种途径传播。此外，种子还有随土壤传播的迹象。

危害

加拿大一枝黄花的危害性体现在：一是繁殖能力极强，无性有性结合；二是传播速度快，远近结合；三是生长优势明显，生态适应性广，与周围植物争阳光、肥料、水分等，直至其他植物死亡；四是生长期长，在其他秋季杂草枯萎或停止生长的时候，该植物依然旺盛，花黄叶绿，而且地下根茎继续横走，不断蚕食其他杂草的领地。这四个特点使得它对所到之处本土生物多样性和生态平衡构成严重的威胁，可谓是黄花过处寸草不生，故被称为生态杀手、霸王花。有关资料显示，上海近20年来已经有30多种土著物种因加拿大一枝黄花的入侵而消亡，占当地土著物种的1/10，严重破坏了本地区原有植被和生物的多样性。因其严重危害性，该植物被列入《中国外来入侵物种名单》（第二批）和河南省林业有害生物补充检疫对象。

防控措施

（1）检疫措施。加强产地检疫，对种植观赏花卉的苗圃地进行认真检疫，发现种植此植物，立即清除并烧毁；加强调运检疫和复检，控制带有该杂草种子的繁殖材料及带有残根残茎的土壤异地人为传播，对外地调入的繁殖材料或者观赏花进行复检，及时发现、及时销毁，以阻止其扩展蔓延。

（2）物理防治。加拿大一枝黄花种子11月底至12月中旬成熟，为有效减少种子传播源，要抓住一枝黄花种子还未成熟的有利时机，迅速将其所有植株连根拔除并通过中耕将遗留在土壤中的根茎等无性繁殖器官拣除，带出田外集中焚烧销毁，防止种子、根状茎和拔出部分的传播扩散。

（3）化学防治。在加拿大一枝黄花的出苗季节和开花前后，利用药剂对植株进行防治，防治方法为：用草甘膦和"一把火"在开花以前混合喷洒；利用草甘膦和洗衣粉5∶1的比例混合在其幼苗期进行防治；也可使用其他灭生性除草剂进行防治。防治时，用80%草甘膦可溶性粒剂1 500 g/hm² 或30%草甘膦水剂7 500 mL/hm²，兑水900 kg喷雾。第1次喷药后，每隔35～40天再分别用第2、第3次药。

葛藤 *Pueraria lobata*（Willdenow）Ohwi

别名野葛、葛根、粉葛藤、甜葛藤、葛条。蝶形花科葛属的多年生缠绕藤本植物，其生长较快，茎长可达10 m以上。茎叶生长较密，表面有褐色毛茸，根系十分发达。

分布

葛藤属植物原产于中国、朝鲜、韩国、日本、澳大利亚、印度尼西亚、马来西亚、菲律宾、泰国、老挝、越南、缅甸、孟加拉国、印度等亚洲和大洋洲地区的环太平洋国家。我国除西藏、新疆外，其余各省（区、市）均有分布，以长江、黄河流域各省（区）和北京、天津两市自然分布较多。河南省主要分布于南阳、平顶山、洛阳、三门峡、新乡、济源、焦作、安阳、鹤壁、驻马店、信阳等地。信阳市各县（区）均有分布，尤以山区分布广泛。

形态特征

多年生草质藤本，块根肉质肥大，呈棒状或纺锤状，表皮有较多皱褶，黄白色或肉白色，富含淀粉，全株有黄色长硬毛。茎长 5 ~ 10 m，常匍匐地面或缠绕其他植物而向上生长。叶互生，为三出复叶，顶生小叶菱状宽卵形，长 6 ~ 20 cm，宽 7 ~ 20 cm，先端渐尖，基部圆形，有时浅裂，两侧的两个小叶宽卵形，基部斜形，各小叶下面有粉霜，两面被白色状贴长硬毛，托叶盾形，小托叶针状。叶柄基部肿大，两边各着生 1 对小托叶。总状花序腋生，长 20 cm，花蓝紫色或紫色，花萼钟状，萼齿 5 个，披针形，上面 2 齿合生，下面 1 齿较长，花冠蝶形，长约 1.5 cm，花期 5 ~ 9 月。荚果条形，扁平，密生黄色粗硬长毛，长 5 ~ 12 cm，宽 0.6 ~ 1 cm，果期 7 ~ 10 月。种子长椭圆形，红褐色，有光泽。

生态学特性

葛藤为藤本植物，喜生于温暖潮湿、阳光充足的山坡地上，攀附周边的灌木乔木而生长。葛藤对土壤适应性很强，除了在积水严重的黏土地外，其他类型土地均可生长，包括荒谷、山坡甚至是石缝，以湿润和排水通畅的土壤为宜。葛藤生长耐酸性强，在微酸性的土壤里也生长良好；耐旱性也很强，因其有强大的深根系，根茎可深入地下 3 m 以上，抗旱能力强，同时也有一定的耐寒能力，在我国寒冷地区也可越冬存活，翌年依靠根部萌发新芽生长。葛藤耐火烧，在火烧地，其他植物都被烧死，而葛藤却从块根长出繁茂的藤蔓。因此，葛藤适生性强，适合在很多地区生长，生长范围十分广泛。

危害情况

葛藤茎叶抽生非常快，能很快郁蔽裸露土，长可达 10 m 以上，生长速度极快，茎蔓 1 年就可以长 10 多米，攀附于乔木、灌木生长。因此，葛藤会对所攀附的植物造成覆盖、绞缢等危害，影响被攀附的林木或其他植物正常光合作用，造成林木无法制造和输送养分，遏制被攀附植物正常生长，甚至导致幼树、大树死亡，故葛藤是乔灌木的杀手。葛藤通常会大面积繁殖，与周边植物竞争空间、水分和养分，对其他植物生长产生制约，严重影响生态系统的多样性。此外，葛藤大量繁殖，还会影响森林生态景观。据资料介绍，1876 年美国将葛藤作为一种观赏植物从日本引入，之后开始人为种植传播，后变成生物灾害。目前，葛藤已占领了密西西比、佐治亚、亚拉巴马等州 700 多万 km² 林地，将当地的许多植物挤死，成为严重的森林杂草。国内目前已有湖北、山西、安徽、辽宁、重庆、浙江、江苏等省（市）报道葛藤的危害。2008 ~ 2009 年，湖北省宜昌市夷陵区林业局调查结果显示，该区葛藤发生面积已超过 1.34 万 hm²，其中轻度发生 0.39 万 hm²，中度发生 0.7 万 hm²，重度发生（已导致树木死亡，危害了当地生态环境）0.24 万 hm²，其主要寄生植物有马尾松、落叶松及柏木等树种。信阳市商城县、新县等山区局部也有造成较严重危害的现象。

葛藤危害状 1（罗山县提供）　　　　　　　　葛藤危害状 2（新县提供）

防控措施

（1）物理防治。发生面积小的地方，可采取挖除、焚烧等人为手段进行防治。剪除缠绕树木的地上茎，挖除地下根，然后集中烧毁。

（2）生物防治。紫茎甲、豆突眼长蝽等是葛藤生长的天敌，可采用引进释放紫茎甲幼虫等天敌来应对大面积的葛藤危害。但采取生物防治有风险，天敌的引入要注意对其严格控制，避免对防治区域生态造成次生灾害。

（3）化学防治。冬季枯叶期用人工割除的办法，把葛藤地上茎割除清理干净，第2年分别在4月上中旬、7月和10月萌芽长叶到10 cm左右时，全面喷施除草剂草甘膦各1次，杀死葛藤地上部分新长藤蔓、叶子和地下部分的根，遏制葛藤的恶性生长。也可以采取克无踪或甲磺隆进行配合使用，能够更好地提高防治效果。如此连续防治2年，一般即可得到控制。

（4）综合利用。葛藤的根富含淀粉，可制葛粉，葛粉是一种优质淀粉，营养丰富，具有保健作用；叶子可以造纸，也可作饲料；茎可以制麻。各地可通过综合利用的方式，将有害植物变害为宝，从而达到控制葛藤恶性生长的目的。

菟丝子　*Cuscuta chinensis* Lam.

别名禅真、豆寄生、豆阎王、黄丝、黄丝藤、鸡血藤、金丝藤、龙须子等。茄目旋花科菟丝子属的一种恶性杂草。

分布

国内分布于黑龙江、吉林、辽宁、河北、山西、陕西、宁夏、甘肃、内蒙古、新疆、山东、江苏、安徽、河南、浙江、福建、四川、贵州、云南等省（区）。国外伊朗、阿富汗、日本、朝鲜、斯里兰卡、马达加斯加、澳大利亚等国亦有分布。河南省各地有分布。信阳市部分县（区）零星分布。生于海拔 200 ~ 3 000 m 的田边、山坡阳处、路边灌丛或海边沙丘，通常寄生于豆科、菊科、蒺藜科等多种植物上。

形态特征

一年生寄生草本，全株无毛。茎缠绕，黄色，纤细，直径约 1 mm，无叶。花序侧生，少花或多花簇生成小伞形或小团伞花序，近于无总花序梗；苞片膜质，苞片及小苞片小，鳞片状；花梗稍粗壮，长仅 1 mm；花萼杯状，5 裂，中部以下连合，裂片三角状，长约 1.5 mm，顶端钝；花冠白色，壶形，长约 3 mm，裂片三角状卵形，顶端锐尖或钝，向外反曲，宿存；雄蕊着生花冠裂片弯缺微下处；鳞片长圆形，边缘长流苏状；子房近球形，花柱 2，等长或不等长，柱头球形。蒴果近球形，直径约 3 mm，几乎全为宿存的花冠所包围，成熟时整齐的周裂。种子，淡褐色，卵形，长约 1 mm，表面粗糙。花果期 7 ~ 10 月。

菟丝子危害状（李玲 摄）

生物学特性

生长习性 菟丝子喜高温湿润气候，对土壤要求不严，适应性较强。野生菟丝子常见于平原、荒地、地边以及豆科、菊科、蓼科、藜科等植物地内，最喜寄生于豆科植物上。遇到适宜寄主就缠绕在上面，在接触处形成吸根伸入寄主，吸根进入寄主组织后，部分组织分化为导管和筛管，分别与寄主的导管和筛管相连，自寄主吸取养分和水分。菟丝子一旦幼芽缠绕于寄主植物体上，生活力极强，生长旺盛，向周围缠绕与寄主接触处形成蓬状无根的黄色藤。一般夏末开花，秋季结果，9 ~ 10 月果实成熟，成熟后蒴果破裂、散出种子。

繁殖方式 菟丝子以种子繁殖和传播，菟丝子种子成熟后落入土中，休眠越冬后，翌年 3 ~ 6 月间温、湿度适宜时萌发，幼苗胚根伸入土中，胚芽伸出土面，形成丝状的菟丝子。

危害情况

菟丝子是1年生攀缘性的草本寄生性种子植物，寄生范围较广，大田农作物、牧草、果树、蔬菜、花卉及其他植物都能受其寄生危害，可寄生于豆科、茄科、蔷薇科、无患子科等许多科的木本和草本植物，其根已退化，叶片退化为鳞片状，茎为黄色丝状物，纤细、肉质，缠绕于寄生植物的茎部，以吸器与寄主的维管束系统相连，不仅吸收寄主的养分和水分，还造成寄主输导组织的机械性障碍，其缠绕寄主上的丝状体能不断伸长、蔓延。

花卉苗木受害时，枝条被寄生物缠绕而生缢痕，生长不良，树势衰落，观赏效果受影响，严重时嫩梢和全株枯死。成株受害，由于菟丝子生长迅速而繁茂，极易把整个树冠覆盖，不仅影响花卉苗木叶片的光合作用，而且营养物质被菟丝子所夺取，致使叶片黄化易落，枝梢干枯，长势衰落，轻则影响植株生长和观赏效果，重则致全株死亡。

防控措施

（1）检疫措施。菟丝子是中国公布的《中华人民共和国进境植物检疫病、虫、杂草录》规定的二类检疫性杂草。菟丝子也是传播某些植物病害的媒介，除本身是有害植物外，还能传播类菌原体和病毒等，引起多种植物的病害。因此，应加强检疫，严禁菟丝子种子随外地调入的种苗携带进入。

（2）营林措施。结合苗圃和花圃管理，于菟丝子种子未萌发前进行中耕深埋，深耕 10 ~ 20 cm 以上，将其种子深埋，使之不能发芽出土。

（3）物理防治。春末夏初检查苗圃和花圃，一经发现立即铲除，或连同寄生受害部分一起剪除，由于其断茎有发育成新株的能力，故剪除必须彻底，剪下的茎段不可随意丢弃，应晒干并烧毁，以免再传播。在菟丝子发生普遍的地方，应在种子未成熟前彻底拔除，以免成熟种子落地，增加翌年侵染源。

（4）生物防治。用活孢子含量为 3 000 万 /mL 的"鲁保 1 号"生物制剂 3 ~ 4 mL /m²，于傍晚、阴天或雨后直接喷洒于菟丝子的蔓茎上，使用前打断蔓茎造成伤口，以利于"鲁保 1 号"的毛炭疽菌浸入，每隔 7 天喷洒 1 次，连续喷 2 ~ 3 次，防治效果较好。

（5）化学防治。菟丝子生长的 5 ~ 10 月，于树冠喷施 6% 的草甘磷水剂 200 ~ 250 倍液（5 ~ 8 月气温较高时用 200 倍液，9 ~ 10 月气温较低时用 250 倍液），施药宜掌握在菟丝子开花结籽前进行；也可用敌草腈 3.75 kg/hm²，或 3% 的五氯酚钠，或 3% 二硝基酚防治。隔 10 天喷 1 次，连喷 2 次。轻度发生时，可用 48% 地乐胺乳油 150 ~ 200 倍液进行茎叶喷雾，用药量 75 ~ 150 mL/m²。

日本菟丝子 *Cuscuta japonica* Choisy

别名金灯藤、大菟丝子、无根藤、飞来藤、天蓬草、无量藤等。茄目旋花科菟丝子属的一种恶性杂草。

分布

我国南北各省（区）均有分布，越南、朝鲜、日本也有分布。信阳山区林缘常见。寄生于多种草本或木本植物上。

形态特征

一年生寄生性缠绕草本，茎呈线状，肉质，直径 1～2 mm，黄绿色，常带紫红色瘤状斑点，无毛，多分枝。无叶片，仅在尖端及其下面三个节上可见到退化成鳞片状的叶。根已退化，以吸根自寄主茎上吸收养分。花无柄或几无柄，形成穗状花序，长达 3 cm，基部常多分枝；苞片及小苞片鳞片状，卵圆形，长约 2 mm；花萼碗状，肉质，长约 2 mm，5 裂几达基部，裂片卵圆形或近圆形，顶端尖，背面常有紫红色瘤状突起；花冠钟状，淡红色或绿白色，长 3～5 mm，顶端 5 浅裂，裂片卵状三角形；雄蕊 5，着生于花冠喉部裂片之间，花药卵圆形，黄色，花丝无或几无；鳞片 5，长圆形，边缘流苏状，着生于花冠筒基部，伸长至冠筒中部或中部以上；子房球状，平滑，无毛，2 室，花柱细长，合生为 1，与子房等长或稍长，柱头 2 裂。蒴果卵圆形，长约 5 mm，近基部周裂。种子 1～2 个，光滑，长 2～2.5 mm，褐色。花期 8 月，果期 9 月。

生物学特性

种子在土壤中越冬，翌年 3 月下旬开始萌发，幼芽呈黄白色细丝状，生长极快。当幼茎伸长到 40 cm 后，遇到寄主，其尖端 3～4 cm 的一段缠绕于寄主的枝条上，并形成吸器，伸入寄主，部分细胞组织在寄主内分化为导管和筛管，分别与寄主植物的导管和筛管相连，以此吸取寄主植物的水分和养分，细丝状的茎逐渐增粗，茎表面渐渐转为黄褐色，以后又出现褐色斑点。此时初生菟丝死亡，上部茎继续伸长，再次形成吸根，茎不断分枝伸长形成吸根，再向四周不断扩大蔓延。6～7 月上旬，雨水丰沛、阳光充足、空气湿度大，对日本菟丝子生长十分有利，生长旺盛，茎对寄主植物反复缠绕，并夺取寄主植物的水分和养分，致使寄主植物营养不良，生长缓慢，严重者被害死亡。8 月下旬至 9 月上旬，由营养生长转入生殖生长，陆续开花结实，10 月下旬果实成熟。

日本菟丝子种子通过风力近距离传播，通过水流、人畜活动能传播更远。

危害情况

日本菟丝子的种子产量很高，平均每株可产种子 2 000 粒以上，种子对环境适应力较强，在土壤中可存活数年。4～5 月萌发，出土幼苗通过附近杂草做桥梁或直接缠绕寄主植物后，在接触处形成吸根穿入寄主组织，吸收水分和养分，其茎具有很强的分叉能力，反复分枝，迅速向上和四周蔓延，形成巨大的网状株丛，以致单株危害面积大，严重时将整株寄主布满菟丝子，使受害植株生长不良。茎粗壮，常几根互相缠绕成粗绳状，受害植株严重者当年枯死，轻者生长停滞，长势衰弱。

日本菟丝子多发生在土壤比较潮湿、杂草或灌木丛生的地方。危害茶树、桑树、梨树、杞柳、月季、紫薇、枫杨等数十种木本植物，以及枸杞、向日葵、蓖麻、大豆、绿豆、南瓜等部分半木质化植物和草本植物。

日本菟丝子危害状（卢东升　提供）

防治措施

（1）园艺防治。在 4～5 月出苗盛期，发现菟丝子幼苗，连同周围的杂草及寄主受害部位一起铲除，太阳暴晒后烧毁。剪除菟丝子寄生的枝条，集中烧毁，特别是在开花前一定要清除干净，防止成熟结籽。受害严重的地块，每年深翻，凡种子埋于 6 cm 以下便不易出土。

（2）生物防治。在菟丝子幼苗期，每 667 m² 用 15 亿活孢子 /g 的"鲁保 1 号"菌剂 500～800 g，加水 100 kg、洗衣粉 100 g，混匀后喷雾。5～7 天防治 1 次，连续防治 2～3 次。施药作业宜在阴天或傍晚进行；喷药前，把菟丝子茎挑断，有利于提高防治效果。

（3）化学防治。在幼苗期，可用拉索、草甘膦、胺草磷等除草剂喷雾防治，如 5 月中旬，喷洒配制含草甘膦有效成分 0.7% 的药液（10% 草甘膦 5～25 kg/hm²），防治效果较好。

槲寄生　*Viscum coloratum*（Kom.）Nakai

别名寄生子、北寄生、柳寄生、黄寄生等。檀香目桑寄生科槲寄生属寄生性灌木植物。

分布

国内分布于湖南、湖北、江西、江苏、河南、陕西、甘肃、贵州、四川、云南、广东等大部分省（区）。俄罗斯远东地区、朝鲜、日本也有分布。信阳市浉河区、商城县、新县、光山县、罗山县等大部分县（区）有分布。寄生于榆树、杨树、柳树、桦木、栎类、梨树、李树、苹果、枫杨、赤杨、椴属等植物上。信阳常见寄生于枫杨、油茶等植物上。

形态特征

槲寄生属于灌木，高 0.3 ~ 0.8 m；茎、枝均圆柱状，二歧或三歧、稀多歧分枝，节稍膨大，小枝的节间长 5 ~ 10 cm，粗 3 ~ 5 mm，干后具不规则皱纹。叶对生，稀 3 枚轮生，厚革质或革质，长椭圆形至椭圆状披针形，长 3 ~ 7 cm，宽 0.7 ~ 1.5 cm，顶端圆形或圆钝，基部渐狭；基出脉 3 ~ 5 条；叶柄短。雌雄异株；花序顶生或腋生于茎叉状分枝处；雄花序聚伞状，总花梗几无或长达 5 mm，总苞舟形，长 5 ~ 7 mm，常具 3 朵花，中央的花具 2 枚苞片或无；雄花：花蕾时卵球形，长 3 ~ 4 mm，萼片 4 枚，卵形；花药椭圆形，长 2.5 ~ 3 mm。雌花序聚伞式穗状，总花梗长 2 ~ 3 mm 或几无，具花 3 ~ 5 朵，顶生的花具 2 枚苞片或无，交叉对生的花各具 1 枚苞片；苞片阔三角形，长约 1.5 mm，初具细缘毛，稍后变全缘；雌花：花蕾时长卵球形，长约 2 mm；花托卵球形，萼片 4 枚，三角形，长约 1 mm；柱头乳头状。果球形，直径 6 ~ 8 mm，具宿存花柱，成熟时淡黄色或橙红色，果皮平滑。花期 4 ~ 5 月，果期 9 ~ 11 月。

槲寄生枝条（卢东升　提供）

生物学特性

槲寄生植物的果实颜色鲜艳，易招引各种鸟类啄食。种子主要依靠鸟类取食进行传播。在适宜的温度、湿度下，种子 3 天左右便可萌发。当胚根尖端与寄主植物枝条接触时，就形成吸盘。从吸盘中间长出初生吸根，吸根能分泌一种对树皮有溶解作用的酶，并从伤口、芽部或幼嫩树皮侵入，到达木质部。从种子萌发至胚根深入树皮，一般需 2 周以上。

危害情况

寄主植物被寄生后，长势差，落叶早，不结果或少结果，甚至造成枝条枯死或整株死亡。一般阴坡危害较阳坡严重；经营粗放或缺乏管理易造成严重危害。

防治措施

（1）营林措施。加强抚育管理，增强树势，减少被害。结合抚育，剪除寄生枝。适宜剪枝时间为开花结果而果实尚未成熟阶段。

（2）化学防治。果实成熟前，砍去寄生部位下 20 cm 外的寄生植株，或用高浓度硫酸亚铁溶液喷洒在寄生植物上以杀死寄生植株。

第三章 农药基础知识

一、农药分类

农药（pesticide）是指用于预防、消灭或控制危害农林植物及其产品的害虫、病菌、害螨、杂草、线虫及鼠兔类等有害生物的药剂的总称。随着植物保护学的发展，农药的概念也在不断扩大，目前广义的农药除包括可以用来防治农林业有害生物的各种无机和有机化合物外，还包括植物生长调节剂、家畜体外寄生虫和人类公共卫生有害生物的防治剂。其来源除人工合成外，还包括来源于生物或其他天然的物质，但一般不包括活体生物。目前国内生产的农药品种达数百种之多，年产量达 4 亿 kg（以有效成分计）。农药商品分类的方法很多，常根据其用途、化学组成、防治对象、作用方式等进行分类。

（一）按防治对象分类

常用的有以下几类：

（1）杀虫剂。对昆虫机体有直接毒杀作用，以及通过其他途径可控制其种群形成或可减轻、消除害虫危害程度的药剂。如敌百虫、辛硫磷、乐果、灭幼脲、苦参碱等。

（2）杀菌剂。对病原菌起到杀死、抑制或中和其有毒代谢物作用，因而可使植物及其产品免受病原菌危害或可消除病症、病状的药剂。包括杀真菌剂、杀细菌剂、杀病毒剂。如托布津、代森锰锌、百菌清、多菌灵、退菌特等。

（3）杀螨剂。用于防治植食性有害螨类的药剂。如克螨特、扫螨净、达螨灵（速螨酮）、霸螨灵、四螨嗪等。

（4）除草剂。用来毒杀和消灭农田杂草和非耕地里绿色植物的一类药剂。主要通过抑制杂草的光合作用、破坏植物呼吸作用、抑制生物合成作用、干扰植物激素平衡以及抑制微管和组织发育等发挥作用。如草甘膦、2,4—滴丁酯、草威特、克稗星、盖草能等。

（5）杀鼠剂。用于防治有害啮齿动物的药剂。如磷化锌、杀鼠灵、杀鼠醚、氯敌鼠、溴敌隆等。

（6）杀线虫剂。用来防治植物线虫病害的药剂。如克线磷、松线光、虫线清、灭线磷等。

（7）植物生长调节剂。专门用来调节植物生长、发育的药剂。如赤霉素（九二〇）、萘乙酸、乙烯、矮壮素、多效唑等。这类农药具有与植物激素相类似的效应，可以促进或抑制植物的生长、发育，以满足生产的需要。

（二）按原料的来源及成分分类

1. 无机农药

又叫矿物性农药，主要是由天然矿物原料加工、配制而成的农药。其有效成分是无机化合物质。较常用的有石硫合剂、波尔多液等。

2. 有机农药

又叫有机合成农药。主要是由碳氢元素构成的一类农药，且大多可用有机化学合成方法制得。目前所用的农药绝大多数属于这一类。通常又根据其来源和性质分成植物性农药、矿物油农药（石油乳剂）、微生物农药（农用抗生素）及人工化学合成的有机农药。有机杀虫剂按其来源又分为天然有机杀虫剂和人工合成的有机杀虫剂。天然有机杀虫剂包括植物性（鱼藤、除虫菊、楝树、苦参、烟草等）和矿物性（如矿物油等）两类，它们分别来源于天然植物和矿物，目前开发的品种较少。人工合成有机杀虫剂种类繁多，按其化学成分又可以分为有机氯类杀虫剂、有机磷类杀虫剂、氨基甲酸酯类杀虫剂、拟除虫菊酯类杀虫剂、沙蚕毒素类杀虫剂和有机氮类杀虫剂等。有机杀菌剂包括有机硫杀菌剂、有机砷杀菌剂、有机磷杀菌剂、取代苯类杀菌剂、有机杂环类杀菌剂、抗生素类杀菌剂等。

3. 生物农药

（1）微生物农药。利用微生物或其代谢产物制成的农药。主要包括细菌、真菌、病毒、原生动物、线虫等。在生产中应用的主要有苏云金芽孢杆菌、青虫菌、金龟子芽孢杆菌、白僵菌、绿僵菌、AoGV、AfNPV、AgMNPV、CPV、小卷蛾斯氏线虫、夜蛾斯氏线虫、格氏斯氏线虫、微孢子虫等。利用微生物的代谢物制成的农药又叫农用抗生素，商品化的主要有阿维菌素、橘霉素、华光霉素、多杀霉素、春雷霉素等。

（2）植物源农药。以植物源成分制作而成的杀虫剂，有效成分主要是生物碱（如烟草中的烟碱、百部中的百部碱等）和苷类，这些物质在昆虫体内经过化学作用变为有毒物质，从而起到杀灭害虫的作用。植物性农药使用较为安全，对人畜无害或毒力很小，对植物没有药害，是值得大力提倡和推广应用的农药。商品化的植物源农药主要有烟碱、除虫菊素、苦参碱、鱼藤酮、大蒜素、印楝素、鱼尼丁、苦皮藤素、桉油精等。

（3）信息素。昆虫信息素是由昆虫体内释放到体外，可引起同种其他个体某种行为或生理反应的微量挥发性物质。包括性信息素、聚集素、报警信息素、追踪素。

4. 仿生农药

又称生物化学农药，也被称为昆虫生长调节剂、特异性昆虫控制剂等。它是一种生物合成的化合物，其毒性极低，不易形成抗药性，不污染环境，与多数农药相混不易发生化学反应，是当前无公害绿色农林产品推荐农药之一。常见的有灭幼脲、除虫脲、氟啶脲 3 种仿生类农药。

（三）按作用方式分类

按农药对防治对象的作用方式，常用的分类如下。

1. 杀虫剂和杀螨剂

胃毒剂：具胃毒作用的药剂。当害虫取食这类药剂后，随同食物进入害虫消化器官，被肠壁细胞吸收后进入虫体内引起中毒死亡。如敌百虫、灭幼脲、抑太保，苏云金杆菌等。

触杀剂：具触杀作用的药剂。这类药剂与虫体接触后，通过穿透作用经体壁进入体内或封闭昆虫的气门，使昆虫中毒或窒息死亡。如叶蝉散、辛硫磷、马拉硫磷、毒死蜱、抗蚜威、溴氰菊酯等。

熏蒸剂：具熏蒸作用的药剂。这类药剂由液体或固体气化为气体，以气体状态通过害虫呼吸系统进入虫体，使之中毒死亡。如磷化铝、溴甲烷、敌敌畏、二氯乙烷、二溴乙烷等。

内吸剂：具内吸作用的药剂。这类药剂施到植物上或施于土壤里，可被植物枝叶或根部吸收，传导至植株的各部分，害虫（主要是刺吸式口器害虫）取食后即中毒死亡。如乐果、氧化乐果、乙酰甲胺磷等。

拒食剂：具拒食作用的药剂。这类药剂被取食后可影响昆虫的味觉器官，使其厌食、拒食，最后因饥饿、失水而逐渐死亡，或因摄取营养不足而不能正常发育的药剂。如拒食胺、西维因、溴氰菊酯等。

忌避剂：具忌避作用的药剂。这类药剂依靠其物理、化学作用（如颜色、气味等）可使害虫忌避或发生转移、潜逃现象，从而达到保护寄主植物或特殊场所的目的。如樟脑、驱蚊油等。

引诱剂：具引诱作用的药剂，其作用与忌避作用相反。这类药剂能吸引害虫前来接近。通过取食引诱、产卵引诱或性引诱，将害虫诱集而予以歼灭。具有引诱作用的化合物一般与毒剂或其他物理性捕获措施配合使用，杀灭害虫。如松墨天牛信息素、美国白蛾性诱剂等。

不育剂：具不育作用的药剂。这类药剂可通过破坏生殖系统，形成雄性、雌性或雌雄两性不育而使害虫失去正常繁殖能力。如六磷胺、噻替派等。

生长调节剂：具有生长调节作用的药剂。这类药剂主要是阻碍或抑制害虫的正常生长发育，使之失去危害能力，甚至死亡。如灭幼脲、除虫脲等。

但应当指出，一种农药常具有多种作用方式，如大多数合成有机杀虫剂均兼有触杀和胃毒作用，有些还具有内吸或熏蒸作用，如久效磷、敌敌畏等，它们通常以某种作用为主，兼具其他作用。但也有不少是专一作用的杀虫剂，尤其是非杀死性的软农药，如忌避剂、拒食剂、引诱剂、不育剂等。

2. 杀菌剂

保护性杀菌剂：在病害流行前（即当病原菌接触寄主或侵入寄主之前）用来处理植物体可能受害的部位或植物所处的环境（如土壤），以保护植物不受侵染的药剂。如波尔多液、铜制剂、硫黄、石硫合剂等。

治疗性杀菌剂：在植物感病后，能直接杀死病原菌，或者通过内渗作用渗透到植物组织内部而杀死病原菌，或者通过内吸作用直接进入植物体内并随着植物体液运输传导而起到治疗作用的药剂。如托布津、退菌特等。

铲除性杀菌剂：对病原菌具有直接强烈杀伤作用的药剂。这类药剂在植物生长期施用时，植物常不能忍受，故一般只用于种前土壤处理、植物休眠期或种苗处理期。

3. 除草剂

输导型除草剂：施用后通过内吸作用传至杂草的敏感部位或整个植株，使之中毒死亡的药剂。

触杀型除草剂：只能杀死所接触到的植物组织，而不能在植株体内传导移动的药剂。习惯上，按其对植物作用的性质分为选择性除草剂和灭生性除草剂。前者在一定浓度和剂量范围内杀死或抑制部分植物，而对另外一些植物是安全的；后者在常用剂量下可以杀死所有接触到的绿色植物体。

4. 杀鼠剂

按其作用速度可以分为急性杀鼠剂和慢性杀鼠剂两大类。

急性杀鼠剂：毒杀作用快，潜伏期短，仅1～2天，甚至几小时内，即可引起中毒死亡。这类杀鼠剂大面积使用，害鼠一次取食即可致死，毒饵用量少，容易显效。但此类药剂对人、畜毒性大，使用不安全，而且容易出现害鼠拒食现象。如磷化锌、毒鼠磷和灭鼠优等。

慢性杀鼠剂：主要是抗凝血杀鼠剂，其毒性作用慢，潜伏期长，一般2～3天后才引起中毒。这类药剂适口性好，能让害鼠反复取食，可以充分发挥药效。同时由于作用慢，症状轻，不会引起鼠类警觉拒食，灭效高。

二、农药的剂型

工厂生产出来未经加工的工业品称为原药（原粉或原油）。因大多数原药不溶于水，在单位面积上使用的量又很少，所以必须在原药中加入一定量的助剂（如填充剂、湿润剂、溶剂、乳化剂等），加工成含有一定有效成分、一定规格的剂型。农药剂型种类很多，包括干制剂、液制剂和其他制剂，其中乳油、粉剂、可湿性粉剂和颗粒剂是目前生产上的主要农药剂型，占农药加工制剂产量的90%。但其他一些剂型，如可溶性粉剂、悬浮剂、缓释剂、超低量喷雾剂、种衣剂、烟雾剂和热雾剂等，因其特殊的用途，以及环保优势等，也具有一定的用量和广阔的发展前景。

（一）粉剂

由原粉与填充剂（如高岭土、滑石粉、瓷土、陶土等惰性稀释物）按一定比例混合，经机械加工粉碎至一定细度的粉末而制成的。根据粉剂的有效成分含量和粉粒细度又可分为含量大于 10% 的浓粉剂，含量小于 10% 的低浓度粉剂；粉粒平均直径为 20 ~ 25 μm 的低飘移粉剂，10 ~ 12 μm 的一般粉剂和小于 5 μm 的微粉剂。低浓度粉剂可直接喷粉使用，高浓度粉剂可供拌种、配制毒饵或做土壤处理等使用。粉剂具有使用方便，药粒细、较能均匀分布，撒布效率高、节省劳动力，加工费用低等优点，特别适用于供水困难地区和防治暴发性病虫害。缺点是粉剂用量大，有效成分分布的均匀性和药效的发挥不如液态制剂，而且飘移污染严重。

（二）可湿性粉剂

由原粉和少量表面活性剂（湿润剂、分散剂、悬浮稳定剂等）以及填充剂（硅藻土、润土等）按一定比例混合，经机械粉碎而制成的粉状制剂。可湿性粉剂兑水后能被湿润，成为悬浮液，主要用于喷雾，也可用于制作毒土、毒饵等，但不宜直接用于喷粉。可湿性粉剂是一种农药有效成分含量较高的干制剂，其形态类似于粉剂，使用上类似于乳油，在某种程度上克服了这两种剂型的缺点。可湿性粉剂的有效成分含量一般为 25% ~ 50%。其持效期较粉剂长，附着力也较粉剂强。

由于它是干制剂，包装低廉，便于贮运，生产过程中粉尘较少，又可以进行低容量喷雾。缺点是可湿性粉剂对加工技术和设备要求较高，尤其是粉粒细度、悬浮性和湿润性。

（三）可溶性粉剂

又称水溶性粉剂，是将水溶性农药原药、填料和助剂按一定的比例混合制成的可溶解于水的粉状制剂，有效成分含量多在 50% 以上，供加水稀释后使用。这种剂型的制剂具有使用方便、分解损失小、包装和贮运经济安全、无有机溶剂污染环境等优点。但不易久存，不易附着于植物表面。

（四）乳油

由原药与乳化剂按一定比例溶解在有机溶剂（如苯、二甲苯等）中制成的一种透明的油状液体。乳油加水稀释后成为均匀一致、稳定的乳状液，喷洒在植物和虫体上，具有很好的湿润展布和黏着性，主要用于喷雾，也适用于涂茎、泼浇、拌种、浸种、撒毒土等。这类剂型的制剂有效成分含量高，一般在 40% ~ 50%，高者达到 80%，使用时稀释倍数也较高。优点是贮存稳定性好，使用方便，防治效果好，加工工艺简单，设备要求不高。缺点是由于其含有相当量的易燃有机溶剂，如管理不严易发生事故，使用不当易发生药害，乳油中的有机溶剂在大量喷施时也会造成环境污染。

（五）颗粒剂

由农药原药、辅助剂和载体经过一定的加工工艺制成的粒径大小比较均匀的松散颗粒状制剂。颗粒剂具有持效期长、使用方便、对环境污染小、不易对植物造成药害、对益虫和天敌安全等优点。缺点是颗粒剂有效成分含量低，用量较大，贮运不太方便。颗粒剂主要用于土壤内根施、穴施、拌种、土壤处理等。

（六）悬浮剂

又称胶悬剂，是将不溶于水的固体或不混溶的液体原药、辅助剂，在水或油中经湿法超微粉碎后制成的分散体，是一种具有流动性的糊状制剂，使用前用水稀释混合形成稳定的悬浮液。悬浮剂兼有可湿性粉剂和乳油的优点。

（七）缓释剂

利用控制释放技术，通过物理化学方法，将农药贮存于农药的加工品之中，制成可使有效成分控制释放的制剂。控制释放包括缓慢释放、持续释放和定时释放，但农药制剂通常为缓慢释放，故称为缓释剂。缓释剂可以减少农药的分解以及挥发流失，使农药持效期延长，减少农药施用次数。还可以降低农药毒性。使液体农药固形化，便于包装、贮运和使用，减少飘移对环境的污染。

（八）超低量喷雾剂

超低量喷雾剂一般是含农药有效成分20% ~ 50%的油剂，有的制剂中需要加入少量助溶剂，以提高原药的溶解度，有的需加入一些化学稳定剂或降低对植物药害的物质等。超低量喷雾剂不需稀释即可直接喷洒，因此需要选择高效、低毒、低残留、相溶性好、挥发性低、黏度小、闪点高的原药和溶剂，以提高药效和使用安全度，减少环境污染。

（九）烟雾剂

用农药原药加入一定比例的助燃剂、氧化剂、消燃剂等均匀混合配制成的制剂，点燃后药剂受热气化，在空气中凝结成固体微粒飘浮于空间。烟雾剂颗粒细小，扩散性能好，能深入到极小的空隙中，充分发挥药效。但受风和气流的影响较大，适用于温室大棚、郁闭度较大的森林、仓库等处有害生物防治。在喷烟机械发展的基础上开发出来的热雾剂，与烟雾剂具有相似的特点。它是将油溶性药剂溶解在具有适当闪点和黏度的溶剂中，再添加辅助剂加工成的制剂，使用时借助烟雾机将制剂定量送至烟化管，与高温高速气流混合喷射，使药剂形成烟雾。

除上述的剂型外，还有种衣剂、水剂、油剂、胶囊剂、微胶囊剂、片剂等。

三、农药的使用

（一）农药的使用方法

由于农药的剂型、防治对象不同，农药的使用方法也不同，目前使用较广泛的有以下几种：

（1）喷雾法。利用喷雾机械将药液均匀地喷洒于防治对象及被保护的寄主植物上。这种方法是目前生产中应用最广泛的一种方法。适宜做喷雾的剂型有乳油、可湿性粉剂、悬浮剂、可溶性粉剂等。根据喷液量的多少及喷雾器械特点，又可分为三种类型：

常规喷雾法：采用背负式手动喷雾器械，喷出的雾滴直径为 100 ～ 200 μm。技术要求：喷洒均匀，使叶面充分湿润但不使药液从叶片上流下为度。此法的优点是附着力强、持效期长、效果好等；缺点是功效低、用水量多，对暴发性病虫害常不能及时控制其危害。

低容量喷雾法：又称弥雾法。通过器械产生的高压气流，将药液分散成 50 ～ 200 μm 的细小雾滴，使之弥散到被保护的植物上。此法的优点是喷洒速度快、省劳力、效果好，适用于少水或丘陵地区。

超低容量喷雾法：通过高能的雾化装置，使药液雾化成直径 5 ～ 75 μm 的细小雾滴，经飘移而沉降在靶标物上。此法的优点是省工、省药、防治成本低、作业效率高；缺点是需要专门的施药器械，且操作技术要求高，施药效果受气流、气温影响，不宜喷洒高毒农药。

（2）喷粉法。利用喷粉机械所产生的风力把粉粒吹散，使粉剂吹散后沉积到植物表面的施药方法。此法的优点是功效高、使用方便，不受水源限制，适合于封闭的温室大棚以及郁闭度高的林地；缺点是用药量大、附着力差、粉粒易随风飘失而污染环境。因此，喷粉作业宜在早晨或傍晚叶面有露水或雨后叶面潮湿且无风条件下进行，使粉剂易于在叶面附着，以提高防治效果。

（3）撒施法。将颗粒状农药抛施或撒施到害虫栖息危害的场所来消灭害虫的施药方法。主要用于土壤处理、水田施药或作物心叶施药。除颗粒剂外，其他农药需配成毒土或毒肥。应注意混拌质量，农药和化肥混拌不可堆放过久。此法具有不需用药械、工效高、用药少、效果好、持效期长等优点。

（4）种苗处理法。包括拌种、浸种和种苗处理三种方法。用药粉或药液与种子按一定的比例均匀混合的方法称为拌种法。拌种可以有效防治地下虫害和通过种子传播的病害。注意事项：一是药剂与种子必须混拌均匀；二是药剂必须能较牢固地黏着在种子表面并能快速干燥，或很少脱落。浸种法、种苗处理法是用一定浓度的药剂浸渍种子或苗木，是防治某些种传病害及使用植物生长调节剂时常用的用药方法。刚萌动的种子或幼苗对药剂一般都很敏感，尤其是根部反应最为明显，处理时应格外慎重，避免发生药害。

（5）土壤处理法。将农药与细土拌匀，撒于地面或与种子混播，或撒于播种沟内，以防治病虫、消灭杂草。撒于地面的毒土要湿润，用量为 300 ～ 450 kg/hm^2。与种子混播的毒土要松散干燥，用量为 75 ～ 150 kg/hm^2。药土的配比因农药种类不同而异。

（6）毒饵法。利用有害生物喜食的饵料加上一定比例的胃毒剂混合制成有毒饵料，引诱有害生物前来取食，然后将有害生物毒杀而死。在使用上经常更换饵料能收到较好的效果。

（7）熏蒸法。利用熏蒸剂或易挥发的药剂在常温密闭或较密闭的场所产生毒气或气化来防治病虫害的方法。主要用于防治仓库、车厢、温室大棚等场所内的病虫以及蛀干害虫、种苗上的病害。生产中常用磷化铝、溴甲烷等熏蒸松材线虫病疫木，以杀死疫木内的松墨天牛及松材线虫活体。

（8）涂抹法。利用药剂内吸传导性，把高浓度药液通过一定装置涂抹到植物幼嫩部位，或将树干刮去老皮露出韧皮部后涂药，让药液随植物运输到各个部位，以防治植物上的害虫和树干上的病害。

（9）打孔法、注射法。打孔法是用木钻、电钻、打孔机等打孔器械在树干基部向下打45°角的孔，深约5 cm，然后将5 ~ 10 mL的药液注入孔内，再将口封好。注射法是用注射机或注射器将内吸性药剂注入树干内部，使其在树体内传导运输而杀死害虫的方法。

（二）农药的稀释与计算

1. 根据稀释倍数计算

$$稀释倍数 = 稀释剂用量 \div 原药剂用量$$

（1）稀释100倍（含100）以下的计算方法：

稀释剂质量（体积）＝原药剂质量（体积）× 稀释倍数－原药剂质量（体积）

（2）稀释100倍以上的计算方法：

$$稀释剂质量（体积）＝原药剂质量（体积） \times 稀释倍数$$

2. 按有效成分计算

原药剂浓度 × 原药剂质量（体积）＝稀释药剂浓度 × 稀释药剂质量（体积）

3. 多种药剂混合后的浓度计算

设第一种药剂浓度为N_1，质量为W_1；第二种药剂浓度为N_2，质量为W_2；……；第n种药剂浓度为N_n，质量为W_n，则

$$混合药剂浓度（\%）＝ \sum N_n \cdot W_n（浓度不带\%）/ \sum W_n$$

（三）农药的合理使用

在使用农药时，应遵循"经济、安全、有效"的原则，从综合治理的角度出发，运用生态学的观点来使用农药。在生产中应注意：正确选药、适时用药、适量用药、交叉用药、混合用药、安全用药（详见第一章"化学防治"部分）。

（四）施用农药注意事项

（1）配药时，配药人员要戴胶皮手套，必须用量具按照规定的剂量称取药液或药粉，不得任意增加用量。严禁用手拌药。

（2）使用手动喷雾器喷药时应隔行喷。手动和机动药械均不能左右两边同时喷。大风和中午高温时应停止喷药。药桶内药液不能装得过满，以免晃出桶外，污染施药人员的身体。

（3）喷药前应仔细检查药械的开关、接头、喷头等处螺丝是否拧紧，药桶有无渗漏，以免漏药污染。喷药过程中如发生堵塞时，应先用清水冲洗后再排除故障。绝对禁止用嘴吹吸喷头和滤网。

（4）施药人员喷药时必须戴防毒口罩，穿长袖上衣、长裤和鞋、袜。在操作时禁止吸烟、喝水、吃东西，不能用手擦嘴、脸、眼睛，绝对不准互相喷射嬉闹。每日工作后喝水、抽烟、吃东西之前要用肥皂彻底清洗手、脸和漱口。有条件的应洗澡。被农药污染的工作服要及时换洗。

（5）施药人员每天喷药时间一般不得超过 6 小时。使用背负式机动药械，要两人轮换操作。连续施药 3 ~ 5 天后应停休 1 天。

四、禁用和限用农药

根据中华人民共和国农业部第 194 号、第 199 号公告，国家明令禁止使用的农药有六六六、滴滴涕、毒杀芬、二溴氯丙烷、杀虫脒、二溴乙烷、除草醚、艾氏剂、狄氏剂、汞制剂、砷类、铅类、敌枯双、氟乙酰胺、甘氟、毒鼠强、氟乙酸钠、毒鼠硅、甲胺磷、甲基对硫磷、对硫磷、久效磷、磷胺等 23 种。

根据 2002 年 6 月 24 日发布的《中华人民共和国农业部公告》（第 199 号），在蔬菜、果树、茶叶、中草药材上禁用的农药：甲胺磷、甲基对硫磷、对硫磷、久效磷、磷胺、甲拌磷、甲基异柳磷、特丁硫磷、甲基硫环磷、治螟磷、内吸磷、克百威、涕灭威、灭线磷、硫环磷、蝇毒磷、地虫硫磷、氯唑磷、苯线磷 19 种。限制使用的农药：三氯杀螨醇、氰戊菊酯不得用于茶树上。

截至目前，国家禁用和限用的农药有 66 种，见附录。

第四章 常见高效低毒药剂、药械简介

第一节 常见高效低毒药剂简介

一、无公害杀虫剂

（一）有机化合物杀虫剂

1. 噻虫啉

噻虫啉为新型氯代烟碱类杀虫剂，具有较强的内吸、触杀和胃毒作用，杀虫速度快，高效广谱，对人、畜、鸟类、蜜蜂及鱼、虾等生物安全，半衰期短，入土快速分解，对环境无污染，是安全的无公害杀虫剂，是防治刺吸式和咀嚼式口器害虫的高效药剂之一，可高效作用于害虫烟酸乙酰胆碱酯酶受体，干扰害虫运动神经系统，导致害虫过度兴奋而死亡，与常规农药无交互抗性，击倒力强。林业上可用来防治松墨天牛、光肩星天牛、桑天牛、板栗剪枝象、茶籽象甲、吉丁虫等鞘翅目害虫，蝽象、荔枝蝽等半翅目害虫，美国白蛾、松毛虫、杨小舟蛾、苹果潜叶蛾和蠹蛾等鳞翅目害虫，蚜虫、粉虱、叶蝉、蓟马等刺吸式害虫。

常用制剂：1% 噻虫啉微胶囊粉剂、2% 噻虫啉微胶囊悬浮剂、48% 噻虫啉悬浮剂。

使用技术：① 喷雾防治天牛，在天牛羽化初期，用 2% 噻虫啉微胶囊悬浮剂稀释 2 000 ~ 3 000 倍喷雾，将药液均匀喷洒在枝干、树冠和其他天牛成虫喜出没之处，以树冠喷湿、树皮微湿为宜。对 1 年用药防治 1 次的林木，应在天牛羽化初期进行喷雾；对 1 年用药防治 2 次的林木或危害严重地区，可分别在羽化初期与始盛期进行喷雾防治；喷粉防治天牛，用 1% 噻虫啉微胶囊粉剂 3 kg/hm² 与 3 ~ 4 kg 轻钙粉拌匀后，用机动喷粉机林间喷粉。最好在清晨林间带露水或雨后喷粉，以使药剂更好地黏附在树体上。② 防治美国白蛾、松毛虫、杨小舟蛾等鳞翅目害虫，用 48% 噻虫啉悬浮剂稀释 8 000 ~ 10 000 倍喷雾。在 3 龄幼虫前防治，效果更好。③ 防治蛀干害虫、食叶害虫和刺吸式害虫，应用噻虫啉新型涂抹剂，可在树干离地面 60 ~ 80 cm 处，在树干上横向切开长 10 ~ 12 cm、宽 4 ~ 5 cm 的树皮,涂抹 20 g 左右该药剂,然后缠上胶带,封住涂抹药剂的切口即可。④ 飞机防治作用时,用药量为 750 ~ 900 mL/hm²,按 1:8 比例兑水稀释,将配制好的药液按 8.25 L/hm² 进行超低容量喷雾。

注意事项:① 严禁与碱性物质混用。② 施药时严格按农药使用规程操作;施药后应及时清洗施药器械及全身。③ 微胶囊悬浮剂长期存放会有少量分层,属正常现象,摇匀后即可使用,不影响药效。④ 对鸟、蜂、鱼低毒,但对蚕的毒性较高,尽量避开养蚕区。

2. 吡虫啉

又名康福多,是一种内吸性强、广谱长效、低毒低残留的氯代烟碱类杀虫剂。属于硝基亚甲基类内吸性杀虫剂,是烟酸乙酰胆碱酯酶受体的作用体。作用机制是通过干扰害虫运动神经系统使化学信号传递失灵。主要用于防治各种蚜虫、粉虱、木虱、叶蝉、蓟马、盲蝽等刺吸式口器害虫,对防治天牛幼虫、杨树舟蛾、潜叶蛾、铜绿丽金龟、杨尺蠖等也有效。但对线虫、红蜘蛛、螨类无效。具有广谱、高效、低毒、低残留,害虫不易产生抗性,对人、畜、植物和天敌安全等特点,对环境影响小,有触杀、胃毒、内吸多重药效,害虫接触药液后,中枢神经系统正常传导受阻,使其麻痹死亡。速效性好,残效期长(25 天)。无交互抗性,对抗药性害虫防治效果好。

常用制剂:10%、25% 可湿性粉剂,5% 乳油,20% 可溶性液剂,25% 灭脲·吡虫啉可湿性粉剂。

使用技术:① 用 5% 吡虫啉乳油 2 000 ~ 3 000 倍液喷雾防治蛀干害虫;打孔注药防治天牛等稀释 1 ~ 3 倍。② 主要用于防治刺吸式口器害虫如蚜虫、飞虱、粉虱、叶蝉、蓟马;对鞘翅目、双翅目和鳞翅目的某些害虫,如稻象甲、稻负泥虫、潜叶蛾等也有效。但对线虫和螨类无效。③ 防治绣线菊蚜、苹果瘤蚜、桃蚜、梨木虱、卷叶蛾、粉虱、斑潜蝇等害虫,可用 10% 吡虫啉 4 000 ~ 6 000 倍液喷雾,或用 5% 吡虫啉乳油 2 000 ~ 3 000 倍液喷雾。

注意事项:① 本品不可与碱性农药或物质混用;不宜在强阳光下喷雾,以免降低药效。② 使用过程中不可污染养蜂、养蚕场所及相关水源。③ 适期用药,收获前两周禁止用药。④ 不能用来防治线虫和螨类。⑤ 施药时注意防护,防止接触皮肤和吸入药粉、药液,用药后要及时用清水洗洁暴露部位。如不慎食用,立即催吐并及时送医院治疗。⑥ 应贮存于干燥、阴凉、通风、防雨处,远离火源或热源;勿与食品、饮料、饲料等其他物品同贮同运;用过的容器应妥善处理,不可用作他用或随意丢弃。

3. 辛硫磷

商品名为肟硫磷、倍腈松、倍氰松、腈肟磷、拜辛松。它是一种高效、低毒、广谱的有机磷杀虫剂,具有强烈的触杀和胃毒作用,无内吸作用。对人、畜低毒,对鱼有一定毒性,对蜜蜂有触杀和熏蒸毒性,对瓢虫卵、幼虫、成虫均有杀伤作用。在中性、酸性溶液中稳定,遇碱易分解,在高温下易分解。在光的照射下(特别是紫外光或日光),

易光解失效。在土壤中残效期长，适合于防治地下害虫。对枣粘虫的杀伤效果最好，对危害农作物、蔬菜、果树、桑、茶等植物的多种鳞翅目害虫的幼虫有良好的防治效果，对虫卵也有一定的杀伤作用，对龟蜡蚧、果蝇也有很好的防效。也适于防治仓库和卫生害虫。

常用剂型：50% 辛硫磷乳油，3%、5% 颗粒剂，2.5% 微粒剂，25% 微胶囊水悬剂。

使用技术：① 防治桃小食心虫等食心虫类。在桃小食心虫越冬幼虫出土期，用 50% 辛硫磷乳油 7.5 kg/hm²，或 25% 辛硫磷微胶囊水悬剂 7.5 ~ 9 kg/hm²，兑水 2 250 kg，喷洒果园地面，重点喷树盘周围；施药前先清园除草，喷药后全园浅耕。② 防治卷叶蛾、潜叶蛾、刺蛾等蛾类害虫。在害虫发生初期，用 50% 辛硫磷乳油 1 000 ~ 1 500 倍液喷雾防治。③ 防治桃蛀果蛾。在蛀果蛾越冬幼虫出土始盛期和盛期，用 25% 辛硫磷微胶囊水悬剂 200 ~ 300 倍液喷雾防治。④ 防治蚜虫、卷叶虫、梨星毛虫、尺蠖等。可在害虫为害期，用 50% 辛硫磷乳油 1 000 ~ 1 500 倍液喷雾防治。⑤ 防治蛴螬、地老虎等地下害虫，尤其是果树苗期，用 50% 辛硫磷乳油 1 000 倍液浇施，浇药后撒盖细土，可有效防治多种地下害虫。⑥ 用 50% 辛硫磷乳油 100 ~ 165 g，兑水 5 ~ 7.5 kg，拌种 50 kg，可防治地下害虫。

注意事项：① 不能与碱性物质混合使用，药液要随配随用。② 辛硫磷见光易分解，存放于阴凉、干燥处，避免日光照射；喷雾最好在夜晚或傍晚进行。③ 收获前 15 天停止用药。④ 遇明火、高热可燃。受高热分解，放出高毒的烟气。

4. 马拉硫磷

又名马拉松、4049、马拉赛昂；属低毒广谱杀虫剂，具有良好的触杀、胃毒作用和一定的熏蒸作用，无内吸作用。对人、畜低毒，对人的眼睛、皮肤有刺激性，对蜜蜂高毒。适用于防治咀嚼式口器和刺吸式口器害虫，如松毛虫、叶甲、舟蛾、刺蛾、毒蛾、巢蛾、蜡象、多种蚜虫、卷叶蛾、粉蚧、木虱等。也可用于防治仓库害虫。马拉硫磷毒性低，残效期短，对环境污染小。

常用剂型：25%、45%、50% 马拉硫磷乳油，70% 优质马拉硫磷乳油（防虫磷），1.2%、1.8% 马拉硫磷粉剂。

使用技术：① 用 45% 马拉硫磷乳油 1 000 ~ 1 500 倍液喷雾防治农作物、蔬菜、茶树、果树等植物害虫，如防治蔬菜黄条跳甲、蚜虫、林木蝗虫、果树蜡象、蚜虫、各种刺蛾、巢蛾、毒蛾、粉蚧壳虫、茶树长白蚧、象甲、棉花盲蝽象、水稻飞虱、蓟马等。② 用 45% 乳油 500 ~ 800 倍液喷雾防治茶树上的茶象甲、长白蚧、龟蜡蚧、茶绵蚧等茶树害虫。③ 每公顷用 25% 油剂 2 250 ~ 3 000 mL，超低容量喷雾防治尺蠖、松毛虫、杨毒蛾等林木害虫。④ 烟雾机喷烟防治时，将 25% 马拉硫磷乳油用柴油稀释 1 ~ 2 倍直接喷烟，用药量为 1.8 ~ 2.25 kg/hm²。

注意事项：① 此药品易燃，在运输、贮存过程中注意防火，远离火源，严防潮湿和日晒。② 遇水会分解，使用时要随配随用。③ 气温低时杀虫毒力低，不易在低温时使用。④ 施药时做好劳动保护，误中毒时应立即送医院诊治。眼睛受到沾染时用温水冲洗。皮肤发炎时可用 20% 苏打水湿绷带包扎。

5. 敌百虫

一种高效、低毒、低残留、广谱性有机磷杀虫剂，以胃毒作用为主，兼有触杀作用，也有渗透活性，但无内吸传导作用。敌百虫的杀虫活性归因于它的代谢转化产物敌敌畏，即敌百虫在虫体内转化成为毒力更大的敌敌畏。敌敌畏是胆碱酯酶抑制剂，使胆碱酯酶的活性受抑，失去水解乙酰胆碱的能力，从而致使虫体神经末梢部分释放出来的乙酰胆碱不能迅速被水解，产生蓄积，引起组织功能改变，出现中毒而死亡。对人、畜等低毒性。在酸性及中性溶液中较稳定，但在碱性条件下分解的产物敌敌畏，其毒性增大了 10 倍。用于防治咀嚼式口器和刺吸式口器的农业、林业、园艺害虫，地下害虫等。

常用剂型：80% 敌百虫可溶性粉剂，25% 敌百虫油剂，5% 敌百虫粉剂，90% 晶体敌百虫。

使用技术：① 防治茶毛虫、茶尺蠖、杨小舟蛾等食叶害虫，可用 80% 敌百虫可溶性粉剂 1 000 倍液喷雾；防治松毛虫等，可用 25% 敌百虫油剂 2.25 ～ 3 kg/hm² 超低容量喷雾。② 防治地老虎、蝼蛄等地下害虫，每公顷用有效成分 750 ～ 1 500 g，先以少量水将敌百虫溶化，然后与 60 ～ 75 kg 炒香的棉仁饼或菜籽饼拌匀，制成毒饵，在傍晚撒施于作物根部土表诱杀。③ 用 90% 晶体敌百虫 1 000 倍液，可喷杀尺蠖、天蛾、卷叶蛾、粉虱、叶蜂、草地螟、大象甲、茉莉叶螟、潜叶蝇、毒蛾、刺蛾、灯蛾、粘虫、桑毛虫、凤蝶、天牛等低龄幼虫。

注意事项：① 不能与碱性药物配合或同时使用，否则会增强毒性，引起家畜中毒，甚至造成死亡。普通水如果是碱性硬水，也不能用其配制敌百虫溶液。② 敌百虫等有机磷农药的大量使用对地表水、地下水造成污染，影响生态环境。③ 遇明火、高热可燃。受热分解，放出氧化磷和氯化物的毒性气体。与强氧化剂接触可发生化学反应。④ 一般使用 0.1% 左右无药害。药剂稀释液不宜放过长时间，应现配现用。

6. 克螨特

又名快螨特、丙炔螨特、奥美特，是一种低毒有机硫杀螨剂，具有触杀和胃毒作用、无内吸和渗透传导作用，对成螨、若螨有效，对卵效果差。残效期 15 ～ 25 天。对皮肤有严重刺激作用，在试验剂量下，对动物未见致畸、致突变和致癌作用。对鱼高毒，对蜜蜂低毒。可用于防治果树、茶树、桑树、花卉等植物的害螨。

常用制剂：73% 乳油。

使用技术：① 防治果树螨类、柑橘红蜘蛛、柑橘锈壁虱、苹果红蜘蛛、山楂红蜘蛛，用 73% 乳油 2 000 ～ 3 000 倍液稀释喷雾。② 防治茶树瘿螨类，用 73% 乳油 1 500 ～ 2 000 倍液稀释喷雾。

注意事项：① 忌与强酸强碱物质混用，以免分解降低药效。② 柑橘收获前 30 天，停止用药。③ 对鱼类毒性大，使用时应防止污染鱼塘、河流。④ 对皮肤和眼睛有刺激作用，施药时要注意安全。⑤高温、高湿下使用，必须采用低浓度，否则对植物幼苗及新梢嫩叶易产生药害。

7. 8% 氯氰菊酯微胶囊剂

又名绿色威雷，它克服了缓释性微胶囊剂短时间内释放剂量不足的缺陷，能在天牛踩触时立即破裂、释放，使高效原药黏附于天牛足部并进入体内，从而达到杀死天牛的目的。对天敌、环境影响小，药效迅速，持效期长。本品毒性为低毒，无药害，对人、畜安全，在环境中低残留。具有对天牛成虫药效高、击倒力强，持效期长的双重优点。持效期可长达 52 天以上。适宜防治松墨天牛、云斑天牛、光肩星天牛、桑天牛、黄斑星天牛、桃红颈天牛等多种天牛成虫以及金龟子等其他鞘翅目昆虫成虫。

使用技术：防治天牛等大型害虫时，常规喷雾稀释 200 ~ 300 倍液，超低容量喷雾稀释 100 ~ 150 倍液，飞机喷雾用药量 1 500 ~ 2 250 mL/hm²。

注意事项：① 喷药位置在树干、分枝及其他天牛成虫喜出没之处。② 喷药以树皮湿润为宜。③ 不能与碱性物质混用。④ 对水生动物、蜜蜂、蚕极毒，使用时不能污染水域及饲养蜂蚕场所。

8. 高效氯氰菊酯

别称戊酸氰醚酯，又名高保、高清等，是一种高活性、低残留拟除虫菊酯类广谱性杀虫剂，生物活性较高，是氯氰菊酯的高效异构体，由氯氰菊酯、氰化钠、溶剂、乳化剂、三乙胺、异丙醇等原料按一定比例和工艺加工而成的制剂，具有触杀和胃毒作用，通过与害虫钠通道相互作用而破坏其神经系统的功能。杀虫谱广、击倒速度快，杀虫活性较氯氰菊酯高。

适用于防治棉花、蔬菜、果树、茶树、森林等多种植物上的害虫及卫生害虫。林业上可用于防治斜纹夜蛾、茶尺蠖、蚜虫类、斑潜蝇类、甲虫类、蟥象类、木虱类、卷叶蛾类、毛虫类、刺蛾类及柑橘潜叶蛾、红蜡蚧等多种害虫。

常见剂型：4.5% 乳油、5% 可湿性粉剂及与其他杀虫剂的复配制剂，如 40% 甲·辛·高氯乳油、29% 敌畏·高氯乳油、30% 高氯·辛乳油。

使用技术：高效氯氰菊酯主要通过喷雾防治各种害虫，一般使用 4.5% 乳油或 5% 可湿性粉剂 1 500 ~ 2 000 倍液，或 10% 的剂型或 100 g/L 乳油 3 000 ~ 4 000 倍液，均匀喷雾，在害虫发生初期喷药效果最好。

注意事项：① 此药剂没有内吸作用，喷雾时必须均匀、周到；安全采收间隔期一般为 10 天。② 对蜜蜂和家蚕有毒，不能在蜂场和桑园内及其周围使用，并避免药液污染鱼塘、河流等水域。③ 对水生生物有极高毒性，可能对水体环境产生长期不良影响。该品对蜜蜂、鱼、蚕、鸟均为高毒，使用时应注意避免污染水源地、避免在蜜源作物开花期以及桑园处使用。

9. 高效氯氟氰菊酯

又名三氟氯氟氰菊酯、功夫菊酯，是一种高效、广谱、速效拟除虫菊酯类杀虫、杀螨剂,抑制昆虫神经轴突部位的传导,对昆虫具有趋避、击倒及毒杀的作用,杀虫谱广,活性较高,药效迅速,喷洒后耐雨水冲刷,但长期使用易对其产生抗性,对刺吸式口器的害虫及害螨有一定防效。以触杀和胃毒作用为主,无内吸作用。对鳞翅目、鞘翅目和半翅目等多种害虫和其他害虫,以及叶螨、锈螨、瘿螨、跗线螨等有良好效果,在虫、螨并发时可以兼治,可用于防治棉红铃虫和棉铃虫、菜青虫、菜缢管蚜、茶尺蠖、茶毛虫、茶橙瘿螨、叶瘿螨、柑橘叶蛾、橘蚜以及柑橘叶螨、锈螨、桃小食心虫及梨小食心虫等。

常用制剂:2.5%、4.5% 乳油,2.5% 水乳剂,2.5% 微胶囊剂,0.6% 增效乳油,10% 可湿性粉剂及与其他杀虫剂的复配制剂。

使用技术:① 各种松毛虫、杨树舟蛾、美国白蛾在 2 ~ 3 龄幼虫发生期,用 4.5% 乳油 4 000 ~ 8 000 倍液喷雾,飞机喷雾用量 60 ~ 150 g/hm²。② 防治茶尺蠖、蚜虫等在低龄幼虫盛发期施药,用 4.5% 乳油 1 500 ~ 2 000 倍液喷雾。③ 防治棉红铃虫、棉铃虫,在第 2、3 代卵盛期,用 2.5% 乳油 1 000 ~ 2 000 倍液喷雾,兼治红蜘蛛、棉象甲、棉盲蝽。④ 防治菜青虫、菜蚜、小菜蛾时,用 2.5% 微囊悬浮剂稀释 2 500 ~ 3 000 倍进行喷雾防治效果很好。⑤ 防治柑橘潜叶蛾时,在新梢初放期或者潜叶蛾产卵盛期,用 2.5% 微囊悬浮剂 4 000 ~ 8 000 倍液喷雾防治效果最佳,并兼治卷叶蛾。

注意事项:① 使用时,做好保护,不慎沾污皮肤、眼睛,立即用清水冲洗;使用后必须用清水洗手洗脸;不可与食物、饲料混放,远离儿童。② 对鱼及其他水生生物高毒,应避免污染河流、湖泊、水源和鱼塘等水体。对家蚕高毒,禁止用于桑树上。③ 在螨类发生初期使用,可抑制螨类数量上升,当螨类已大量发生时,就控制不住其数量,因此只能用于虫螨兼治,不能用于专用杀螨剂。

此外,常用的有机化合物杀虫剂还有甲基嘧啶磷(又名安得利、虫螨磷),适于防治农作物、林木上的蚜虫、螨类、蚧壳虫、象甲、麦蛾等害虫;杀虫畏(又名杀虫威),适于防治鳞翅目、鞘翅目、双翅目的多种害虫;杀螟硫磷(又名杀螟松、速灭虫),广谱性杀虫杀螨剂,对刺吸口器、咀嚼口器及蛀干性害虫,都有效果;杀螟腈,可用于防治蔬菜、果树及园林植物上的鳞翅目害虫和刺吸式口器害虫。

(二)特异性杀虫剂

1. 灭幼脲

又名灭幼脲Ⅲ号、苏脲Ⅰ号、一氯苯隆,是一种仿生物制剂,属苯甲酰脲类杀虫剂,为昆虫激素类农药。具有独特的作用机制,通过抑制昆虫表皮几丁质合成酶和尿核苷辅酶的活性,来抑制昆虫几丁质合成,从而导致昆虫不能正常蜕皮而死亡或形成畸形蛹死亡。对各龄幼虫均有防效;还能抑制害虫卵的发育,影响卵的呼吸代谢及胚胎发育过程中的 DNA 和蛋白质代谢,使卵内幼虫缺乏几丁质而不能孵化或孵化后随即死亡。具有胃毒、触杀作用。害虫中毒后不再取食,喷药后 3 ~ 5 天死亡;残效期可达 30 天以上,耐雨水冲刷,田间降解缓慢。具有选择杀虫的特点,对蜕皮的昆虫特别是鳞翅目昆虫具有相当高的杀虫活性。对光和热较稳定，遇碱和较强的酸易分解。毒性极小，对鱼类低毒，对蜜蜂无毒害作用。无药害，对人、畜安全，对天敌、生态环境均无不良影响。林业上适用于防治松毛虫、刺蛾、毒蛾（桑毛虫等）、天蛾、袋蛾、灯蛾（美国白蛾等）和尺蠖类等多种鳞翅目害虫。

常用制剂：25%、20%灭幼脲悬浮剂。

使用技术：① 地面喷雾，用25%灭幼脲悬浮剂稀释 1 500～2 000 倍效果较好。② 应用25%灭幼脲悬浮剂飞机低容量喷雾作业，用药量为 450～600 g/hm²，在其中加入450 mL的尿素作沉降剂，防治效果更好。③ 此药在2龄前幼虫期进行喷洒，防治效果最好，虫龄越大，防效越差。④ 加少量菊酯类农药混用，可兼备速效和持效，防治效果更好。

注意事项：① 对家蚕高毒，养蚕区禁用。② 不要与碱性农药混用。③ 对成虫无效。④ 制剂有明显的沉淀现象，使用时要先摇匀再加水稀释。

2. 阿维·灭幼脲

阿维·灭幼脲是阿维菌素和灭幼脲Ⅲ号的复配剂。阿维菌素属于生物杀虫剂，具有见光易分解的特点，且药效不够持久。灭幼脲属高效广谱低毒无公害仿生物制剂，对环境友好。灭幼脲通过抑制昆虫的蜕皮而杀死害虫，所以对大多数需经蜕皮的昆虫均有效，尤其对鳞翅目昆虫的幼虫有较好的防效。灭幼脲的毒性较低，但灭幼脲在环境中能降解，在人体内不积累，对哺乳动物、鸟类、鱼类无毒害，所以从人和环境安全、生产绿色食品要求看，灭幼脲是比较理想的杀虫剂。灭幼脲的残效期较长，一次用药有30天的防效，但速效性较差，单独使用时，需3～5天见效，前期直观效果不好，农民不容易接受。将这两种药剂进行科学混配，添加助剂，可在不增加毒性的情况下，增加杀虫谱，加快杀虫速度，增强杀虫效果，持效期仍可达20天以上。

常用制剂：30%阿维·灭幼脲乳油、25%阿维·灭幼脲悬浮剂。

使用技术：防治苹果、梨树、桃树等果树卷叶蛾、潜叶蛾、红白蜘蛛和食心虫等害虫，果树开花前后用30%阿维·灭幼脲乳油 2 500～4 000 倍液均匀喷雾；松毛虫、刺蛾、毒蛾、美国白蛾、杨树舟蛾等害虫飞机喷雾 30～60 g/667 m²，地面喷雾稀释 1 000～2 000 倍效果较好。

注意事项：参考阿维菌素和灭幼脲。

3. 除虫脲

为苯甲酰脲类杀虫剂，属于一种特异性昆虫抗蜕皮激素类低毒杀虫剂，为仿生物农药，具有胃毒和触杀作用。通过抑制昆虫的几丁质合成酶的合成，从而抑制幼虫、卵、蛹表皮几丁质的合成，使昆虫不能正常蜕皮、虫体畸形而死亡。害虫取食后造成积累性中毒，由于缺乏几丁质，幼虫不能形成新表皮，蜕皮困难，化蛹受阻；成虫难以羽化、产卵；卵不能正常发育、孵化的幼虫表皮缺乏硬度而死亡，从而影响害虫整个世代。该药剂残效期长，对鳞翅目幼虫有特效，对鞘翅目、双翅目的多种害虫也有很好的活性。

属低毒无公害农药，无污染、无残留，对人、畜无毒，不伤害天敌昆虫，但对甲壳类和家蚕有较大的毒性。

常用制剂：20% 悬浮剂，5%、25% 可湿性粉剂，5% 乳油，10% 阿维·除虫脲悬浮剂等。

使用技术：① 防治松毛虫、美国白蛾、天幕毛虫、尺蠖、毒蛾等害虫，用 20% 除虫脲悬浮剂地面喷雾 300 ~ 450 g/hm²，稀释至 2 500 ~ 3 000 倍液均匀喷雾；飞机超低容量喷雾，用药量为 300 ~ 450 g/hm²。② 防治各种卷叶蛾、天蛾、刺蛾类等害虫，在幼虫孵化初期用 20% 除虫脲悬浮剂 2 000 ~ 2 500 倍液喷雾。③ 防治柑橘锈壁虱、柑橘潜叶蛾、柑橘木虱等害虫，25% 除虫脲可湿性粉剂 2 500 ~ 3 000 倍液喷雾。④ 防治金纹细蛾、桃小食心虫、潜叶蛾等果树害虫用 5 000 ~ 8 000 倍液或 75 ~ 150 g/hm²。⑤ 可与阿维菌素、有机磷类、氨基甲酸酯类、菊酯类、有机氯类农药混用或复配，有速效、持效和增效作用。如应用 10% 阿维·除虫脲悬浮剂 400 倍液喷雾防治松墨天牛，或用量 600 g/hm² 在 3 ~ 5 龄时喷雾防治赤松毛虫。

注意事项：① 除虫脲属脱皮激素，不宜在害虫高、老龄幼虫期施药，应在卵孵化盛期或低龄幼虫期，种群密度低时施药效果最佳。② 药液可与速效性药剂混用，不能与碱性物质混用。③ 蚕业区、水产养殖区谨慎使用。④ 悬浮剂在贮存过程中有沉淀现象，使用前应摇匀后稀释。⑤ 贮运时应避光，严防潮湿和日晒，不得与食物、种子、饲料混放，避免与皮肤、眼睛接触，防止吸入。

4. 杀铃脲

苯甲酰脲类的昆虫生长调节剂，属低毒杀虫剂。作用机制与灭幼脲类似，通过抑制昆虫几丁质合成酶的活性，阻碍几丁质合成，即阻碍新表皮的形成，使昆虫的幼虫（若虫）蜕皮化蛹受阻，活动减缓，取食减少，甚至死亡。以胃毒作用为主，兼有一定的触杀作用，但无内吸作用，有良好的杀卵作用。对人、畜、天敌安全，对鸟类、鱼类、蜜蜂等无毒，对环境友好，不破坏生态平衡。由于其高效、低毒及广谱的特点，可用于防治玉米、棉花、森林、水果和大豆上的鞘翅目、双翅目、鳞翅目害虫。林业上，可用于防治美国白蛾、松毛虫、天幕毛虫、杨扇舟蛾、榆紫叶甲、杨叶甲、榆毒蛾、舞毒蛾、栎毒蛾、落叶松鞘蛾、蛱蝶、伊藤厚丝叶蜂、果梢斑螟等害虫。药效期可达 30 天。

常用剂型：5%、20%、40% 悬浮剂，5% 乳油，5% 阿维·杀铃脲悬浮剂。

使用技术：① 用 20% 杀铃脲悬浮剂 8 000 倍液对 4 龄前美国白蛾幼虫进行喷雾防治。② 松毛虫初孵幼虫到 4 龄前，在有水源、适合人工喷雾的林区，可使用 20% 杀铃脲悬浮剂常量喷雾，用药量为 300 ~ 450 g/hm²；超低量喷雾用药量为 150 ~ 225 g/hm²。飞机喷雾用药量为 120 ~ 150 g/hm²。③ 防治榆紫叶甲、杨叶甲、榆毒蛾、栎毒蛾、舞毒蛾、天幕毛虫、杨扇舟蛾、落叶松鞘蛾等，应用 20% 杀铃脲悬浮剂 7 000 倍液喷雾。④ 防治桑天牛用 5% 杀铃脲乳剂涂树干和枝条。

注意事项：① 该药贮存有沉淀现象，摇匀后使用，不影响药效。② 为迅速显效，可同菊酯类农药配合使用，比例为 2：1。③ 本品对水生甲壳类生物、桑蚕有毒，在有这类生产活动的地区不能使用。

5. 氟虫脲

又名卡死克，是酰基脲类杀虫杀螨剂，具有触杀和胃毒作用。通过抑制昆虫表皮几丁质的合成，使害虫不能正常蜕皮或变态而死亡，成虫接触药后，产的卵即使孵化成幼虫也会很快死亡。氟虫脲对叶螨属和全爪螨属多种害螨有效，杀幼、若螨效果好，不能直接杀死成螨，但接触药的雌成螨产卵量减少，可导致不育或所产的卵不孵化。氟虫脲杀螨、杀虫初始作用较慢，但施药后 2 ~ 3 小时害虫、害螨停止取食，3 ~ 5 天死亡达到高峰。氟虫脲可防治柑橘、苹果红蜘蛛，锈螨、潜叶蛾、桃小食心虫等。

常用制剂：5% 氟虫脲可分散液剂、5% 氟虫脲乳油。

使用技术：① 防治苹果红蜘蛛、柑橘红蜘蛛、潜叶蛾和果树桃小食心虫在开花前后或害虫卵孵化盛期用 5% 氟虫脲 1 000 ~ 2 000 倍喷雾；② 防治 1 ~ 2 龄夜蛾类害虫：每 667 m² 用 5% 氟虫脲 25 ~ 35 mL，加水 40 ~ 50 L 喷雾。

注意事项：① 不可与碱性农药，如波尔多液等混用，否则会减效。间隔使用时，先喷氟虫脲，10 天后再喷波尔多液比较理想。② 对甲壳类水生生物毒性较高，避免污染自然水源。③ 注意安全间隔期，苹果上应在收获前 70 天用药，柑橘上应在收获前 50 天用药。

6. 噻嗪酮

噻嗪酮通过抑制昆虫体内几丁质的合成和干扰新陈代谢，致使若虫蜕皮畸形或翅畸形而缓慢死亡，是一种抑制昆虫生长发育的选择性杀虫剂，以触杀作用为主，兼具胃毒作用。药效发挥较慢，一般用药后 3 ~ 5 天才呈现效果。它是对鞘翅目、部分同翅目以及蜱螨目具有持效性杀幼虫活性的杀虫剂，可有效地防治草履蚧和柑橘上的粉虱科、蚧科、盾蚧科和粉蚧科、叶蝉等害虫。该药对成虫没有直接的杀伤力，但可缩短其寿命，减少产卵量，且所产的卵多为不育卵，即使孵化的幼虫也很快死亡。该药对天敌较安全。药效持效期长达 30 天以上。

常用制剂：25% 可湿性粉剂，25% 悬浮剂。

使用技术：使用 25% 可湿性粉剂 1 500 ~ 2 500 倍液喷雾防治草履蚧；用 25% 可湿性粉剂或悬浮剂 1 000 ~ 1 200 倍液防治柑橘、茶树及落叶果树等害虫。

注意事项：① 若虫期使用最佳，对成虫效果差。② 作用缓慢，3 ~ 7 天见效。③ 喷药必须均匀、周到，才能保证防治效果。

7. 苯氧威

又名双氧威，是一种具有保幼激素活性的非萜烯类氨基甲酸酯化合物杀虫剂。作用机制与作用方式表现为在昆虫体内反向调节与变态发展有关的两组血淋蛋白质的合成，抑制作用与活化作用并存。它的杀虫作用是非神经性的，表现为对多种昆虫有强烈的保幼激素活性，可导致杀卵、抑制成虫期的变态和幼虫期的蜕皮，造成幼虫后期或蛹期死亡。有较强的杀卵作用，兼具胃毒和触杀作用，并具有昆虫生长调节剂作用，杀虫广谱；持效期长，无残留，低毒，对人、畜安全，对皮肤和眼有轻微的刺激，对有益生物无害，但对蜜蜂和蚕有毒。适用于防治鞘翅目、鳞翅目类多种农林业害虫，如室内裂缝喷粉防治蟑螂、跳蚤等；可制成饵料防治火蚁、白蚁等多种蚁群；撒施于水中抑制蚊幼虫发育为成蚊；棉田、果园、菜圃和观赏植物上，能有效地防治木虱、蚧类、卷叶蛾等害虫；林业上用于防治松毛虫、美国白蛾、尺蠖、杨树舟蛾类、刺蛾类、苹果蠹蛾等食叶类鳞翅目害虫及鞘翅目害虫。

常用剂型：3% 高渗苯氧威乳油，5% 苯氧威颗粒剂，10% 苯氧威微乳状液，1.0% 苯氧威饵剂，5%、25% 苯氧威可湿性粉剂。

使用技术：① 用 3% 高渗苯氧威乳油防治杨小舟蛾、杨扇舟蛾、春尺蠖等害虫，飞机喷雾防治按 450 ~ 600 mL/hm² 的剂量与水混合均匀喷雾；地面喷雾，兑水稀释 2 500 ~ 4 000 倍后混合均匀喷雾。② 防治松毛虫，用 3% 高渗苯氧威乳油稀释 4 000 ~ 6 000 倍地面喷雾；飞机超低容量喷洒，用药量为 300 ~ 375 g/hm²。③ 用 25% 苯氧威可湿性粉剂进行飞机喷药防治害虫时，用药量为 300 ~ 450 g/hm²；地面喷洒防治时，按 3 500 ~ 5 000 倍兑水稀释后混合均匀喷雾。④ 用 3% 高渗苯氧威乳油喷烟施药时，药剂与柴油应按 1:（16 ~ 20）比例混合，可用于防治松毛虫、杨扇舟蛾、杨小舟蛾、美国白蛾等鳞翅目、同翅目害虫。

注意事项：① 喷施药液后 24 小时内若有明显降水，应对降水区域进行补喷，补喷的用量根据实际雨量而定，一般应不少于原用量的 50%。② 对蚕、蜂有毒。③ 不可与碱性或偏碱性物质混用。

（三）抗生素类杀虫剂

1. 阿维菌素

又名灭虫灵、螨虫素、7051 杀虫素、害极灭、爱福丁、齐螨素、杀虫丁等，是一种高效、广谱杀虫、杀螨的新型抗生素类杀虫剂，由链霉菌中的灰色链霉菌发酵产生。对各种害螨以及同翅目、鞘翅目害虫，有很高的生物活性，能被土壤微生物迅速降解，无生物富集，对生态十分安全，对寄生蜂、瓢虫、田间蜘蛛等天敌损伤很小。其杀虫机制是通过抑制害虫运动神经元与肌肉纤维间的传递介质 r- 氨基丁酸（GABA），使害虫在几小时内迅速麻醉、拒食、缓动或不动，且在 24 ~ 48 小时内死亡。主要以胃毒和触杀作用抑制害虫、害螨的神经传递。无内吸和熏蒸作用，但它对叶片有很强的渗透作用，可杀死表皮下的害虫，且残效期长，对害螨可达 30 天左右。具有广谱、高效、低残留和使用安全等特点。适用于防治鳞翅目、同翅目、直翅目、鞘翅目、半翅目以及植食性螨类等农林害虫。

以阿维菌素为主加工而成的微胶囊水悬浮剂，具有缓释功能，对环境友好。喷施后，有效成分既可通过控制释放，进入虫体杀死害虫，又可通过害虫爬行黏附于害虫跗节等处，或在取食过程触破囊皮，释放出高浓度药剂，杀死害虫。由于有囊皮保护，药效持效期长达 40 ~ 60 天，从而减少施药次数，减轻对环境的污染。杀虫谱广，防治红蜘蛛效果特佳。

常用制剂：0.6%、1.0%、1.8%、2.0%、3.2%、5% 阿维菌素乳油，1.2%、2.5% 阿维菌素微囊悬浮剂，0.15%、0.2% 高渗，1%、1.8% 可湿性粉剂，0.5% 高渗微乳油、2% 水分散粒剂、10% 水分散粒剂等。

使用技术：① 以 1.0% 含量为例防治各类叶螨和锈螨，稀释 3 000 ~ 15 000 倍液；防治松毛虫、刺蛾、斜纹夜蛾、尺蠖等食叶害虫用 1 000 ~ 2 000 倍液；防治各类蚜虫、木虱用 2 500 ~ 3 500 倍液。② 飞机喷雾，1.8% 乳液用药量为 75 ~ 150 mL/hm^2。③ 也可用 1.8% 乳液与零号柴油按 1∶（20 ~ 40）比例混合进行烟雾机喷烟防治。④防治松材线虫病时，对已感病树进行打孔注药救治，注药量 1 mL/cm 胸径（微囊悬浮剂），注药后用塑料薄膜包黏土封住孔口。

注意事项：① 药液现配现用。② 不宜与碱性农药混用。③ 喷雾力争均匀。④ 施药区要避开鱼塘、蜂场、养蚕场。⑤ 配药和喷施作业时，应做好必要的防护措施，作业后必须用清水洗手洗脸。⑥ 在强光下易分解，请在傍晚时使用。

2. 甲氨基阿维菌素苯甲酸盐

简称甲维盐，是从发酵产品阿维菌素 B1 开始合成的一种新型高效半合成抗生素杀虫剂，具有超高效、低毒、无残留、无公害等生物农药的特点，与阿维菌素比较，杀虫活性提高了 1 ~ 3 个数量级，同时对鳞翅目昆虫的幼虫和其他许多害虫及螨类的活性极高，在非常低的剂量 (0.084 ~ 2 g/hm^2) 下具有很好的效果，而且在防治害虫的过程中对益虫没有伤害，有利于对害虫的综合防治。此类药剂具有较强的触杀、胃毒和渗透作用，持效期长，与其他大多数农药无交互抗性。甲维盐对很多害虫具有其他农药无法比拟的活性，幼虫在接触药剂后马上停止进食，发生不可逆转的麻痹，在 3 ~ 4 天内达到死亡高峰。在林业上被广泛用于防治松毛虫、美国白蛾、杨树舟蛾类、杨白潜叶蛾、天幕毛虫、毒蛾类、刺蛾类、尺蠖、小尾叶蝉、红蜘蛛、蚜虫等害虫。

常用制剂：1% 甲维盐微乳剂，1% 水乳剂，0.2%、0.5%、1%、2%、5% 可湿性粉剂。

使用技术：① 在卵孵化盛期或 1 ~ 3 龄幼虫期飞机超低容量喷雾，有效成分用量为 100 ~ 120 mg/667 m^2；虫龄较大或林分较密可适当增大用量。② 地面可用 5% 甲维盐可湿性粉剂 30 000 ~ 50 000 倍稀释液均匀喷雾。③ 飞机喷药防治松毛虫有效成分用量为 60 mg/667 m^2。

注意事项：① 对鱼类、水生生物有毒，使用时应避免污染水源和水域；对蜜蜂、蚕高毒，使用时避开蜜蜂采蜜期，严禁在桑蚕养殖区施药。② 禁止与百菌清、代森锌混用。③ 与有机磷类或菊酯类农药混用，可表现出增效作用。④ 施药时做好防护，戴上口罩、手套等。⑤ 避免高温，避光保存，注意密闭、防潮。

3. 多杀菌素

又名多杀霉素、刺糖菌素和赤糖菌素，是由土壤放线菌多刺甘蔗多孢菌在培养介质下经有氧发酵后产生的次级代谢产物，是一种大环内酯类无公害高效生物杀虫剂。对害虫具有快速的触杀和胃毒作用，对叶片具有较强的渗透作用，可杀死表皮下的害虫，残效期较长，对一些害虫具有一定的杀卵作用。无内吸作用。作用机制是通过刺激昆虫的神经系统，增加其自发活性，导致非功能性的肌收缩、衰竭，并伴随颤抖和麻痹。多杀菌素是一种广谱的生物农药，能有效防治鳞翅目、双翅目和缨翅目害虫，也能很好的防治鞘翅目、直翅目、膜翅目、等翅目、革翅目等某些大量取食叶片的害虫种类，但对刺吸式害虫和螨类的防治效果较差。对捕食性天敌昆虫比较安全。对植物安全无药害。适合于蔬菜、果树、园艺、农作物上使用。杀虫效果受下雨影响较小。

常用制剂：2.5% 多杀菌素悬浮剂、6% 乙基多杀菌素悬浮剂、25% 乙基多杀菌素水分散粒剂。

使用技术：林业上主要用于苹果、香蕉、杧果等果树上蓟马的防治，用 2.5% 悬浮剂 1 000 ~ 1 500 倍液均匀喷雾，重点在幼嫩组织如花、幼果、顶尖及嫩梢等部位；也可作为一个替代药剂，防治舞毒蛾、杨树舟蛾等鳞翅目林业害虫，在低龄幼虫期，用 2.5% 悬浮剂 500 ~ 2 500 倍液喷雾。

注意事项：① 可能对鱼或其他水生生物有毒，应避免污染水源和池塘等。② 最后一次施药离收获的时间为 7 天。③ 应注意个人的安全防护。④ 药剂贮存在阴凉干燥处。

4. 浏阳霉素

浏阳霉素是一种由灰色链霉菌浏阳变种所产生的具有大环内酯结构的农用抗生素类杀螨剂，通过微生物深层发酵提炼而成，低毒、低残留，对作物及多种昆虫天敌、蜜蜂、家蚕安全，故可用于防治蜂螨及桑树害螨。该药属触杀性杀螨剂，对成、若螨有高效，不能杀死螨卵；害螨不易产生抗药性，可有效防治具有抗药性的害螨；与一些有机磷或氨基甲酸酯农药复配，有显著的增效作用。对害螨的触杀作用，持效期 7 ~ 14 天。浏阳霉素对人、畜低毒，对鱼类有毒，不杀伤捕食螨。浏阳霉素是一种广谱性生物杀螨剂，对叶螨科、跗线螨科和瘿螨科等多种害螨均具有很好的防治效果，对蚜虫也有较高的活性，不产生抗性，可用于防治棉花、茄子、番茄、豆类、瓜类、苹果、桃树、桑树、柑橘、山楂、花卉作物各种螨类，以及茶瘿螨、梨瘿螨、柑橘锈螨、枸杞锈螨等，还可用于防治多种红蜘蛛、蚜虫。

常用剂型：20% 复方浏阳霉素乳油、10% 乳油。

使用技术：浏阳霉素主要通过喷雾防治害螨，在害螨盛发初期开始喷药，7 ~ 10 天后再喷施 1 次。在棉花、蔬菜、豆类等作物上使用时，一般每 667 m² 使用 10% 乳油 40 ~ 50 mL，兑水 45 ~ 60 L 均匀喷雾；在苹果、柑橘等果树上使用时，一般使用 10% 乳油 1 000 ~ 4 000 倍液，均匀喷雾。

注意事项：① 可与一般药剂混用，但与碱性药剂混用时应随配随用。② 喷药时应力求均匀、周到，以确保防治效果。③ 本品对鱼类有毒，施药后残液及洗涤液切勿倒入鱼塘、湖泊、河流等水域。④ 药剂对眼睛有刺激作用，用药时注意安全防护。

（四）微生物源杀虫剂

1. 白僵菌

白僵菌（主要指球孢白僵菌）是一种广谱性的昆虫病原真菌，对 700 多种有害昆虫都能寄生，致病性强、适应性强。在多种农林害虫的生物防治中都取得了明显成效。白僵菌对鳞翅目和鞘翅目害虫有独特的防治效果，由于其无残毒、菌剂易生产，产品较耐储藏，持效期长，施用简便等优点。白僵菌高孢粉是国家林业和草原局推广的高效生物杀虫剂之一，可广泛应用于森林害虫、蔬菜害虫、旱地农作物害虫等。白僵菌高孢粉无毒无味，无环境污染，对害虫具有持续感染力，害虫一经感染可连续侵染传播。白僵菌接触害虫虫体后，立即分泌多种昆虫表皮降解酶，穿透害虫体壁进入体腔，在虫体内迅速繁殖，形成菌丝体，同时分泌大量白僵菌毒素，破坏害虫机体结构，并吸收虫体营养物质，最终使害虫因不能维持正常生命活动而死亡。可防治直翅目、鞘翅目、膜翅目、鳞翅目等 700 余种森林害虫，目前林业上主要用于防治松毛虫、松墨天牛、茶小绿叶蝉、桃小食心虫等害虫。

常用制剂：可湿性粉剂、油悬浮剂、水分散剂、白僵菌无纺布菌条。

使用技术：① 地面常规喷粉，将原粉掺入一定比例的填充料（如高岭土、膨润土、白土等），稀释成 20 亿 /g，用机动喷粉机喷洒。② 地面常规喷雾，将高孢粉掺水稀释成 0.5 亿 ～ 2 亿 /g 的菌液加入 0.01% 洗衣粉，用机动喷雾机进行林间喷雾。③ 放炮粉，采取手抛炮、高空发射炮两种形式将菌粉洒到林间。④ 飞机超低容量喷雾，对于纯孢子粉油剂，用零号柴油进行稀释，每公顷喷 3 000 mL 约 15 万亿的孢子进行防治害虫；对于孢子粉乳剂，用 1 200 亿 ～ 1 500 亿白僵菌粉与"82"乳油和清水按 1∶5∶14 的配比制成含量为 50 亿 ～ 100 亿 /mL 的孢子乳剂，每公顷喷洒 2 250 mL，约含 15 万亿孢子。⑤ 放带菌活虫，在松树树干上缠绕白僵菌无纺布菌条防治松褐天牛。

注意事项：① 养蚕区不宜使用。② 白僵菌菌液要现配现用。③ 不要与杀菌剂混用。④ 释放白僵菌粉炮最好在有轻微风的晴天在上风口释放，注意皮肤和口鼻的防护。

2. 苏云金杆菌

苏云金杆菌又称苏云金芽孢杆菌（*Bacillus thuringiensis*，简称 Bt），是一类型的细菌性杀虫剂，包括许多变种的一类产生晶体的芽孢杆菌，可产生内毒素（伴孢晶体）和外毒素（α、β、γ 外毒素）两大类毒素。伴孢晶体发挥主要作用，麻痹昆虫肠道，使昆虫停止取食，并很快破坏肠道内膜，造成细菌的营养细胞易于侵袭和穿透肠道底膜进入血淋巴，最后昆虫因饥饿和败血症而死。外毒素作用缓慢，而在蜕皮和变态时作用明显，这两个时期正是 RNA 合成的高峰期，外毒素能抑制依赖于 DNA 的 RNA 聚合酶。可用来防治松毛虫、美国白蛾、春尺蠖、天幕毛虫、食心虫等林业鳞翅目害虫、红蜘蛛以及膜翅目、直翅目、鞘翅目的多种害虫。苏云金杆菌对人、兽、天敌无害，不污染环境，害虫不易产生抗性，有利于保护森林生态系统的生态平衡，是一种很好的微生物杀菌剂。

常用制剂：Bt 乳剂，8 000 IU/mL、16 000 IU/mL 可湿性粉剂，4 000 IU/mL 悬浮剂，

8 000 IU/mL 油悬浮剂等。

使用技术：① 地面常量喷雾时，根据不同剂型及含量的使用说明进行加水稀释；另外可兑滑石粉配成浓度为 5 亿孢子/g 的粉剂喷粉使用。② 用 4 000 IU/mL 苏云金杆菌悬浮剂进行飞机喷雾防治时，用药量为 2 250 ~ 3 000 mL/hm^2。

注意事项：① 对低龄幼虫期害虫效果好。② 养蚕区不宜使用。③ 不要与内吸性有机磷杀虫剂或杀菌剂混用，溴氰菊酯、氯氰菊酯、敌敌畏均对苏云金杆菌有明显的抑制作用。④ 不同苏云金杆菌亚种或菌株具有不同的杀虫谱和杀虫毒力。⑤ 施药应在晴天傍晚或阴天进行，温度 30 ℃以上施药效果最好，施药时应避免阳光充足的中午时段。⑥ 苏云金杆菌可湿性粉剂应保存在低于 25 ℃的干燥阴凉仓库中，防止暴晒和潮湿。

3. 金龟子绿僵菌

金龟子绿僵菌属于半知菌亚门绿僵菌属，是一种昆虫内寄生真菌，能以孢子发芽侵入害虫体内，并在体内发育、繁殖和形成毒素，导致害虫死亡。死虫体内的病菌孢子散出后，可侵染其他健康虫体，在害虫种群内形成重复侵染。寄主范围广、致病力强，对环境安全可靠，可防治直翅目、鞘翅目、膜翅目、鳞翅目等多种害虫。林业上主要用于防治金龟子幼虫、地老虎等地下害虫及椰心叶甲、桃小食心虫、竹蝗等害虫。

常用制剂：200 亿孢子/g 金龟子绿僵菌可湿性粉剂。

使用技术：防治桃小食心虫等喷雾稀释 500 ~ 1 000 倍；防治地下害虫拌土可用 200 g 制剂与 50 kg 细土、细沙混合后使用。

注意事项：① 杀虫效果慢，不宜用于防治大龄幼虫。② 不能在养蚕区使用。③ 不能与化学杀菌剂混合使用。

（五）植物源杀虫剂

1. 苦参碱

苦参碱是由豆科植物苦参的干燥根、植株、果实经乙醇等有机溶剂提取制成的，是生物碱。主要成分有苦参碱、氧化苦参碱、槐果碱、氧化槐果碱、槐定碱等多种生物碱，以苦参碱、氧化苦参碱含量最高。苦参碱是天然植物性农药，杀虫谱广，对人畜低毒，对环境污染小，对非靶标生物较为安全。具有触杀和胃毒作用，害虫一旦接触药剂，即麻痹害虫中枢神经，继而使虫体蛋白质凝固，关闭虫体气孔，使害虫窒息而死。适用于防治林木、果树上美国白蛾、松毛虫、卷叶蛾、刺蛾、柏毒蛾、蟪象、蚜虫、天幕毛虫、尺蠖、杨树舟蛾等鳞翅目幼虫，以及同翅目、直翅目若虫，对各种作物上的黏虫、菜青虫、蚜虫、红蜘蛛有明显的防治效果。

常用制剂：0.2%、0.3% 苦参碱水剂，1.1% 苦参碱粉剂，1%、1.5% 苦参碱可溶液剂。

使用技术：① 各种松毛虫、杨树舟蛾、美国白蛾等森林食叶害虫在 2 ~ 3 龄幼虫发生期，用 1% 苦参碱可溶性液剂常量喷雾，用药量为 30 ~ 50 mL/667 m^2，稀释 1 000 ~ 1 500 倍液。② 茶毛虫、枣尺蠖、金纹细蛾等果树食叶类害虫用 1% 苦参碱可溶性液剂 30 ~ 50 mL/667 m^2，800 ~ 1 200 倍液均匀喷雾。③ 飞机防治作业，用药量 450 ~ 600 mL/hm²，加沉降剂（氯化钠）225 g/hm²。④ 郁闭度大于 0.7 的林地发生杨扇舟蛾、美国白蛾、松毛虫、刺蛾、尺蠖等虫害时，也可进行烟雾防治，将 1% 苦参碱可溶性液剂用柴油稀释，药剂、柴油比例为 1 :（10 ~ 20），用药量为 30 ~ 40 mL/667 m²，在无风或微风（风速小于 3 m/s）无雨的清晨或傍晚进行防治作用。⑤ 该药剂对低龄幼虫效果好，对 4 ~ 5 龄幼虫敏感性差。

注意事项：① 严禁与碱性农药、碱性物质混用。② 速效性差，应搞好虫情预测预报，在害虫低龄期施药防治。③ 应在阴凉干燥处避光贮存。④ 使用时将药液摇匀，喷洒要均匀周到；稀释后药液尽量一次用完。⑤ 对蜜蜂、蚕高毒；远离水产养殖区施药，禁止在河塘等水体中清洗施药器具。⑥ 禁止人体直接接触药液，溅入眼内或皮肤上，要及时用清水冲洗，误服及时送医院治疗。

2. 烟碱·苦参碱

本制剂是复配型植物源杀虫剂，是以植物提取物烟碱、苦参碱为主剂加工而成的微胶囊水悬浮剂，具有较强的熏蒸、触杀、胃毒和杀卵作用。烟碱主要作用于昆虫神经系统，麻痹神经，可以从昆虫的任何部位侵入，发挥触杀、胃毒、熏蒸作用，引起昆虫兴奋死亡；苦参碱主要作用是麻痹昆虫神经中枢，引起虫体蛋白凝固，导致害虫窒息死亡。这两种生物碱复配使用，可减慢抗药性的发展，易于降解，对环境污染小，杀虫谱广。微囊悬浮剂由于主剂有囊皮保护，避免了有效成分挥发、光解，延长了农药持效期，喷施后有效成分既可通过囊皮缓慢释放杀死害虫，又可通过害虫爬行、取食过程中触破囊皮，释放出高浓度药剂，杀死害虫。烟碱·苦参碱可用于防治鳞翅目、鞘翅目、半翅目等害虫。适用于防治林木、果树上的美国白蛾、松毛虫、卷叶蛾、舟蛾、毒蛾、尺蠖、蚜虫、梨木虱、蚧壳虫、茶黑毒蛾、茶橙瘿螨、茶蚜虫、柑橘大小实蝇、稻纵卷叶螟、小菜蛾、麦蚜虫等。

常用制剂：1.2% 烟碱·苦参碱乳油（0.5% 苦参碱、0.7% 烟碱），1.2% 苦参碱·烟碱烟剂（0.5% 苦参碱、0.7% 烟碱），3.6% 烟碱·苦参碱微囊悬浮剂（0.6% 苦参碱、3% 烟碱）。

使用技术：① 常用 1.2% 烟碱·苦参碱烟剂以 15 kg/hm² 防治幼虫期害虫，最好在低龄幼虫期进行防治，虫龄较大时增加药量（22.5 ~ 30 kg/hm²），喷烟作业油烟比 1 : 9。② 1.2% 烟碱·苦参碱乳油，用药量为 600 g/hm²，兑水稀释 1 000 ~ 2 000 倍液，地面喷雾防治。③ 飞机喷药防治时，1.2% 烟碱·苦参碱乳油用药量为 450 ~ 600 g/hm²，加湿润剂和沉降剂（氯化钠）225 g/hm²。④ 3.6% 烟碱·苦参碱微囊悬浮剂可稀释 1 000 ~ 3 000 倍进行常量喷雾。

注意事项：① 严禁与碱性农药、碱性物质混用。② 烟剂对人眼有轻微刺激，用时要做好防护准备。放烟时注意防火，运输中注意远离火源。③ 应在阴凉干燥处贮存。

3. 印楝素

该药是从印楝树果实中提取的印楝素等成分而加工成的一种杀虫剂，是目前世界公认的广谱、高效、低毒、易降解、无残留的杀虫剂，对害虫不易产生抗药性，对几乎所有植物害虫都具有驱杀效果，且对人畜和周围环境无任何污染。具有驱避、拒食、胃毒、内吸和抑制生长发育等作用。印楝素主要作用于昆虫的内分泌系统，降低蜕皮激素的释放量，从而干扰昆虫生长发育；也可直接破坏害虫表皮结构或阻止表皮几丁质的形成；可直接或间接通过破坏昆虫口器的化学感应器官产生拒食作用；通过对中肠消化酶的作用使得食物的营养转换不足，影响昆虫的生命力；能干扰呼吸代谢，影响生殖系统的发育。适用于防治林木、果树食叶害虫，如美国白蛾、苹果毒蛾、蝗虫等400余种农林、仓储和卫生害虫，对鳞翅目、鞘翅目等害虫有特效。

常用制剂：0.32% 印楝素乳油。

使用技术：常规地面防治用 0.32% 印楝素乳油稀释 2 000～3 000 倍液喷雾。飞机防治作业用药量 225～300 g/hm²，低容量喷雾。

注意事项：① 严禁与碱性农药混用。② 在阴凉、干燥、避光处贮存，长期放置易发生沉淀，用前摇晃均匀。③ 低龄幼虫期防治效果最佳。④ 安全施药间隔期为 5 天。

4. 松脂酸钠

俗称松香皂，是一种以天然植物松香与烧碱或纯碱为原料熬制成的杀蚧壳虫生物农药，属低毒杀虫剂，有效成分为松脂酸钠，具有良好的溶脂性、成膜性和乳化性能，对害虫以触杀为主，兼有黏着、溶蜡、窒息、腐蚀、以薄膜覆盖虫体体表和气孔，使害虫死亡。对人、畜低毒，对多数有益生物安全，无残留，对环境友好。适用于防治作物、林木、果树上的蚧壳虫，如柑橘矢尖蚧、樟树红蜡蚧、松树突圆蚧、女贞白蜡蚧、黑桐吹绵蚧等；对果树、棉花、蔬菜上的蚜虫、粉虱、红蜘蛛也有较好的防治效果。

常用剂型：20%、45% 松脂酸钠可溶粉剂，30% 松脂酸钠水乳剂。

使用技术：① 使用时，根据季节、气温、害虫种类和作物生长期，确定稀释倍数。一般在冬、春季果树休眠期，用于清园，杀虫谱广、效果好，且对果木有防冻保暖的作用，使用倍数为 300～500 倍液；夏、秋季 500～800 倍液进行地面喷雾；加化学农药后，必须提高使用倍数，一般在 800～1 000 倍。② 在蚧壳虫卵盛孵期，大部分若虫已爬出并固定在枝叶上时，开始喷药，隔 7～10 天再喷 1 次。

注意事项：① 使用时需防止产生药害，下雨前后、空气潮湿、炎热天的中午，特别是在 30 ℃以上高温时，不能用药；果树开花期、抽芽期，均不得用药。长势弱的果树，不宜多次用药。② 松脂酸钠是强碱性制剂，不能与有机合成农药混用，也不能与含钙的波尔多液、石硫合剂等混用。在使用波尔多液后 15～20 天内不能再喷松脂酸钠，使用松脂酸钠 20 天后可再施石硫合剂，否则易引起药害。③药剂黏度较大，使用前必须搅拌均匀，否则喷出浓度过高，导致果木药害。④搅拌药液时带耐酸碱橡胶手套，喷药时戴口罩，以避免药液接触皮肤或吸入呼吸道。

5. 桉油精

桉油精又称（1，8 —）桉树脑、桉叶素桉树精，是一种新型植物源杀虫剂。属单萜类化合物。无色液体，味辛冷，有与樟脑相似的气味。桉油精中所含的1，8 —桉叶素、蒎烯、香橙烯、枯烯等有效成分能直接抑制昆虫体内的乙酰胆碱酯酶的合成，阻碍神经系统的传导，干扰虫体水分的代谢导致其死亡。具有触杀、熏蒸、胃毒作用，对卵的孵化也有极好的抑制作用，能从根本上控制害虫。以触杀为主，对害虫、害螨有较强的杀灭效果。林业上适用茶叶、果树害虫，如卷叶蛾、茶毛虫、小绿叶蝉、黑翅粉虱、茶尺蠖、象甲、叶甲、卷叶虫、红蜘蛛、蚜虫等。具有低毒、无残留、高效、持续期长、与环境相容性好等特点。

剂型：5%桉油精可溶性液剂。

使用技术：① 在蜘蛛、蚜虫始盛期，兑水均匀喷雾，低容量喷雾用药量为450 ~ 600 g/hm²。② 防治茶树害虫茶尺蠖、茶毛虫、果树卷叶蛾类，常量喷雾稀释1 000 ~ 1 500倍液。③ 喷烟作业时，药油比1∶8，用药量450 ~ 600 g/hm²。④ 飞机防治作业用药量450 ~ 600 g/hm²。

注意事项：① 不能与波尔多液等碱性农药等物质混用。② 对蜜蜂、鱼类、鸟类有毒。蜜源作物花期、桑园和蚕室附近禁用，远离水产养殖区施药，不要让药剂污染河流、水塘和其他水源和雀鸟聚集地。③ 在配制药液时，充分搅拌均匀。④ 使用本品时应穿戴防护服和手套，避免吸入药液。施药期间不可吃东西和饮水，施药后应及时洗手和洗脸。⑤ 天气不良时不要施药。⑥ 孕妇和哺乳期妇女避免接触。

（六）矿物油杀虫剂

主要是白涂剂。

白涂剂是用石灰浆掺上别的原料，刷到树干上以保护树木，防止日灼和冻害，并能遮盖伤口，避免病菌侵入，并有一定的杀菌作用。

配制方法：生石灰10 kg、硫黄1 kg、食盐0.2 kg、动物油0.2 kg、水40 kg（调成糊状为准），可先把生石灰放入桶内，加少量水把生石灰化解，再把硫黄加入搅匀，另将食盐加热水溶解后倒入桶内，最后加入动物油和其余水量，用树棒充分搅拌即成白涂剂。此外，也有用石灰10 kg、石硫合剂残渣10 kg或石硫合剂原液1 kg、食盐0.2 kg、动物油0.2 kg加水40 kg配成。

使用技术：在7月初涂刷，可防止日灼；在11月涂刷可防冻害。涂刷树干时，先把翘裂的老树皮刮去，然后均匀地涂刷。

注意事项：石灰质量要好，加水消化要彻底。

二、无公害杀菌剂

（一）有机化合物类

1. 代森锰锌

代森锰锌是一种高效、低毒、广谱、保护性有机硫杀菌剂。主要是抑制菌体内丙酮酸的氧化。将代森锰锌喷洒于叶面后会形成一个保护区，抑制真菌孢子的萌发，对叶斑病、霜霉病、疫病、轮纹病、炭疽病、褐斑病、灰霉病、黑斑病等病害均有良好的预防作用。纯品中锰含量20%以上，锌含量2%以上。不溶于水和一般有机溶剂，遇酸碱分解。在高温、高湿条件下或暴露在空气中易分解，分解时可引起燃烧。代森锰锌属低毒杀菌性，无致畸、致癌和致突变作用。常与内吸性杀菌剂混配，以延缓抗性的产生。

常用制剂：70%、80%代森锰锌可湿性粉剂（商品名大生），25%、30%、42%代森锰锌悬浮剂。

使用技术：① 80%代森锰锌可湿性粉剂800～1 000倍液可有效防治女贞叶斑病；80%代森锰锌可湿性粉剂400～600倍液可防治疮痂病、炭疽病等。② 用70%代森锰锌可湿性粉剂2 625～3 375 g/hm²，用水稀释1 000～2 000倍液喷雾防治叶斑病、炭疽病等，每隔10天喷一次，一般喷3～4次。

注意事项：① 不能与铜制剂和碱性药剂混用。② 使用时做好防护措施。③ 贮存时要注意防潮、避免高温，密封保存于干燥阴凉处，以免药剂分解失效。

2. 代森锌

代森锌为保护性有机硫类杀菌剂，对许多病菌如霜霉病菌、晚疫病菌、炭疽病菌等有较强触杀作用，是一种叶面用保护性杀菌剂。化学性质活泼，在水中易被氧化成异硫氰化合物，对病原菌体内含有—SH基的酶有强烈的抑制作用，并能直接杀死病菌孢子，抑制孢子的发芽，阻止病菌侵入植物体内，但对侵入植物体内的病原菌丝体的杀伤作用较小。代森锌能防治多种真菌引起的病害，但对白粉病作用差。主要用于防治麦类、蔬菜、葡萄、果树和烟草等作物的多种真菌病害。代森锌常与内吸性杀菌剂混配使用，效果更好。对人、畜低毒，对植物安全，但对人的皮肤、鼻、咽喉有刺激作用，无污染，对环境友好。

常用剂型：60%、65%、80%可湿性粉，4%粉剂。

使用方法：① 防治苹果和梨树的黑腐病、褐斑病、黑星病、霉点病、锈病，葡萄黑腐病、软腐病、霜霉病、褐斑病、炭疽病，桃树缩叶病、锈病，杏树和李树穿孔病，用80%代森锌可湿性粉剂1 143～1 600 ppm药液喷雾，每隔10～15天喷1次，一般喷3～4次。② 防治茶炭疽病、茶饼病用80%代森锌可湿性粉剂1 143～1 600 ppm药液喷雾，每隔7～10天喷1次，一般喷3次。

注意事项：① 不能与碱性农药混用。② 本品受潮、热易分解，应存置阴凉干燥处；远离火种、热源，避免光照；容器严加密封。③ 使用时注意不让药液溅入眼、鼻、口等，用药后要用肥皂洗净脸和手。④ 代森锌能防治多种真菌引起的病害，但对白粉病作用差。

3. 多菌灵

多菌灵是一种高效、低毒、广谱、内吸性杀菌剂，对许多子囊菌某些病原菌和半知菌类的大多数病原菌都有效，而对卵菌和细菌引起的病害无效。在酸性条件下（pH 2.0～3.0）防治效果好；具有保护和治疗作用。通过干扰病原菌的有丝分裂中纺锤体的形成，从而影响细胞分裂，起到杀菌作用。一般持效期 10 ～ 15 天，对植物生长有刺激作用；对人、畜毒性低，对植物安全。可防治多种真菌性叶部病害如炭疽病、叶斑病、枯叶病、白粉病、灰霉病、霜霉病、锈病、疮痂病、褐斑病等，同时也能防治花卉的茎腐病、根腐病等。

常用制剂：25%、50%、70% 可湿性粉剂，40% 悬浮剂。

使用技术：① 用 50% 多菌灵可湿性粉剂 500 ～ 800 倍液，或 70% 多菌灵可湿性粉剂 1 000 倍液，或 40% 多菌灵悬浮剂 1 200 倍液，喷雾防治白粉病、黑斑病及其他真菌性叶斑病。② 用 25% 多菌灵可湿性粉剂 250 ～ 400 倍液喷雾防治桃疮痂病、苹果褐斑病等，隔 7 ～ 10 天再喷药 1 次。③ 土壤消毒用 50% 多菌灵可湿性粉剂 1.5 g/m² 为宜。

注意事项：① 可与一般杀菌剂混用，但与杀虫剂、杀螨剂混用时要随混随用，不能与铜制剂混用。② 注意安全间隔期 15 天。③ 稀释的药液暂时不用静置后会出现分层现象，需摇匀后使用。④ 长期单一使用多菌灵，易使病菌产生抗药性，应与其他杀菌剂轮换使用或混合使用。⑤ 对子囊菌、半知菌有效，对卵菌和细菌引起的病害无效。⑥ 药剂应密封贮存于阴凉干燥处。使用后的包装物要及时回收并妥善处理。

4. 甲基硫菌灵

又名甲基托布津，是一种广谱性内吸低毒杀菌剂，对多种植物病害有预防和治病作用，其内吸性比多菌灵强，随液流向顶传导。其杀菌机制与多菌灵相同，干扰病原菌的有丝分裂中纺锤体的形成，影响细胞分裂，起到杀菌作用。残效期 5 ～ 7 天。主要用于叶面喷雾，也可用于土壤处理。对人、畜、天敌、植物都很安全。适用于褐斑病、白粉病、锈病、炭疽病、灰霉病、黑斑病等多种真菌病害。

常用制剂：50%、70% 可湿性粉剂，50% 胶悬剂，40% 悬浮剂。

使用技术：50% 甲基托布津可湿性粉剂 500 ～ 1 000 倍液，或 70% 甲基托布津可湿性粉剂 200 ～ 500 倍液喷雾使用。

注意事项：① 不能与铜制剂、碱性药剂混用。② 对皮肤、眼睛有刺激作用，应避免与药液直接接触。使用过程中，若药液溅入眼中，应立即用清水或 2% 苏打水冲洗。

5. 百菌清

百菌清是一种非内吸性的广谱保护性杀菌剂，对多种植物真菌病害具有预防作用，能与真菌细胞中的 3- 磷酸甘油醛脱氢酶发生作用，与该酶体中含有半胱氨酸的蛋白质结合，破坏酶的活动，干扰真菌细胞的新陈代谢，使真菌细胞破坏死亡。百菌清杀菌剂主要作用是防治植物受到真菌的侵染，抑制真菌孢子发芽。在植物已受到病菌侵害，病菌进入植物体内后，杀菌作用很小。没有内吸传导作用，不会从喷药部位及植物的根系被吸收。在植物表面有良好的黏着性，不易被雨水冲刷，具有较长的药效期。对植物安全，对鱼类毒性大，对家蚕安全。百菌清可预防多种园林植物的真菌病害，尤其对月季黑斑病、大叶黄杨叶斑病、疮瘤病和炭疽病等病害效果好。残效期为 7 ～ 10 天。

常用制剂：75% 可湿性粉剂，40%、50% 悬浮剂，10% 油剂，2.5%、10% 烟剂等。

使用技术：① 75%可湿性粉剂稀释600 ~ 800倍液喷雾防治葡萄炭疽病、白粉病、果腐病等病害，在病害初期开始喷药，7 ~ 10天喷1次，连喷2 ~ 3次，能够完全控制病害。② 10%烟剂适合于山高林密、交通不便的林区防治森林病害，对早期落叶病、枯梢病、炭疽病、叶斑病、白粉病等都有较好的防治效果。特别适合于郁闭性较好、面积较大的片林使用。使用量以7.5 ~ 15 kg/hm² 为宜，最好在孢子萌发期进行防治。

注意事项：① 不能与碱性农药混用。② 百菌清无内吸传导作用，因此施药必须均匀周到。③ 百菌清对鱼有毒，施药时须远离池塘、湖泊和河流。④ 对人的皮肤和眼睛有一定刺激作用，使用时请注意防护。⑤ 对梨树、柿树、桃树、苹果等易产生药害，要注意不同的产品和使用浓度。⑥ 油剂不能用水稀释，也不能用作常规喷雾，以免造成药害。⑦ 油剂为有毒易燃品，贮运时严禁烟火，应在阴凉室内存放。

6. 三唑酮

又名粉锈宁、百理通，是一种有机杂环类高效、低毒、低残留、持效期长、内吸性强的杀菌剂。杀菌机制较复杂，主要是抑制菌体麦角甾醇的生物合成，从而抑制或干扰菌体附着胞及吸器的发育、菌丝的生长和孢子的形成，导致病菌死亡。三唑酮具有很强的内吸作用，被植物的各部位吸收后，能在植物体内上下传导，对病害具有预防、铲除和治疗作用，除卵菌纲真菌外，对多数真菌均有作用。残效期30 ~ 50天。三唑酮属低毒杀菌剂，对哺乳动物、鸟禽、鱼、蜜蜂、家蚕等低毒，对皮肤有短暂的过敏反应，对兔眼睛无刺激作用。可以与许多杀菌剂、杀虫剂、除草剂等现混现用。多用于治疗园林花卉植物白粉病和锈病。

常用制剂：20%三唑酮乳油，15%、25%粉锈宁可湿性粉剂，15%三唑酮烟雾剂。

使用技术：① 三唑酮对园林植物的白粉病和锈病有特效，对根腐病、叶枯病也有一定的疗效，1 000 ~ 2 000倍液稀释喷雾。② 防治苹果白粉病、山楂白粉病，使用剂量有效浓度25 ~ 50 mg/kg，稀释5 000 ~ 10 000倍液进行喷雾，用药1 ~ 2次。③ 防治苹果等锈病，使用剂量有效浓度62.5 ~ 100 mg/kg，稀释2 500 ~ 4 000倍液进行喷雾，用药1 ~ 2次。

注意事项：① 注意三唑酮中毒，目前无特效解毒药剂。② 一定要按规定药量使用，否则植物易受药害。③ 可与强碱以外的一般农药混用。

7. 世高

又名敌菱丹、哑醚唑。属唑类杀菌剂，是一种广谱内吸性杀菌剂，是甾醇脱甲基化抑制剂，叶面处理或种子处理可提高作物的产量和保证品质，可用于防治叶斑病、锈病、黑痘病、白粉病、梨黑星病、葡萄炭疽病、柑橘疮痂病等。

常用制剂：10%世高水分散颗粒剂。

使用技术：对果树病害：防治梨黑星病、轮纹病用2 000 ~ 3 000倍液喷雾；防治苹果斑点落叶病、轮纹病用2 500 ~ 3 000倍液喷雾；防治桃黑星病、白粉病、褐腐病用 2 500 ～ 3 000 倍液喷雾；葡萄炭疽病、黑痘病用 1 500 ～ 2 000 倍液喷雾防治；柑桔疮痂病用 2 000 ～ 2 500 倍液喷雾防治。

注意事项：对不同的病原菌有效浓度差异较大，应根据不同的防治对象来选择使用浓度。

（二）微生物源杀菌剂

1. 四霉素

商品名：梧宁霉素、11371 抗生素，属于生物杀菌剂微生物农药，为不吸水链霉菌梧州亚种的发酵代谢产物，内含有 4 种组分：A1、A2、B 和 C。前 2 个为大环内酯类四烯抗生素，B 组分为肽类抗生素，C 组分属含氮杂环芳香族衍生物抗生素，结构与茴香霉素相同。四霉素制剂中含有多种抗生素，其中大环内酯四烯抗生素，防治细菌病害；肽嘧啶核苷酸类抗生素，防治真菌病害；含氮杂环芳香族衍生物抗生素，提高作物免疫力作用，在作物茎叶遭到暴风雨袭击时，互相摩擦造成伤口，也是病菌进入的重要途径。四霉素的最大特点是内吸穿透性强，可以阻止和防治侵入植物深层的病菌。通过抑制病原菌孢子或菌丝生长起作用，诱导植物体防御酶系活性升高而增强抗病性，达到综合防病治病的目的。药剂发酵生产过程中形成多种可被作物吸收利用的营养元素，有促进作物组织受到外伤后的愈合再生功能，增强植物的光合作用，提高产量。同时能明显促进弱苗根系发达、老化根系复苏、提高作物抗病能力和优化作物品质。源于自然纯生物药剂，无致畸、致癌、致突变作用；不污染环境、无药害；对人、畜、鸟、鱼以及有益生物安全。

杀菌谱广，对三大类病原真菌 (子囊菌、担子菌、半知菌)，两大类病原细菌 (革兰氏阴性，革兰氏阳性) 均有极强的杀灭作用。四霉素不同于波尔多液、代森锌、硫酸铜、绿乳铜、代森锰锌、百菌清等保护型杀菌剂，可以从植物表皮渗入植物组织内部，杀死或抑制已经侵入植物体内病原，具有治疗和保护的双重作用。适用各种作物的多种真菌、细菌病害的防治。尤其对果树腐烂病、斑点落叶病、枣树锈病、葡萄白腐病、茶叶茶饼病以及林木腐烂病、溃疡病、流胶病、落叶病、苗木立枯病、炭疽病、叶斑病等真菌病害特效。

常用剂型：0.15% 水剂，0.3% 水剂。

使用技术：① 茎、叶部病害，600 ～ 800 倍液喷雾，7 ～ 10 天喷 1 次。② 根腐病、立枯病、腐烂病发病时用四霉素 500 倍液喷雾防治。③ 防治果树腐烂病时，稀释 10 ～ 50 倍涂抹病部（刮去病皮后涂抹）。④ 防治苹果树斑点落叶病时，应在发病前或发病初期用药，稀释 600 ～ 1 000 倍进行喷雾。连续喷施 2 ～ 3 次，间隔 7 天。⑤ 0.15% 四霉素水剂 10 ～ 30 倍液涂抹病疤（涂抹剪锯口），能明显促进伤口愈合。

注意事项：① 不能与碱性物质混合使用。② 对眼睛有轻微刺激，施药时注意保护眼睛；施药后用清水或肥皂水清洗。③ 贮藏于阴凉、干燥、通风处。④ 施药应均匀，施药后 4 小时内遇雨应补施。安全间隔期 21 天，每季施用 2 ～ 3 次。

2. 宁南霉素

宁南霉素是中国科学院成都生物研究所研制成功的专利技术产品，这种菌是在四川省宁南县土壤分离而得，为首次发现的胞嘧啶核苷肽型新抗生素，故将其发酵产物命名为宁南霉素。宁南霉素是用微生物发酵技术生产的一种胞嘧啶核苷肽型广谱抗生素杀菌剂，具有杀菌、抗病毒、调节和促进植物生长的作用，耐雨水冲刷，对人、畜、鱼类低毒，不污染环境。具有预防和治疗作用，林业上多用于防治果树、杨树等多种林木的病毒病、白粉病，对果树流胶病也有很好的防效。

常用制剂：2%、8% 宁南霉素水剂，10% 宁南霉素可溶性粉剂。

使用技术：2% 宁南霉素水剂加水稀释 300 ~ 400 倍或 8% 宁南霉素水剂稀释 1 000 ~ 1 500 倍，均匀喷雾于树体表面，每隔 7 ~ 10 天喷施 1 次，需连续喷 2 ~ 3 次。

注意事项：① 不可与碱性物质混合使用。② 存放在阴凉干燥处，密封保管。③ 药液稀释倍数不能低于 200 倍，否则有可能产生轻微药害。

（三）矿物油杀菌剂

1. 石硫合剂

石硫合剂是一种无机杀菌剂，其成分为"多硫化钙"。通过渗透和侵蚀病菌和害虫体壁来杀死病虫害及虫卵，是一种既能杀菌又能杀虫、杀螨的无机硫制剂，可防治白粉病、锈病、褐斑病、褐腐病、炭疽病及红蜘蛛、蚧壳虫等多种病虫害。

原料配比：有以下几种：硫黄、生石灰、水三者比例为 2∶1∶8，或者 2∶1∶10，或者 1∶1∶10，熬出的原液浓度分别为 28 ~ 30 波美度、26 ~ 28 波美度、18 ~ 21 波美度。目前多采用 2∶1∶10 的质量配比。

配制方法：用 1 kg 生石灰、2 kg 硫黄粉、20 kg 水的比例熬制。先将硫黄研细，然后用少量热开水把硫黄调成糊状，再用少量热水化开生石灰，倒入锅中，加剩余的水，煮沸后慢慢倒入硫黄糊，加大火力至沸腾，再继续熬煮 45 ~ 60 分钟，直至溶液被熬成暗红褐色（酱油颜色）时停火，静置冷却用麻布片或纱布过滤，即成原液，测量波美浓度。熬制时间不要过长，否则变成绿褐色，药效会降低。

使用技术：果树林木防治白粉病、锈病用 0.3 ~ 0.5 波美度药液喷雾，其他病害适当增加浓度。

注意事项：① 熬制时应不停地搅拌，用热水随时补入蒸发掉的水分。② 石硫合剂贮藏时要封闭，在药液表面可加少量煤油或柴油，与空气隔绝，以防氧化。③ 石硫合剂不宜与其他农药混合使用。④ 石硫合剂原液稀释或使用的浓度加水倍数，按下列公式换算：原液加水倍数＝原液波美度数／使用液波美度数 −1。

2. 波尔多液

波尔多液是一种广谱保护杀菌剂。对真菌性病害如霜霉病、绵腐病、炭疽病等有良好的效果，对细菌性病害杨树、柑橘溃疡病等有一定的防效，但对白粉病、锈病效果差。

配制方法：1% 石灰等量式，即硫酸铜、石灰、水按 1∶1∶100 的比例配制。

用两只木桶（缸），一只桶（缸）装 80 kg 水，加硫酸铜 1 kg，使之充分溶解，配成硫酸铜溶液。另一只（缸）内放生石灰 1 kg，先用少量水使石灰化解开，再加足 20 kg 水配成石灰乳，过滤去除石灰渣，然后将硫酸铜溶液慢慢倒入石灰乳中，边倒边搅拌，即成 1% 石灰等量式波尔多液。

此外，还有石灰半量式、石灰多量式、硫酸铜半量式等，配制方法类似。

注意事项：① 硫酸铜应选用青蓝色晶体，绿色粉状硫酸铜含有杂质，质量差，石灰应选用白色块状的新鲜优质生石灰。② 配制时不能用金属容器。③ 波尔多液必须随配随用，不能放置过夜。④ 桃树、李树、梅、杏树等核果类果树在萌芽前可用波尔多液，在生长期绝不能用波尔多液，否则容易产生药害，造成落叶。⑤ 波尔多液不能与其他农药混合使用。⑥ 在植物上使用波尔多液后，一般要间隔 20 天才能使用石硫合剂，喷施石硫合剂后一般也要间隔 10 天才能喷施波尔多液，以防发生药害。

第二节　常见药械简介

一、引诱剂、诱捕器

（一）松墨天牛引诱剂、诱捕器

松墨天牛既是松树的一种重要蛀干害虫，又是松材线虫病疫情传播的媒介昆虫，消灭松墨天牛，降低其虫口密度，对治理松材线虫病以及保护松树健康起着十分重要的作用。近些年来，国内不少科研机构、高等院校以及企业纷纷研制开发松墨天牛引诱剂、诱捕器，推出了一系列产品，但诱捕效果差别较大。下面选几种做以简要介绍。

1. APF-I 型引诱剂及配套诱捕器

APF-I 型引诱剂是基于人工合成信息素而开发出的一种含虫源性物质的新型松墨天牛化学诱剂，引诱剂含有对松墨天牛成虫具有较高引诱活性的虫源和植物源化合物，作用靶标为取食—交尾、产卵前的雌成虫和性成熟的雄成虫。具有诱捕效率高、持效期长、安全环保、便于操作等优点。产品由福建农林大学研发，厦门三涌生物科技有限公司生产。

引诱剂类型：引诱剂为袋装诱芯，按诱芯野外无衰减持效期长短分为基本型（夏季高温 15 天左右）、持久型（30 天）、持久增强型（60 天）三种诱剂，有效期分别达到 30 天、60 天、90 天。

诱捕器：ZM-60、ZM-80B 十字挡板漏斗型。诱捕器挡板表面和漏斗内侧有防辐射增效作用的含水基润滑涂层材料，对 APF-I 诱剂诱捕效率具增效作用。

使用方法：① 诱捕器悬挂高度为底部离地面不少于 1.5 m。② 诱捕器悬挂于山顶、林缘、林中开阔地带。③ 相邻诱捕器间距 80 ~ 100 m，在林中呈三角状或网格状布设。

④ 撕去诱芯外包装，直接挂在诱捕器上。⑤ 更换诱芯时一并清理诱捕器面板、接虫漏斗和集虫器内的昆虫和杂物。

注意事项：① 不能刺破黑色缓释袋密封住的任何部位。② 诱捕器面板和接虫漏斗表面有特殊涂层，不能擦洗。③ 更换诱芯时，将旧诱芯和新诱芯外包装袋带离松林外500 m 处理，以免其干扰使用效果。④ 没有使用的诱芯需低温避光保存。

2. FJ-Ma 系列引诱剂及诱捕器

FJ-Ma 系列组合式松墨天牛引诱剂由液体增效植物源引诱剂、固体诱芯两部分组成。引诱剂绿色环保。产品由福建省林业科学研究院研制。

引诱剂：植物源引诱剂（液体）+ 固体诱芯（蚊香片型或橡皮头型）。

诱捕器：FJ-Ma 多功能塑料轻型诱捕器，十字挡板漏斗型。

使用方法：① 选择林窗、林间小道等林内较为开阔的地方或林缘悬挂诱捕器。② 悬挂高度在 1.5 m 以上，尽可能挂高点。③ 每 2 ~ 3.3 hm² 悬挂一个诱捕器。④按引诱剂说明书要求的时间定期更换诱芯、诱液。

注意事项：① 固体诱芯没有使用前，低温冷藏保存（冰箱 3 ~ 10 ℃的冷藏室即可）；液体引诱剂避光阴凉处保存。② 更换新引诱剂时，务必将换下的诱芯等收回，以免影响引诱效果。③ 每 7 ~ 10 天收集一次诱捕的松墨天牛，并对诱捕器进行维护，清理诱捕器中的杂物。

3. A-3 型引诱剂及配套诱捕器

A-3 型引诱剂属于植物源昆虫引诱剂，由萜烯类等特异性植物成分和溶剂配制而成，有效成分含量为 35%。为无公害、无刺激性气味、透明的液体，兼有取食引诱剂和产卵引诱剂的特性。引诱剂所挥发出来的气味与松树嫩枝、枯死树所散发的气味相似，对人、畜、昆虫天敌安全，不污染环境。产品由广东省林业科学研究院研制。

诱捕器：YB-50 型，组合式撞板诱捕器。

使用方法：① 首次将 300 mL 诱液添加到缓释瓶内，以后每 20 天左右补充至300 mL。② 用于防治时，诱捕器选择地势较高、通风较好的位置悬挂，诱捕器间距为80 ~ 100 m；用于监测时，挂设于敏感位置。③ 对诱捕器要定期检查、维护，清除集虫桶内诱捕的天牛、枯枝落叶等杂物。

注意事项：① 在有效期内，引诱剂存放时间过长，可能产生分层现象，使用时轻轻摇匀即可。② 引诱剂属于易燃品，要注意防火。③ 若引诱剂不慎溅入眼睛，应及时用清水冲洗。

4. YM-1 型松墨天牛诱木引诱剂

该引诱剂属于植物源昆虫引诱剂，是一种松树刺激剂，有效成分含量为 11%。该药施于松树活立木或濒死树上，由松树吸收后刺激松树产生对松墨天牛成虫有引诱活性的化学物质，达到吸引松墨天牛成虫到诱木上产卵的目的。林间使用时，对人、畜、天敌昆虫安全，对环境友好。

使用方法：在诱木基部离地面30～50 cm处的三个侧面，用砍刀斜向下方各砍2～3个30°的刀槽，深入木质部1 cm。将引诱剂按原药：清水=1∶3的比例稀释，然后用注射器将稀释液滴于刀槽内。每株树的施药量与树木胸径相同（胸径为20 cm，施药量为20 mL）。诱木设置密度为15株/hm²。

注意事项：①设置的诱木应在松墨天牛成虫羽化前全部清除出林地，并进行烧毁，不能有遗漏。②若引诱剂不慎接触到人体，应及时用清水冲洗；施药后，及时用肥皂洗手。

5. F-2引诱剂及配套诱捕器

每套引诱剂由诱芯A（缓释瓶装诱液）和诱芯B（缓释袋装固体诱芯）两部分组成，该引诱剂具有活性更高、持效期更长的特点，与BF-I诱捕器配套使用，诱捕效果更好。高效持效期约1.5个月，总持效期2个月以上。

BF-I型天牛诱捕器：属于十字交叉型漏斗诱捕器，由遮雨盖、挡虫板（十字挡板）、漏斗和集虫杯等组成。适用于防治天牛、叩甲、金龟子、吉丁虫等钻蛀性害虫。

使用方法：①在松墨天牛羽化初期，用挂绳将BF-I诱捕器悬挂于侧枝上，诱捕器下端离地面1.5～3 m，集虫杯内添加洗衣粉水，以防止诱捕的松墨天牛逃逸。②引诱剂安装方法为：撕开诱芯A的铝箔袋，拿出白色缓释瓶，将瓶盖换成黑色瓶盖；撕开诱芯B的铝箔袋，拿出透明缓释袋，用铁丝将其绑在缓释瓶上，不能穿透缓释袋的密封部分；最后将诱芯A和B一起用挂钩挂在诱捕器的凹槽内。③平均每0.67～2 hm²设置1套诱捕器。

注意事项：①诱捕器设在林道两旁、边缘空气较流通处，每两个诱捕器相距50～80 m。②悬挂或更换引诱剂时，务必将外包装和旧引诱剂带出林区，注意清理诱捕器内枯枝落叶等杂物。③引诱剂储存于避光、阴凉处。

（二）马尾松毛虫性引诱剂、诱捕器

引诱剂：马尾松毛虫性引诱剂是从马尾松毛虫雌蛾体内分离到的性信息素，成分为十二碳-顺-5-反-7-二烯醇及其乙酸酯、丙酸酯的混合物，三者的比例为2∶5∶3，制成橡胶诱芯。具有灵敏性高、专一性强、无公害、使用方便等特点。

诱捕器：为船型开放式诱捕器。

使用方法：①根据本地历年各代蛹期发育的时间，结合当代发育进程始见日的观测，确定悬挂诱捕器的时间。用于发育期监测或大范围调查时，应提前2～3天安放。②在地势复杂的密林区，应避开凹地、沟谷底部，在山坡、山头、山脊线等处安放。在地形简单、坡度平缓、树冠较大的林地，应选择突出部位、林窗或密度相对较小的地方安放。③诱捕器悬挂的高度，依据当地林分的高度，一般选定在树冠的中上部，从减少人为干扰的角度考虑，诱捕器悬挂宜尽量挂高一些。

（三）美国白蛾引诱剂、诱捕器

引诱剂：美国白蛾诱芯成分为（顺3，顺6，9S，10R）-9，10-环氧-3，6-

二十一碳二烯；α-亚麻酸醛；（顺3，顺6，9S，10R）-9，10-环氧-13，6-二十一碳二烯。缓释载体为聚乙烯塑料片，长40 mm，宽20 mm。缓释时间90天。

诱捕器：配套诱捕器为桶型诱捕器，由1个遮雨盖、1个火锅式连接件、1个集虫桶和1个诱芯安装片组成。

使用方法：在美国白蛾防治区域内，成虫扬飞前，将美国白蛾性信息素诱芯及配套诱捕器悬挂于林间距地面3～5 m的树干上。两个诱捕器间距应大于20 m。下桶可以内置洗衣粉水，将害虫杀死，当虫体数量增多时，应及时清理。3个月左右更换1次诱芯。

注意事项：① 诱芯使用前应在冰箱冷藏保存，保质期18个月，一旦打开包装，应尽快使用，未用完的诱芯应密封冷藏保存，不易长期存放。② 昆虫触角具有较灵敏的嗅觉系统，所以诱芯使用前后要洗手，以免污染诱芯，在诱芯储存和使用过程中避免交叉污染。③ 此诱芯引诱的是雄成虫，所以诱捕应在成虫期前开始设置。

（四）红脂大小蠹引诱剂

为植物源引诱剂聚集信息素，有效成分为α-蒎烯，β-蒎烯>95%。无毒，对人、畜安全，对环境友好。用于防治松树红脂大小蠹。

使用方法：① 在红脂大小蠹扬飞期，将配制好的诱芯和诱捕器一起悬挂在被害林地内，诱芯应挂在诱捕器支撑板下端圆孔处。② 诱捕器要挂在虫害发生的林缘地带。一般每隔100 m挂一个，以诱芯为中心，半径50 m。③ 诱捕器挂在林间开阔地，以利于诱芯中引诱剂的散发。

注意事项：① 诱芯应随用随配，配制好的诱芯放置时瓶口向上。② 诱芯内16 mL引诱剂可持续2个月左右，引诱剂释放完后应及时更换诱芯。③ 该引诱剂为有机化合物，易燃，注意避免火源。

（五）星天牛引诱剂A₁

引诱剂：每套引诱剂由A、B、C、D、E、F六个诱芯组成。能有效诱捕星天牛、光肩星天牛等害虫，具有持续期长、绿色环保等特点。与BF-I天牛诱捕器配套使用，效果最佳。每套引诱剂有效期约1个月。

使用方法：① 诱捕器一般为5月中旬至8月底悬挂，下端离地面1 m，收集杯内添加洗衣粉水，以防止诱捕的松墨天牛逃逸。② 撕开诱芯的铝箔袋包装，拿出里面的透明缓释袋，将其用铁丝穿在一起，用挂钩挂在诱捕器的凹槽处，但不能穿透缓释袋的密封部分。③ 每个诱捕器防治面积约0.27 hm²。

注意事项：① 诱捕器设在林道两旁、边缘空气较流通处，每两个诱捕器相距30～40 m。② 悬挂或更换引诱剂时，务必将外包装和旧引诱剂带出林区，注意清理诱捕器内枯枝落叶等杂物。③ 引诱剂储存于常温、阴凉处，不可放入冰箱。

二、诱（杀）虫灯

（一）多功能太阳能杀虫灯

多功能（粘板）太阳能杀虫灯是一种以光源结合信息素诱剂、以电网杀虫的物理方法杀灭农林业害虫。该产品使用信息素引诱，然后通过高压电网将害虫杀灭。该产品集光诱和信息素诱于一体，可更换各种诱芯，安装简单，使用方便，维护成本低。

（二）佳多频振式杀虫灯

该产品采用现代光电数控技术与生物信息技术，集光、波、色、味四种诱虫方式于一体，实现了使用全天候、植物多样性、控害效果更显著、投入成本低、安全系数高的目标。根据不同植物防治害虫的种类及危害出没的时间段不同，选择不同时段、波段的频振光源诱控，既保留了部分天敌和中性昆虫，又达到林间生态的自然调控能力。

具有以下特点：① 防雨水。当相对湿度大于 95%，频振灯进入自动保护状态，当相对湿度低于 95% 时，自动恢复工作。② 防雷击。安装有自动避雷装置。③ 防误触。该灯会自动调整电流，当人接触时，灯会立即进入安全状态。④ 防燃烧。利用新型阻燃材料研制电源开关，避免在恶劣环境条件下使用引起燃烧。⑤ 诱控害虫种类多、数量大。可诱杀 87 科数百种农林害虫，单灯控制面积 2 ~ 4 hm^2，诱杀效果明显。林业上主要用于防治松毛虫、美国白蛾、杨树舟蛾、柳毒蛾、光肩星天牛、春尺蠖、大青叶蝉、松墨天牛、桃蛀螟、食心虫等。

型号：PS-15 Ⅱ型（普通型、交流电）、PS-15 H 型、PS-15 Ⅴ型、PS-15 Ⅲ-1型（太阳能）、PS-15 Ⅳ-4 型（太阳能）等系列产品。

注意事项：① 架设电源电线要请专业电工，不能随意拉线，确保用电安全。② 接通电源后请勿触摸高压电网，灯下禁止堆放柴草等易燃物。③ 雷雨天气尽量不要开灯，以防电压过高烧毁灯管。④ 每天要清理接虫袋和高压电网的污垢，清理前一定要切断电源。⑤ 太阳能杀虫灯在安装时要将太阳能板调向正南，确保太阳能电池板能正常接收光照。蓄电池电量不足时要及时充电，以免影响使用寿命。

（三）全谱纳米诱捕灯

全谱纳米诱捕灯波长 320 ~ 680 nm，覆盖了长波紫外光和可见光的光谱范围，为宽谱诱虫光源，诱杀害虫种类多，效果好，数量大，对鳞翅目类各种害虫有特效，同时对鞘翅目类的金龟子、天牛、步甲、跳甲、象鼻虫等，双翅目类的蚊子、蝇、虻等，同翅目类的飞虱、叶蝉等，直翅目类的蝼蛄等害虫也有显著的诱集效果。具有光谱宽、杀虫范围广、诱捕效率高、灯管寿命长，自动清洁杀虫电网等特点。该灯适用于林业、果园、茶园、城市绿化、农业等多种害虫防治。

类型：全谱纳米美国白蛾诱捕灯，全谱纳米农田广谱诱捕灯，全谱纳米茶园专用诱捕灯，全谱纳米棉田专用诱捕灯。

全谱纳米诱捕灯性能参数：主波长为美国白蛾专诱波长，诱虫光源为全谱纳米美国白蛾专用灯管，灯管寿命大于 5 年，灯管启动时间小于 0.2 秒，电网电压 2 300 V、工作电压 220 V 交流或 12 V 直流（太阳能专用），诱捕范围 16.7 hm² 以上，雨天自动保护、光控开关灯。

（四）虫情测报灯

采用特殊光波引诱害虫扑灯，撞击在玻璃屏上，然后落入远红外处理仓，使害虫在核定稳定的烘烤下死亡、干燥。烘干后的害虫，保持了虫体的完整性，克服了化学用药的副作用。电源可选用 220 V 的交流电或者太阳能直流电源。可根据需要加装光控雨控、高清拍照相机、定时传输照片、接虫器自动转换、360° 旋转摄像头等装置，将光、电、数控技术融于一体，实现虫情实时无线自动传输。

三、灭虫药包布撒器

灭虫药包布撒器能把灭虫药包定向、定点地发射到林冠上方，爆炸后形成烟云，从而达到防治病虫害目标的施药设备，适用于车辆不能到达的地方，较好解决了林业病虫害防治的盲点区。

（一）工作原理

通过布撒器将灭虫药包定向、定点发射到目标林区，再利用爆炸时产生的波抛撒药粉形成烟云，漂浮、沉降后附着在林木枝叶上，从而达到杀虫的效果。灭虫药包射程可达 70 ～ 600 m，爆炸延期管时间可分 1.5 秒、3 秒、4.7 秒、6 秒等 4 种，药包也可根据不同的森林病虫害情况装填不同的生物及无公害药剂。目前，国内使用最成熟的灭虫药包主要有森得保、白僵菌、天牛清、Bt、阿维菌素、粉剂型菊酯类化学农药等类型，防治对象主要为食叶害虫及部分蛀干害虫。适用于丘陵、山地等地形复杂、人员不易达到的林区实施森林病虫害防治，具有成本低、效率高、方便快捷、机动灵活、安全可靠、防治范围广、费效比好等特点，大大降低了防治作业工作人员的劳动强度，尤其在丘陵、陡坡和山地等人工作业和飞机喷洒难以开展的林区更能发挥该系统强大的灭虫优势。

（二）主要结构

灭虫药包布撒器系统由灭虫药包和布撒器两部分配套使用。灭虫药包的外壳由两个半球纸壳套装在一个圆柱形直筒两端而成，内部填装药粉管和粉包。而布撒器主要由发射管、双脚架、带卡箍的方向机、座板四大部件组成。结构简单、重量轻、易携带、操作简单、发射场地可因地制宜，可自由调整发射方向和射角，可采用不同的初速和爆炸时间，获得相应的爆炸距离，以保证炸点精度，不受射速限制。主要有便携式、移动式和车载式 3 种型号。

布撒器的主要参数如下：

口径：122 mm；

发射管长：1 200 mm；

发射角度：20°～65°；

方向：±2.5°；

发射器寿命：>5 000 发；

射程：300～500 m。

（二）使用方法

1. 灭虫射击准备

（1）适当选择发射点，尽可能多地覆盖森林面积，布撒器发射方向要与风向一致。

（2）选择相对平坦位置固定布撒器。

（3）施药后 24 小时内不得降雨。雨后初晴时是使用灭虫药包布撒器的最佳时机。

2. 射击

（1）检查灭虫药包上的标签与射击项目一致，无误后去掉标签。

（2）去掉灭虫药包尾部延期管保护帽。

（3）由专人拿灭虫药包站于布撒器一侧，将灭虫药包延期管朝向发射管内，用推弹器推至发射管管底部。

（4）取下扳机装置，将装有底火的发射药管装入发射座的药室内，拉起击针，再拧上扳机装置，注意在拧上前，一定要确定击针是缩回而没有冒出的。

（5）将拉火绳轻轻挂于手上，撤离到安全位置后即可发射灭虫药包。

3. 注意事项

（1）装填灭虫药包前，要检查灭虫药包保护帽是否去掉，装入布撒器时延期药管端朝下，底火朝上。

（2）装填时，一定要站在布撒器的两侧，灭虫药包装入布撒器后，布撒器前不允许站人。

（3）灭虫药包、发射管分开装置，且离架设位置不得小于 5 m。

（4）发射时，布撒器周围 5 m 范围内不允许站人。

（5）发射后，遇到未响情况，要等待 2 分钟后检查。

四、打孔注药机

打孔注药机是一种轻便、高效、灵活的植保机械，主要用于高大树木的根茎部注药防治使用。BG305D 型号打孔注药机被广泛应用。

（一）工作原理

汽油机转动带动钻头，在需要的位置钻孔，再通过注射器把药剂注入孔内，注入树体的药液随着树液的流动输送到树体的各个部位，达到杀虫效果。不仅操作简便、效果显著，而且省药、省工、不污染空气和伤害天敌，既可防治天牛、吉丁虫等蛀干害虫，又可防治蚜虫、介壳虫、螨类等食叶害虫，是一种较好的防治方法。

（二）主要结构

包括背架部分、动力部分（1E36F 汽油机）、输出部分（离合器、软轴、硬轴等）、操纵部件和钻头连接组合。

主要参数如下：

传递方式：离心式摩擦离合器、软轴、硬轴；

钻孔直径：ϕ 10 mm、ϕ 6 mm；

最大钻孔深度：70 mm；

软轴长度：793 mm；

油箱容积：1.4 L；

外形尺寸：1 500 mm × 270 mm × 430 mm；

净重：9 kg；

汽油机型号：单杠、风冷、二冲程立式汽油机；

排量：30.5 mL；

最大输出功率：0.81 kW/6 000 rpm；

化油器：浮子式；

点火方式：无触点电子点火；

启动方式：反冲启动；

药筒容积：5 L；

每次注药量：0 ~ 10 mL。

（三）使用方法

在需要防治的树木树干上用钻头钻入，再用手枪式注射器通过输药软管连接于背负药箱，进行注药，注药量可按刻度在 0 ~ 10 mL 范围内往复作业。注意日常维护，每次作业完毕要用清水将注射器清洗干净，钻头磨钝要及时更换。

五、背负式机动喷雾喷粉机

背负式机动喷雾喷粉机是一种多功能的机动药械，既能够喷雾也能够喷粉。它具有轻便、灵活、效率高等特点。6 HWF–20/20–1 背负式机动喷雾喷粉机在同类型中功率大、射程高，适用于林业高大乔木的病虫害防治。

（一）工作原理

喷雾作业时的工作原理：离心机与汽油机输出轴直连，汽油机带动风机叶轮旋转，产生高速气流，其中大部分高速气流经风机出口流往喷管，而少量气流经进风阀门、进气塞、进气软管、滤网，流进药液箱内，使药液箱中形成一定的气压，药液在压力的作用下，经粉门、药液管、开关流到喷头，从喷嘴周围的小孔以一定的流量流出，先与喷嘴叶片相撞，初步雾化，在喷口中再受到高速气流的冲击，进一步雾化，弥散成细小雾粒，并随气流吹到很远的前方。

喷粉作业时的工作原理：汽油机带动风机叶轮旋转，所产生的大部分高速气流经风机出口流往喷管，而少量气流经进风阀门进入吹粉管，然后由吹粉管上的小孔吹出，使药箱中的药粉松散，以粉气混合状态吹向粉门。由于在弯头的出粉口处喷管的高速气流形成了负压，将粉剂吸到弯头内。这时粉剂随从高速气流，通过喷管和喷粉头吹向植物。

（二）主要结构

背负式机动喷雾喷粉机主要由机架、离心风机、汽油机、油箱、药箱和喷洒装置等部件组成。

6 HWF-20/20-1 背负式机动喷雾喷粉机主要参数如下：

外形尺寸：540 mm × 470 mm × 700 mm/540 mm × 470 mm × 740 mm；

药箱容积：12 L/20 L；

垂直射程：喷雾 ≥ 18 m，喷粉 ≥ 25 m；

配套动力：1E54F 汽油机；

排气量：92 mL；

标定功率：3.3 kW/6 500 rpm；

点火方式：无触点；

启动方式：反冲启动；

净重：14 kg。

（三）使用方法

（1）加足燃油。喷雾喷粉机采用单缸二冲程汽油机，燃料是汽油和机油的混合油。汽油用 93 号，机油用汽油和机油的混合油，汽油与机油的混合比为 20：1，配制混合油要摇晃均匀后倒入燃油箱。

（2）调整阻风门。阻风门捏手往外为"关"，往里为"开"，冷天或第一次启动关闭 2/3 左右，热机启动时，阻风门处于全开位置。

（3）打开油门开关。手柄朝下呈垂直方向表示"开"，转过 90° 是关，转动时不要用力过猛。

（4）将启动绳按右旋转方向绕在启动轮上，拉几次使混合油雾进入汽缸，然后平稳而迅速地拉动启动绳，一般良好的汽油机拉 2 ~ 3 次即可启动。

（5）启动后随即将阻风门全部打开，同时调整油门操纵杆手把，使汽油机低速运转 3 ~ 5 分钟，使机器温度上升并正常运转。

（6）将机器背在背后，操作者调整油门开关使汽油机稳定在每分钟 5 000 转左右，然后开启手把药液开关，随即用右手摆动喷管，边走边喷。

（四）注意事项

（1）机具作业前应先按汽油机有关操作方法，检查其油路系统和电路系统后进行启动。确保汽油机工作正常。

（2）喷雾作业前，先用清水试喷一次，保证各连接处无渗漏。加药不要太满，以免从过滤网出气口溢进风机壳里。药液必须洁净，以免堵塞喷嘴。加药后要盖紧药箱盖。

（3）喷粉作业前，要关好粉门后再加粉。粉剂应干燥无结块。不得含有杂质。加粉后旋紧药箱盖。为防止喷管末端存粉，前进中应随进抖动喷管。

（4）作业时间不要过长，应以 3~4 人组成一组，轮流作业，避免长期处于药雾中吸不到新鲜空气。

（5）操作人员必须戴口罩，并应经常换洗。作业时携带毛巾、肥皂，随时洗脸、洗手、漱口，擦洗着药处。避免顶风作业。发现中毒症状时，应立即停止背机，并及时求医诊治。

（6）背负式喷雾喷粉机用汽油作燃料，要注意防火。

六、高射程车载式喷雾机

可用于三北防护林、田网防护林、速生用材杨树林、经济林、高速公路两旁绿化带、城市行道树等高大林木的病虫害防治。主要有 6 HW-100、6 HW-80、6 HW-50 L、6 HW-50 A、6 HW-50、6 HW-50 S 等型号。其中，6 HW-100 高射程车载式喷雾机是 2012 ~ 2014 年国家支持推广的农机产品。

（一）工作原理

由发电机发出的电能，通过控制系统驱动风送系统、喷雾系统、供药系统进行工作，风送系统的轴流风机产生强大的气流，将经过供药系统、喷雾系统雾化后的农药雾滴输送到防治目标，从而达到防治目的。具有雾化程度好、射程远、穿透力强、药剂利用率高、作业面积大、工作效率高等优点。

（二）主要结构

由发电机组、供药系统、喷雾系统、风送系统、控制系统（可手动操作、遥控操作、单开药泵）组成。

6 HW-100 主要参数如下：

配套动力：55 kW/1 500 rpm；

雾谱范围：50 ~ 150 μm；

喷筒垂直面转角：−15° ~ 85°；

车载行驶速度：每小时 10 ~ 20 km；

喷量：每小时 500 ~ 3 000 L；

射程：垂直 35 ~ 45 m，水平 65 ~ 80 m；

净重：3 000 kg；

药箱容量：1 000 L/2 000 L；

外形尺寸：3 000 mm × 1 860 mm × 2 500 mm（主机）/ 1 700 mm × 1 200 mm × 1 300 mm（药箱）。

（三）使用方法

（1）选用配套的喷嘴与喷头芯，适当调节液泵的压力。

（2）风筒转向调节。风筒转向机构为手动装置，使用前应根据喷雾机离树木的距离、树木的高度进行调整，使风筒喷雾的覆盖范围满足防治要求。调整好后，通过固定螺丝限位；风筒摆动机构由摆动电机通过减速机构、连杆机构调节；风筒摆角方位通过摆角位置调整装置进行调节。

（3）操作前的准备。① 柴油机的使用要求加足加好柴油、润滑油，做好启动前的准备工作。② 检查风送系统、喷雾系统是否准备完好。③ 根据农药厂家提供的说明决定配比，先将农药注入喷雾机，然后再注入水，注意水要干净，并经过过滤，千万不能有杂质，加水时不要太满。配制后应进行小面积试验，确认比例合适又经济时进行大面积防治。

（4）操作技术。

整机操作该型号的操作方法有遥控启动、钥匙启动程序控制、钥匙启动手动控制、遥控启动手动遥控控制等。

① 遥控启动。先开启选择开关，即"手动遥控、停止、单开药泵"，选择手动遥控。遥控启动发电机组后，整机将按照设定的程序自动启动风机→启动药泵及摆动机构；停机时按一下遥控器的程序停机按钮后，药泵先关停，摆动机构经过 30 ~ 60 秒后自动关闭风机。

② 钥匙启动程序控制。该控制也可用于遥控器有故障时使用。先开启选择开关，即"程序控制、停止、手动控制"。用钥匙开关启动发电机组，整机将按照设定的程序自动启动风机→启动药泵及摆动机构；停机时可采取遥控停机和手动停机。

③ 钥匙启动手动控制。先开启选择开关，即"程序控制、停止、手动控制"，选择手动控制。用钥匙开关启动发电机组，整机将按照设定的程序进行手动控制，启动风机→启动药泵及摆动机构；停机时可先按关药按钮及摆动机构经过 30 ~ 60 秒后再关闭风机，若需停机可按停机按钮。

④ 遥控启动手动遥控控制。先开启选择开关。该方法的特点是所有工作机器都要经过遥控方可工作，遥控启动发电机组→遥控启动风机→遥控启动药泵及摆动机构；停机时先遥控关药机构，而后关闭风机，若需停机可按停机按钮。

（5）喷雾压力调节与喷雾前药液的混合。风送系统启动后，启动喷雾系统，先关闭喷雾截止阀，使药液泵泵出的水汇流到药箱，工作 5 分钟左右，使农药和水充分混合。打开喷雾截止阀喷雾，调节液泵压力调节装置，使工作压力在规定要求下。

（四）注意事项

（1）发电机在运行中不要松开或重新调整转速限位螺栓和燃油量控制器螺栓，否则会直接影响机械性能。

（2）连接发电机的外部设备在运行中出现工作迟缓或突然停机等异常情况时，应立即关闭发电机组的主开关，检查问题所在。

（3）若出现电流负荷过高，使电路跳开，应减少电路的负载，并等几分种后重新启动。

（4）严格按照规程对蓄电池进行充电，充电设备专用。

（5）严禁以汽油、油漆稀释剂或任何挥发性液体作燃料和润滑剂。

（6）停机时应关闭发电机的主开关，将柴油机变速杆推至"SLOW"（慢）的位置，让柴油机空载运转3分钟后缓慢地停机。

（7）加药时注意做好防护。

七、喷烟机

（一）工作原理

在机器中点燃药剂，将其充分燃烧形成烟雾，再利用机器的鼓风功能将其吹散到林间。适合在密闭的林间或者大面积的高大林木间的病虫害防治。

（二）主要结构

烟雾机主要由脉冲喷气式发动机和供药系统组成。

（1）脉冲喷气发动机主要由燃烧室——喷管、冷却系统、供油系统、点火系统及启动系统或电启动系统等构成。① 供油系统主要由油箱、管路、化油器或加浮子式化油器等组成。② 电启动及点火系统由电池、气泵、导线、开关、高压发生器、火花塞等组成。③ 启动系统由打气筒、单向阀、集成在化油器体上的启动气流孔道及管路等组成。

（2）供药系统由增压单向阀、开关、药管、药箱、喷药嘴及接头等构成。

（三）使用方法

（1）准备工作。① 检查管路、电路连接的正确性。② 检查火花塞、药喷嘴及各部件的连接，各紧固件不得松动。③ 打开电池盒，按标明的极性装入电池，电池必须有足够的容量。接通电源开关，观察火花塞放电状况。火花塞电极的正常间隙为1.5 ~ 2 mm。火花塞的放电电弧以深蓝色为佳。④ 检查进气阀挡板螺母是否旋紧及进气膜片的状况。进气膜片应完好、平整，不得有折皱、断裂、缺损，应全部盖住进气孔。挡板应安装正确，以构成规定的进气间隙。⑤ 将纯净的车用汽油加入油箱。盛汽油的容器要干净密闭，严防杂物及水混入。⑥ 将药剂加入药箱，旋紧药箱盖。⑦ 将药开关置于"关"位置。

（2）启动。① 将机器置于平整、干燥的地方。距喷口2 m范围内不得有易燃、易爆物品。② 打开点火开关，点火系统点火。用打气筒（电启动可用气泵打气）使汽油充满喷油嘴入口油管中，至发动机发出连续爆炸的声音，即可停止打气，再细调油针手轮至发动机发出清脆、频率均匀稳定的声音，即可开始喷烟作业。③ 若不能启动，首先应检查火花塞是否点火（听火花塞是否有均匀和一定频率的打火声），燃油是否进入化油器喉管内，启动的空气气流是否进入化油器喉管。进入化油器中的燃油过多，也不易启动。此时需将油门关闭，用气筒打气把油吹干，至听见爆炸声。然后重复上述启动程序。注意关闭油门时不得过分用劲，否则会破坏喷油嘴量孔。油嘴量孔过大也会使启动困难。④ 天气温度过低时也不易启动 (一般在 5 ℃以下)，可在温室内启动，再到室外进行工作。

（3）喷烟。① 发动机启动后，将机器背在身上，打开药开关。开关打开数秒后即会喷烟。空运转不要超过 1 分钟。② 在环境温度超过 30 ℃时作业，喷完 1 箱药后要休息 5 分钟，使机器充分冷却后再进行工作。机器喷烟时若中途熄火应快速关闭供药通路，以免出现喷火现象。

（4）停机。喷烟结束，加药、加油或中途停机时应先关上药开关，空机运转 30 秒以上，再关油门。用手揿压油针按钮，发动机即可停机。

（四）注意事项

（1）启动时，先将油门旋钮调至最小位置，而后推动气筒手柄，打气时用力不能过猛、抽动手柄不宜过长，只需气筒的 1/3 长，每打一下停 3 秒，再重复动作 (注意压气时速度要快)。

（2）电启动烟雾机启动时，按电启动开关，电动气泵打气，至发动机发出连续爆炸的声音，关闭电源开关停止打气。再细调油针手轮，至发动机发出频率均匀稳定的声音。

（3）严禁在打开化油器盖的情况下接通电源；检视火花塞发火状况，以免化油器内残留汽油着火。

（4）待机器冷却 5 分钟后再加药，加汽油。严禁发动机工作时或热机加汽油、加药剂。

（5）机器工作时应保证机器在水平位置上倾斜不得超过 ±15°，否则将会影响机器的正常工作。

（6）注意人身安全，不要让身体或衣物接触高温的冷却管。

（7）不要使喷管距离植株太近，以免灼伤植物组织。

附 录

国家禁用和限用的农药名单（66 种）

农药名称	禁／限用范围	备注	农业部公告
氟苯虫酰胺	水稻作物	自 2018 年 10 月 1 日起禁止使用	农业部公告 第 2445 号
涕灭威	蔬菜、果树、茶叶、中草药材		农农发 〔2010〕2 号
内吸磷	蔬菜、果树、茶叶、中草药材		农农发 〔2010〕2 号
灭线磷	蔬菜、果树、茶叶、中草药材		农农发 〔2010〕2 号
氯唑磷	蔬菜、果树、茶叶、中草药材		农农发 〔2010〕2 号
硫环磷	蔬菜、果树、茶叶、中草药材		农农发 〔2010〕2 号
乙酰甲胺磷	蔬菜、瓜果、茶叶、菌类和中草药材作物	自 2019 年 8 月 1 日起禁止使用 （包括含其有效成分的单剂、复配制剂）	农业部公告 第 2552 号
乐果	蔬菜、瓜果、茶叶、菌类和中草药材作物	自 2019 年 8 月 1 日起禁止使用 （包括含其有效成分的单剂、复配制剂）	农业部公告 第 2552 号
丁硫克百威	蔬菜、瓜果、茶叶、菌类和中草药材作物	自 2019 年 8 月 1 日起禁止使用 （包括含其有效成分的单剂、复配制剂）	农业部公告 第 2552 号
三唑磷	蔬菜		农业部公告 第 2032 号
毒死蜱	蔬菜		农业部公告 第 2032 号

农药名称	禁／限用范围	备注	农业部公告
硫丹	苹果树、茶树		农业部公告第1586号
	农业	自2018年7月1日起，撤销含硫丹产品的农药登记证；自2019年3月26日起，禁止含硫丹产品在农业上使用	农业部公告第2552号
治螟磷	农业	禁止生产、销售和使用	农业部公告第1586号
蝇毒磷	农业	禁止生产、销售和使用	农业部公告第1586号
特丁硫磷	农业	禁止生产、销售和使用	农业部公告第1586号
砷类	农业	禁止生产、销售和使用	农农发〔2010〕2号
杀虫脒	农业	禁止生产、销售和使用	农农发〔2010〕2号
铅类	农业	禁止生产、销售和使用	农农发〔2010〕2号
氯磺隆	农业	禁止在国内销售和使用（包括原药、单剂和复配制剂）	农业部公告第2032号
六六六	农业	禁止生产、销售和使用	农农发〔2010〕2号
硫线磷	农业	禁止生产、销售和使用	农业部公告第1586号
磷化锌	农业	禁止生产、销售和使用	农业部公告第1586号
磷化镁	农业	禁止生产、销售和使用	农业部公告第1586号
磷化铝（规范包装的产品除外）	农业	①规范包装：磷化铝农药产品应当采用内外双层包装。外包装应具有良好密闭性，防水、防潮、防气体外泄。内包装应具有通透性，便于直接熏蒸使用。内、外包装均应标注高毒标识及"人畜居住场所禁止使用"等注意事项。②自2018年10月1日起，禁止销售、使用其他包装的磷化铝产品	农业部公告第2445号
磷化钙	农业	禁止生产、销售和使用	农业部公告第1586号

农药名称	禁／限用范围	备注	农业部公告
磷胺	农业	禁止生产、销售和使用	农农发〔2010〕2号
久效磷	农业	禁止生产、销售和使用	农农发〔2010〕2号
甲基硫环磷	农业	禁止生产、销售和使用	农业部公告第1586号
甲基对硫磷	农业	禁止生产、销售和使用	农农发〔2010〕2号
甲磺隆	农业	禁止在国内销售和使用（包括原药、单剂和复配制剂）；保留出口境外使用登记	农业部公告第2032号
甲胺磷	农业	禁止生产、销售和使用	农农发〔2010〕2号
汞制剂	农业	禁止生产、销售和使用	农农发〔2010〕2号
甘氟	农业	禁止生产、销售和使用	农农发〔2010〕2号
福美胂	农业	禁止在国内销售和使用	农业部公告第2032号
福美甲胂	农业	禁止在国内销售和使用	农业部公告第2032号
氟乙酰胺	农业	禁止生产、销售和使用	农农发〔2010〕2号
氟乙酸钠	农业	禁止生产、销售和使用	农农发〔2010〕2号
二溴乙烷	农业	禁止生产、销售和使用	农农发〔2010〕2号
二溴氯丙烷	农业	禁止生产、销售和使用	农农发〔2010〕2号
对硫磷	农业	禁止生产、销售和使用	农农发〔2010〕2号
毒鼠强	农业	禁止生产、销售和使用	农农发〔2010〕2号
毒鼠硅	农业	禁止生产、销售和使用	农农发〔2010〕2号

农药名称	禁／限用范围	备注	农业部公告
毒杀芬	农业	禁止生产、销售和使用	农农发〔2010〕2号
地虫硫磷	农业	禁止生产、销售和使用	农业部公告第1586号
敌枯双	农业	禁止生产、销售和使用	农农发〔2010〕2号
狄氏剂	农业	禁止生产、销售和使用	农农发〔2010〕2号
滴滴涕	农业	禁止生产、销售和使用	农农发〔2010〕2号
除草醚	农业	禁止生产、销售和使用	农农发〔2010〕2号
草甘膦混配水剂（草甘膦含量低于30%）	农业	2012年8月31日前生产的，在其产品质量保证期内可以销售和使用	农业部公告第1744号
苯线磷	农业	禁止生产、销售和使用	农业部公告第1586号
百草枯水剂	农业	禁止在国内销售和使用	农业部公告第1745号
胺苯磺隆	农业	禁止在国内销售和使用（包括原药、单剂和复配制剂）	农业部公告第2032号
艾氏剂	农业	禁止生产、销售和使用	农农发〔2010〕2号
丁酰肼（比久）	花生		农农发〔2010〕2号
灭多威	柑橘树、苹果树、茶树、十字花科蔬菜		农业部公告第1586号
水胺硫磷	柑橘树		农业部公告第1586号
杀扑磷	柑橘树		农业部公告第2289号
克百威	蔬菜、果树、茶叶、中草药材		农农发〔2010〕2号
	甘蔗作物	自2018年10月1日起禁止使用	农业部公告第2445号

农药名称	禁／限用范围	备注	农业部公告
甲基异柳磷	蔬菜、果树、茶叶、中草药材		农农发〔2010〕2号
	甘蔗作物	自2018年10月1日起禁止使用	农业部公告第2445号
甲拌磷	蔬菜、果树、茶叶、中草药材		农农发〔2010〕2号
	甘蔗作物	自2018年10月1日起禁止使用	农业部公告第2445号
氧乐果	甘蓝、柑橘树		农农发〔2010〕2号、农业部公告第1586号
氟虫腈	除卫生用、玉米等部分旱田种子包衣剂外	禁止在除卫生用、玉米等部分旱田种子包衣剂外的其他方面使用	农业部公告第1157号
溴甲烷	草莓、黄瓜		农业部公告第1586号
	除土壤熏蒸外的其他方面	登记使用范围和施用方法变更为土壤熏蒸，撤销除土壤熏蒸外的其他登记；应在专业技术人员指导下使用	农业部公告第2289号
	农业	自2019年1月1日起，将含溴甲烷产品的农药登记使用范围变更为"检疫熏蒸处理"，禁止含溴甲烷产品在农业上使用	农业部公告第2552号
氯化苦	除土壤熏蒸外的其他方面	登记使用范围和施用方法变更为土壤熏蒸，撤销除土壤熏蒸外的其他登记；应在专业技术人员指导下使用	农业部公告第2289号
三氯杀螨醇	茶树		农农发〔2010〕2号
	农业	自2018年10月1日起禁止使用	农业部公告第2445号
氰戊菊酯	茶树		农农发〔2010〕2号

中华人民共和国农业部公告

第 2567 号

为了加强对限制使用农药的监督管理，保障农产品质量安全和人畜安全，保护农业生产和生态环境，根据《中华人民共和国食品安全法》和《农药管理条例》相关规定，我部制定了《限制使用农药名录（2017 版）》，现予公布，并就有关事项公告如下。

一、列入本名录的农药，标签应当标注"限制使用"字样，并注明使用的特别限制和特殊要求；用于食用农产品的，标签还应当标注安全间隔期。

二、本名录中前 22 种农药实行定点经营，其他农药实行定点经营的时间由农业部另行规定。

三、农业部已经发布的限制使用农药公告，继续执行。

四、本公告自 2017 年 10 月 1 日起施行。

农 业 部

2017 年 8 月 31 日

限制使用农药名录（2017版）

序号	有效成分名称	备注
1	甲拌磷	
2	甲基异柳磷	
3	克百威	
4	磷化铝	
5	硫丹	
6	氯化苦	
7	灭多威	
8	灭线磷	
9	水胺硫磷	
10	涕灭威	
11	溴甲烷	实行定点经营
12	氧乐果	
13	百草枯	
14	2，4-滴丁酯	
15	C型肉毒梭菌毒素	
16	D型肉毒梭菌毒素	
17	氟鼠灵	
18	敌鼠钠盐	
19	杀鼠灵	
20	杀鼠醚	
21	溴敌隆	
22	溴鼠灵	
23	丁硫克百威	
24	丁酰肼	
25	毒死蜱	
26	氟苯虫酰胺	
27	氟虫腈	

续表

序号	有效成分名称	备注
28	乐果	
29	氰戊菊酯	
30	三氯杀螨醇	
31	三唑磷	
32	乙酰甲胺磷	

参考文献

[1] 武春生，等.河南昆虫志：鳞翅目 刺蛾科等 [M].北京：科学出版社，2010.

[2] 李后魂，等.河南昆虫志：鳞翅目 螟蛾总科 [M].北京：科学出版社，2009.

[3] 萧刚柔.中国森林昆虫 [M].北京：中国林业出版社，1992.

[4] 林晓安，等.河南林业有害生物防治技术 [M].郑州：黄河水利出版社，2005.

[5] 马爱国.林业有害生物防治手册 [M].沈阳：辽宁科学技术出版社，2009.

[6] 杨有乾.河南森林昆虫志 [M].郑州：河南科学技术出版社，1988.

[7] 徐艳梅.林木病虫害防治技术图解 [M].北京：化学工业出版社，2015.

[8] 上海市林业总站.林木病虫害防治术 [M].上海：上海科学技术出版社，2012.

[9] 吕玉奎，等.200种常见园林植物病虫害防治技术 [M].北京：化学工业出版社，2013.

[10] 许时钦.板栗丰产栽培 [M].郑州：黄河水利出版社，1998.

[11] 徐天公，等.中国园林害虫 [M].北京：中国林业出版社，2007.

[12] 黄敦元，等.油茶病虫害防治 [M].北京：中国林业出版社，2010.

[13] 赵丹阳，等.油茶病虫害诊断与防治原色生态图鉴 [M].广州：广东科技出版社，2015.

[14] 夏声广，等.茶树病虫害防治原色生态图谱 [M].北京：中国农业出版社，2015.

[15] 廖志安.怎样防治油茶尺蠖 [M].北京：中国林业出版社，1957.

[16] 陈宗懋，等.无公害茶园农药安全使用技术 [M].北京：金盾出版社，2011.

[17] 申效诚，等.河南昆虫志：区系及分布 [M].北京：科学出版社，2014.

[18] 周尧，等.中国经济昆虫志（第36册）同翅目蜡蝉总科 [M].北京：科学出版社，1985.

[19] 林业部全国森林病虫调查办公室.森林病虫害名录 [M].北京：中国林业出版社，1984.

[20] 马爱国.林业有害生物防治历 [M].北京：中国林业出版社，2010.

[21] 曹挥，等.核桃病虫害防治彩色图说 [M].北京：化学工业出版社，2016.

[22] 董伟，等.葡萄病虫害防治图解 [M].北京：化学工业出版社，2014.

[23] 董祖林，等.园林植物病虫害识别与防治 [M].北京：中国建筑工业出版社，2015.

[24] 陈远吉，等.景观植物病虫害防治技术 [M].北京：化学工业出版社，2013.

[25] 中国林业科学研究院.中国森林病害 [M].北京：中国林业出版社，1984.

[26] 吴征镒.中国植物志：第64卷 [M].北京：科学出版社，1979.

[27] 梁承丰.中国南方主要林木病虫害测报与防治 [M].北京：中国林业出版社，2003.

[28] 陈友，等.园林植物病虫害防治 [M].北京：中国林业出版社，2015.

[29] 王中武，等.园林植物病虫害防治 [M].延吉：延边大学出版社，2015.

[30] 宋玉双.林业有害生物防治工作组织与管理 [M].北京：中国林业出版社，2013.

[31] 秦维亮. 北方园林植物病虫害防治手册 [M]. 北京：中国林业出版社，2010.

[32] 陈远吉，等. 景观植物病虫害防治技术 [M]. 北京：化学工业出版社，2013.

[33] 孙德莹，等. 林用药剂药械使用技术 [M]. 北京：中国林业出版社，2014.

[34] 马爱国，等. 林用药剂药械使用技术手册 [M]. 北京：中国林业出版社，2008.

[35] 林舜标，等. 潮安县松毛虫发生规律及防治对策探讨 [J]. 中国森林病虫，2002，21（6）：19-22.

[36] 梁军生，等. 微红梢斑螟的研究进展与防治对策 [J]. 中国森林病虫，2011，30（2）:29-32.

[37] 王丽平，等. 微红梢斑螟雌雄形态识别 [J]. 中国森林病虫，2014，33（5）：13-17.

[38] 吕传海. 松墨天牛生物学特性研究 [J]. 安徽农业大学学报，2000，27（3）：243-246.

[39] 邓育宜，等. 松墨天牛的发生规律及无公害控制技术 [J]. 河南林业科技，2006，26（4）：53-55.

[40] 赵宇翔，等. 松墨天牛生物学特性及种群密度研究 [J]. 西部林业科学，2006，35（1）：83-86.

[41] 吴木林. 杉梢小卷蛾生物学特性观察 [J]. 安徽林业科技，2005，124（1）：16.

[42] 刘永忠，等. 杉梢小卷蛾生物学特性观察 [J]. 青海农林科技，2007（3）：37-38.

[43] 刘友樵，等. 杉稍小卷蛾新种记述 [J]. 昆虫学报，1977，20（2）：217-220.

[44] 张金发. 杉梢小卷蛾生物学特性及其防治 [J]. 华东昆虫学报，2000，9（1）：57-60.

[45] 孟庆兰，等. 双条杉天牛发生规律调查及防治药剂筛选试验 [J]. 现代农业科技，2016（22）：104-106.

[46] 周经玉，等. 双条杉天牛发生规律及综合防治技术研究 [J]. 山东林业科技，2012，201（4）：38-41.

[47] 张彩红，等. 双条杉天牛的生物学特性及防治技术 [J]. 甘肃科技，2009，25（7）：147-148.

[48] 张闯令，等. 双条杉天牛生物学特性及综合防治 [J]. 辽宁农业科技，2008（4）：58-59.

[49] 王廷中. "绿色威雷"防治杨树天牛试验 [J]. 甘肃林业科技，2006（2）：64-65.

[50] 苏世友，等. 杉肤小蠹生活习性的观察初报 [J]. 河南农林科技，1983（10）：23-25.

[51] 苏世友，等. 杉肤小蠹的危害对杉树年材积生长量影响的研究初报 [J]. 森林病虫通讯，1986（2）：25-26.

[52] 苏世友，等. 杉肤小蠹生物学特性及防治技术的研究 [J]. 林业科学，1988，24（2）：239-241.

[53] 李志清，等. 杨白潜蛾生物学特性研究 [J]. 林业实用技术，2012（12）：53-55.

[54] 李志清，等. 杨白潜叶蛾田间药剂防治试验 [J]. 中国森林病虫，2011，30（2）：42-43.

[55] 马琪，等. 蓝目天蛾生物学观察 [J]. 青海大学学报（自然科学版），2006，24（2）：69-72.

[56] 沈荣武，等. 蓝目天蛾生物学观察 [J]. 江西林业科技，1990（1）：15-17.

[57] 龙见坤，等. 贵阳地区黄刺蛾种群发生规律及防治策略 [J]. 昆虫知识，2008，45（6）：913-914.

[58] 唐志祥. 枣树黄刺蛾的发生与防治 [J]. 浙江林业科技，2001，21（4）：45-46.

[59] 孙新杰，等. "绿得保"粉剂防治杨扁角叶蜂田间试验 [J]. 林业科技，2010，35（4）：25-26.

[60] 张华，等. 杨扁角叶蜂在鲁西南杨树上的发生与防治 [J]. 山东农业科学，2009（5）：72-73.

[61] 赵良桥. 栎掌舟蛾发生规律观察与防治技术 [J]. 湖北林业科技，2009（2）：66-68.

[62] 李晶，等. 栎掌舟蛾生物学特性及其防治 [J]. 吉林林业科技，2003（1）：15-16.

[63] 黄伟华. 肖黄掌舟蛾的习性及防治 [J]. 安徽林业科技，2005（2）：15-16.

[64] 李大刚，等. 栎粉舟蛾特征特性及预防技术 [J]. 现代园艺，2015（7）：100-101.

[65] 姜其军，等. 泌阳县栎粉舟蛾的发生规律与防治措施 [J]. 现代农业科技，2013（22）：125-126.

[66] 嵇保中，等.黄二星舟蛾的研究 [J].森林病虫通讯，1995（2）：8-10.

[67] 王云柱.黄二星舟蛾的发生与防治 [J].安徽林业，2005（3）：43.

[68] 付豪，等.麻栎黄二星舟蛾在南阳地区的发生状况及防控措施 [J].现代园艺，2014（12）：88.

[69] 马向阳，等.豫南地区黄二星舟蛾发生及防治 [J].林业科技通讯，2017（8）：34-35.

[70] 付觉民，等.栗红蚧的生物学特性及综合防治初探 [J].河南林业科技，2001，21（4）：16，26.

[71] 陈顺立，等.栗红蚧生物学特性及其防治 [J].武夷科学，1997（13）：176-181.

[72] 涂美华，等.栗红蚧的危害特性与防治 [J].安徽农业，2004（8）：25.

[73] 袁德灿，等.淡娇异蝽的生活习性及防治 [J].昆虫知识，1984（4）：160-161.

[74] 雒海林，等.信阳地区板栗树淡娇异蝽卵分布规律 [J].河南林业科技，1993，13（3）：33-34.

[75] 朱朝华.淡娇异蝽的生物学特性及无公害防治 [J].浙江林业科技，2012，36（3）：39-42.

[76] 陈忠泽，等.淡娇异蝽研究初报 [J].浙江林业科技，1984，4（3）：29-30.

[77] 徐姗姗，等.桃蛀螟发生规律及防治方法 [J].河北果树，2016（1）：48.

[78] 赵彦杰.板栗栗大蚜的发生规律与综合防治 [J].安徽农业科学，2005，33（6）：1038.

[79] 郑怀书.油茶枯叶蛾的防治 [J].安徽林业，1995（3）：21.

[80] 湖南省农林厅病虫防治站湘南分站.湘南的森林虫害——油茶尺蠖 [J].中国林业，1952（5）：43-45.

[81] 王辑健.油茶尺蠖生物学特征的初步研究 [J].广西农业科学，1987（4）：32-35.

[82] 葛超美，等.灰茶尺蠖的生物学特性 [J].浙江农业学报，2016,28（3）：464-468.

[83] 胡红秋.不同杀虫剂防治茶小绿叶蝉、茶尺蠖田间药效试验 [J].茶叶通报,2014，36（4）：177-178.

[84] 黄安平.茶树—茶刺蛾—棒须刺蛾寄蝇间化学通讯研究 [D].长沙：中南大学，2012.

[85] 黄安平.茶刺蛾成虫的羽化昼夜节律 [J].茶叶通讯，2016（4）：28-30.

[86] 黄安平，等.茶刺蛾及其防治研究进展 [J].湖南农业科学，2009（9）：84-88.

[87] 王蔚，等.茶小绿叶蝉在福建省茶树品种上的选择机制初报 [J].河南农业科技，2016，45（4）：80-84.

[88] 曾驰，等.30% 茶皂素水剂防治茶树茶小绿叶蝉药效试验报告 [J].福建茶叶，2015（1）：61-61.

[89] 殷坤山.茶橙瘿螨种群生态的研究 [J].茶叶科学，2003，23（增）：53-57.

[90] 楼云芬，等.温度对茶橙瘿螨生长发育的影响 [J].茶叶通讯，1995（2）：19-20.

[91] 曾明森，等.24% 螨危悬浮剂防治茶橙瘿螨效果 [J].茶叶科学技术，2012（2）：6-8.

[92] 史洪中，等.黄杨绢野螟的发生规律及防治技术 [J].湖北农业科学，2007，46（1）：76-78.

[93] 朱显东.银杏超小卷叶蛾的生物学特性与防治 [J].现代农业科技，2007（15）：67.

[94] 冷鹏，等.临沂市银杏超小卷叶蛾发生规律及综合防控技术 [J].植物医生，2014（5）：20-21.

[95] 赵晓阳，等.临夏州国槐主要病虫害发生现状、原因及防治对策 [J].新农村：黑龙江，2017(11)：157.

[96] 肖李伟.杨树扁刺蛾的识别与防治 [N].中国花卉报，2009–09–12（003）.

[97] 王凤，等.绿化植物五种刺蛾生物学特性比较 [J].中国森林病虫，2006，25（5）：11-15.

[98] 叶久生，等.扁刺蛾在皖南茶区的发生特点及综合防治技术 [J].茶叶通讯，1998（4）：46.

[99] 彭辉银，等.油桐尺蠖核型多角体病毒杀虫剂防治油桐尺蠖的应用 [J].中国生物防治，1988

（4）：186-187.

[100] 陶杨娟，等 . 油桐尺蠖核型多角体病毒 p35 基因的克隆及在大肠杆菌中的表达 [J]. 中国生物
防治，2005，21（2）：99-103.

[101] 翟浩，等 . 苹果无袋栽培条件下桃小食心虫的绿色防控技术 [J]. 落叶果树，2018，50（1）：
39-40.

[102] 于广威，等 . 桃小食心虫的发生与绿色防控 [J]. 植物保护学，2015（24）：130-131.

[103] 张吉岳 . 桃小食心虫绿色防控技术 [J]. 农技服务，2017，34（4）：80，142.

[104] 徐冠华，等 . 柿广翅蜡蝉生物学与防治的初步研究 [J]. 昆虫知识，1988(2)：93-95.

[105] 罗晓明，等 . 柿广翅蜡蝉的发生与防治 [J]. 河南农业科学，2004（3）：41-42.

[106] 刘博，等 . 苏北地区紫薇绒蚧生活史及防治方法 [J]. 江苏农业学报，2017，33（5）:1022-1027.

[107] 严太淑 . 紫薇虫害紫薇绒蚧形态特征及防治对策探讨 [J]. 农业灾害研究，2017，7（3）：44-45.

[108] 肖峰 . 樟脊网蝽的危害及防治 [J]. 安徽林业，2009（5）：60.

[109] 张智涛，等 . 云斑天牛综合防治技术 [J]. 现代园艺，2017（9）：160-161.

[110] 任敏红，等 . 国槐锈色粒肩天牛发生危害规律及综合防治技术 [J]. 现代农业科技，2009（17）：
166.

[111] 田影 . 柳蓝叶甲的发生规律及防治方法 [J]. 现代农村科技，2014（2）：27.

[112] 张莉莉，等 . 吉林市柳蓝叶甲发生规律与防治技术 [J]. 吉林林业科技，2016，45（4）：61-62.

[113] 孙永春 . 南京中山陵发现松材线虫 [J]. 江苏林业科技，1982（4）：47.

[114] 程瑚瑞，等 . 南京黑松上发生的萎蔫线虫病 [J]. 森林病虫通讯，1983(4)：1-5.

[115] 宁眺，等 . 松材线虫及其关键传媒墨天牛的研究进展 [J]. 昆虫知识，2004，41（2）：97-98.

[116] 李兰英，等 . 松材线虫病研究进展 [J]. 浙江林业科技，2006，26（5）：74-75.

[117] 孙绪艮，等 . 松材线虫病与松墨天牛研究概况 [J]. 山东林业科技，2001，132（1）：44-45.

[118] 李娟，等 . 我国主要林业外来有害生物种类简述（Ⅱ）[J]. 中国森林病虫，2005，24（4）：38.

[119] 贺正兴，等 . 杉木炭疽病发生及防治研究 [J]. 湖南林业科技，1980（1）：32-36.

[120] 郑金凤 . 杉木细菌性叶枯病的发生及防治措施 [J]. 福建林业科技，2007（6）：41-43.

[121] 湟山斌，等 . 杉木细菌性叶枯病及其防治 [J]. 微生物学通报，1979，19（2）：7-10.

[122] 肖斌，等 . 杉木病虫害种类调查及防治措施浅析 [J]. 生物灾害科学，2017，40（2）：104-107.

[123] 邱德勋 . 杉木根腐病初步研究 [J]. 林业科学，1986，22（3）：311-316.

[124] 邱德勋，等 . 杉木根腐病防治试验研究初报 [J]. 森林病虫通讯，1986（3）：10-12.

[125] 李文英，等 . 中国葡萄座腔菌属分类研究概述 [J]. 菌物学报，2013，3（增刊）：108-114.

[126] 张文文，等 . 杨树黑斑病在焦作地区的发病规律及防治措施 [J]. 吉林农业，2010（8）：190.

[127] 范学恒 . 我国杨树黑斑病研究进展 [J]. 防护林科技，2017（6）：78-81.

[128] 宁豫婷，等 . 杨树黑斑病发生规律调查及综合防治 [J]. 河北林业科技，2010（02）：36-37.

[129] 赵增仁 . 杨树叶斑病的识别及其防治 [J]. 山东林业科技，1991，21（3）：33-37.

[130] 裴冬丽，等 . 杨树白粉病病原菌鉴定 [J]. 东北林业大学学报，2016，44（1）：100-102.

[131] 张立旺 . 杨树白粉病烟霉病与黑星病的发生与防治 [J]. 现代农业科技，2013（20）：71.

[132] 朱立新 . 霍山县板栗常见病害的识别与防治 [J]. 农业灾害研究，2015（5）：10-11，17.

[133] 党小红，等 . 栗炭疽病危害及防治试验 [J]. 现代农村科技，2017（5）：63.

[134] 刘建华，等.板栗实腐病研究初报 [J].中国森林病虫，1993（3）：9-11,23.

[135] 方明刚.安徽板栗溃疡病初步研究 [J].安徽农业大学学报，2002，29（4）：345-349.

[136] 陈秀虹.板栗溃疡病的名称 [J].西南林学院学报，1990，10（1）：121-122.

[137] 余美杰.油茶炭疽病的发病规律及其防治措施 [J].安徽农学通报，2011，17（18）：85-86.

[138] 郭世保，等.几种杀菌剂对茶轮斑病菌的室内毒力及田间药效 [J].贵州农业科学，2014,42（10）：130-132.

[139] 李俊莲，等.几种杀菌剂防治核桃溃疡病药效试验 [J].辽宁林业科技，2015（3）：21-21.

[140] 孙阳.核桃细菌性黑斑病及防治 [J].落叶果树，2010，42（6）：36-37.

[141] 蔡连恩，等.核桃细菌性黑斑病发生与防治 [J].甘肃农业科技，2006（1）：49-50.

[142] 董蔚静，等.桃树流胶病的综合防治 [J].农业知识，2013（34）：8,10.

[143] 张兴旺.桃树流胶病的识别与防治 [J].农村实用技术，2002（11）：23-24.

[144] 顾勇.探析桃树流胶病的发生与防治 [J].南方农业，2017，11（18）：29-30.

[145] 吴英杰.葡萄霜霉病的发生与防治措施 [J].山西果树，2010，133（1）：30，32.

[146] 龙世林，等.葡萄霜霉病研究进展 [J].耕作与栽培，2015（4）：65-67.

[147] 曹辉，等.葡萄霜霉病生物防治试验 [J].农业科技通讯，2018（1）：150-151.

[148] 韩长志.胶孢炭疽病菌的研究进展 [J].华北农学报，2017，27（增刊）：386-389.

[149] 雷永松，等.林业有害植物葛藤风险评估 [J].湖北林业科技，2009（1）：20-24.

[150] 陈雁，等.外来物种葛藤的入侵与防控 [J].现代农业科技，2009（22）：307.

[151] 蒋景德，等.苏州市葛藤危害情况及综合防治 [J].现代园艺，2012（12）：35-37.

[152] 戴丽，等.林业有害植物葛藤风险分析 [J].中国森林病虫，2011（1）：19-23.

[153] 孙伟，等.林业有害植物葛藤研究进展与综合治理策略 [J].西南林业学院学报，2010（30）：79-81.

[154] 努尔古丽·努木哈买提.阿勒泰地区苗木基地菟丝子发生规律及防治措施 [J].现代园艺，2015（11）：85.

[155] 张有林，等.浅谈菟丝子对园林植物的危害及防治对策 [J].青海农林科技，2017（1）：89-90.

[156] 许善忠.悬铃木方翅网蝽的发生与防治技术 [J].吉林农业，2015（12）：83.

[157] 白瑞霞，等.桃红颈天牛研究进展 [J].中国森林病虫，2017,36（2）：5-9.

[158] 尚小青，等.浅谈碧桃红颈天牛的综合防治 [J].河南农业，2011（11）：22.

[159] 魏金杰.园林植物害虫桃红颈天牛的发生规律与防治技术 [J].农业与技术，2018（4）：225-226.

[160] 王志明，等.薄翅天牛观察及防治初报 [J].中国果树，1991（1）：34-35.

[161] 仇兰芬，等.北京地区园林植物蛀干害虫的主要种类及无公害防治技术 [J].北京园林，2010，26（4）：52-54.

[162] 秦魁兴.日本菟丝子对矮牵牛的危害及防治 [J].中国森林病虫，2009（4）：10.

[163] 叶华斌，等.日本菟丝子对杞柳的侵害与防除 [J].上海农业科技，2004（1）：97.

[164] 张立震，等.枣树新害虫樗蚕的发生与防治 [J].河北果树，1994（1）：17-18.

[165] 张有省，等.樗蚕生物学特征及防治方法研究 [J].河北林业科技，1997（4）：15-16.

[166] 杜占军 . 樗蚕卵的发育起点温度和有效积温 [J]. 蚕业科学，2008，34（2）：351-352.

[167] 张雄 . 油茶肿瘤病症状类型的初步调查 [J]. 贵州林业科技，1981（4）：39-41.

[168] 陈有圣，等 . 杨柳小卷蛾习性观察及防治试验 [J]. 山东林业科技，1981（2）：16-18.

[169] 巫胜利 . 驻马店市公园绿地内重阳木锦斑蛾的防治技术探析 [J]. 现代园艺，2016（2）：97-98.